高油酸油菜研究

张振乾 等 著

官春云 主审

U0243554

科学出版社

北京

内 容 简 介

　　本书为作者多年来在高油酸油菜方面研究的总结，包括高油酸油菜的概况、基因组学研究、蛋白质组学研究、脂肪酸代谢相关基因功能验证、新品种选育和栽培措施研究等方面内容。本书首先介绍了作者利用基因组学、蛋白质组学等技术分析高油酸油菜脂肪酸形成期种子，筛选脂肪酸代谢相关基因（蛋白质）的初步结果；其次，利用实时荧光定量 PCR 方法对这些基因（蛋白质对应基因）的表达规律进行研究，判断其是否为脂肪酸代谢、抗病等相关功能基因（蛋白质）（该方法获国家发明专利 CN 106282364 B），与过表达和 RNAi 方法在拟南芥中的验证结果完全吻合；此外还介绍了利用系谱法、化学杀雄法等选育的新品种——'高油酸 1 号'、'帆鸣 1 号'等；最后介绍了相关栽培技术研究结果。

　　本书适合油料作物选育、栽培方面的相关科研人员阅读参考，以及可供食用油研究、生产领域相关人员使用。

图书在版编目（CIP）数据

高油酸油菜研究/张振乾等著. —北京：科学出版社, 2020.4
ISBN 978-7-03-064563-0

Ⅰ. ①高… Ⅱ. ①张… Ⅲ. ①油菜–遗传育种–研究 Ⅳ.①S565.403

中国版本图书馆 CIP 数据核字(2020)第 037060 号

责任编辑：李　悦　刘　晶 / 责任校对：郑金红
责任印制：吴兆东 / 封面设计：北京图阅盛世文化有限公司

科 学 出 版 社 出版
北京东黄城根北街 16 号
邮政编码：100717
http://www.sciencep.com

北京虎彩文化传播有限公司 印刷
科学出版社发行　各地新华书店经销
*
2020 年 4 月第 一 版　　开本：720×1000　1/16
2020 年 4 月第一次印刷　　印张：18 1/2
字数：373 000
定价：128.00 元
（如有印装质量问题，我社负责调换）

《高油酸油菜研究》编撰委员会

主　　任：张振乾

副 主 任：官　梅　陈　浩　王　峰

著　　者：

王国槐　　湖南农业大学

肖　钢　　湖南农业大学

舒佳宾　　湖南农业大学

熊兴华　　湖南农业大学

田志海　　湖南隆平油料种业有限公司

张秋平　　湖南农业大学

李　勤　　湖南农业大学

程　潜　　湖南农业大学

常　涛　　湖南农业大学

王晓丹　　湖南农业大学

前　言

　　油酸是一种单不饱和 Ω-9 脂肪酸（$C_{18}H_{34}O_2$），被营养学界称为"安全脂肪酸"，是人体必需脂肪酸。高油酸油如橄榄油、茶油等，是富含油酸的植物油，均因其较好的营养保健作用而受到市民追捧。当前，国内外市场上已有高油酸大豆油、高油酸花生油、高油酸葵花籽油和高油酸菜籽油等在销售。

　　发展高油酸油菜有如下优势：一是，改变我国高级食用植物油供给不足的局面。我国的高级食用植物油缺口较大，是亚洲最大的橄榄油消费国和进口国，2016年以来年进口量均为 4 万多 t，茶油产量也远远不能满足市场需求。油菜是中国第一大自产油料作物，种植简单且成本低，发展高油酸油菜将有效改变我国高级食用植物油供应不足的现状，进而提高我国菜油的国际竞争力。二是，增加农民收入，促进我国油菜产业发展。当前我国油菜种植效益低，农户收入少，因而种植面积多年来一直停滞不前，食用油自给率不断下降，进口量与日俱增。而高油酸菜油品质好，其菜籽售价比普通油菜籽高，农户种植效益显著提升，将大幅提升农户种植积极性，迅速扩大我国油菜播种面积，改变日益严峻的食用油自给问题，确保我国食用油的安全。

　　我师从官春云院士，从事高油酸油菜研究十多年，在高油酸油菜脂肪酸代谢相关基因挖掘、新品种选育及栽培技术研究等方面开展了大量工作，主持（参与）相关研究课题、基金十多项，发表相关方面研究论文 30 多篇，授权发明专利 1 项。为促进高油酸油菜产业发展，历时 2 年有余对相关研究结果进行整理归纳，以期能为高油酸油菜生产及研究人员提供更多参考。

　　衷心希望各位专家、教授及从事油菜研究的同行给予批评指正，以便在后续研究中改进，同时也期待能和大家开展进一步合作交流。

　　最后，对官春云院士给予的鼓励、指导和支持表示衷心感谢！

张振乾

2020 年 2 月

目　　录

第一章　高油酸油菜发展概论

第一节　高油酸油菜及其发展

一、高油酸食用油的优点及市场发展情况

（一）高油酸食用油的优点

油酸（oleic acid）是一种单不饱和 Ω-9 脂肪酸（$C_{18}H_{34}O_2$），被营养学界称为"安全脂肪酸"，是人体必需脂肪酸，以甘油酯的形式存在于一切动植物油脂中。在动物脂肪中占 40%~50%，在植物油中含量变化较大。人们向往的食用油最好满足以下条件：饱和脂肪酸含量非常低，不含反式酸，可帮助降低心血管疾病发生，保存时间长[1-3]，对心脏起保护作用[4]。

1. 有利于心血管健康

Guan 等[5]用气相色谱法（GC）和高效液相色谱-串联质谱联用（HPLC-MS/MS）分析了不同油酸含量的甘蓝型油菜籽油中甘油三酯的脂肪酸组成和结构。结果表明，高油酸油菜籽油的油酸含量为 80%左右。在高油酸的品种中，油酸主要集中在甘油三酯上的 sn-2 位；而在高芥酸品种中，油酸主要集中在甘油三酯上的 sn-1 和 sn-3 位。这说明高油酸油菜籽油是一种具有极高营养价值的植物油。

潘丽娟等[6]分别用 10%普通花生饲料、5%高油酸花生饲料和 10%高油酸花生饲料喂养大白鼠 1 个月，观察高油酸花生饲料在高脂血症形成过程中对大白鼠血脂水平的影响，发现高油酸花生饲料显示出能降低大白鼠血清中 TC、TG 含量（$P<0.01$）的作用。

2. 缓解急性镉中毒

为探究油酸对小鼠急性镉中毒的缓解作用及机制，王靖雯等[7]选用 105 只 SPF（specific pathogen free，无特定病原体）级昆明小鼠检测油酸对急性镉毒和镉残留的影响。通过连续 7d 给急性镉中毒小鼠灌胃不同剂量的油酸[10mg/（kg·d）、15mg/（kg·d）、20mg/（kg·d）]，结果显示，相对于维生素 C，油酸能够更有效地降低镉在小鼠肝、肾组织中的蓄积，缓解小鼠急性镉中毒。

3. 耐高温

高油酸食用油适用于家庭烹调及要求存放时间长的快餐食品类和糕点类[8-10]；同时，用其煎炸的产品还拥有优良的香味[11]。

张运艳等[12]研究发现，高油酸葵花籽油与普通葵花籽油相比，油酸含量增加 3 倍多；碘值明显降低；α-维生素 E 含量明显减少；氧化诱导期增长近 10h。总体来讲，高油酸葵花籽油具有更好的氧化稳定性和更高的营养价值，是一种具有市场潜力和竞争力的优质食用油。

4. 可用于生物柴油生产

Piazza 和 Foglia[13]及张振乾和官春云[14,15]利用不同油酸含量的菜籽油进行酶催化生产生物柴油，发现高油酸菜籽油的生物柴油产率更高，油酸与其他脂肪酸相比，催化生产生物柴油的比率更高。美国石油协会（API）对生物合成技术公司（Biosynthetic Technologies）的两个发动机油配方（SW-20 和 5W-30）给予了认证，这些新的生物合成发动机油性能指标满足甚至超过大多数目前市场上销售的高品质石油基润滑油，能使发动机摩擦表面更加清洁，并可降低表面磨损。

（二）高油酸食用油市场发展情况

目前，国内超市货架上已经出现了高油酸葵花油、高油酸花生油、高油酸菜籽油等，实际上国外市场早已兴起高油酸食用油，国际粮油巨头（如 ADM、嘉吉 Cargill、邦吉等）不但持续向消费市场推出多种高油酸油品，更积极与杜邦、孟山都等农业公司合作，推进高油酸油料的育种和种植。

1. 高油酸葵花籽油

在美国市场上，首先登场亮相的是高油酸葵花籽油，现已占葵花籽油市场份额的 15%以上。其市场上的高油酸葵花籽油一般含有 80%~84%的油酸，有时甚至高达 88%~89%。这种油不仅油酸含量高，而且饱和脂肪酸和多不饱和酸含量低。陶氏益农公司研发出一种不含饱和脂肪酸的葵花籽油，使每人分餐食谱中含饱和脂肪量不超过 0.5g。美国嘉吉公司同时也供应"Clear Valley"高油酸葵花籽油。日本日清奥利友公司的"日清"高油酸葵花籽油亦在市场行销多年。

据统计 2016~2017 年，乌克兰高油酸葵花籽油出口量为 22.6 万 t，欧盟仍然是其主要市场，占比 73%，西班牙、意大利和英国为前三大进口国，占比 55%；伊朗排名第四位，成为新市场；但亚洲市场也很有前景。乌克兰高油酸葵花籽油的出口主要来自 4 个公司，占比 70%，分别为 ViOil、ADM 乌克兰、Allseeds 黑海和邦吉（Bunge）。

国内高油酸葵花籽油的先行开拓者之一上海良友集团，在 2014 年推出了"海狮"高油酸葵花籽油,油酸含量高达 80%以上,且耐高温、不易氧化。

2. 高油酸大豆油

杜邦公司（USA）研制出了名为 Plenish 的高油酸大豆油,油酸含量提高至75%,同时比普通豆油少 20%的饱和脂肪酸。邦吉、ADM、嘉吉公司都与杜邦公司合作种植 Plenish 大豆。

美国大豆委员会计划在 2023 年前实现 1800 万英亩（1 英亩≈4046.86m^2）的高油酸大豆种植面积的目标。高油酸大豆将成为继玉米、传统大豆和小麦之后的全美第四大作物。

3. 高油酸花生油

2015 年,山东金胜粮油集团推出了"金胜"高油酸花生油,油酸含量达到 50%~82%,显著高于普通花生油 40%左右的油酸含量,填补了国内在高油酸花生油领域的空白。截止到 2016 年底,我国共育成 38 个高油酸花生品种,并通过全国和（或）省级审（鉴）定。

2017 年 9 月,"鲁花"高油酸花生油重磅上市,为广大中国家庭再添高品质健康食用油新选择。这款产品采用先进的 5S 物理压榨工艺压榨而成。山东鲁花集团在河南正阳县带动高油酸花生种植,逐步形成高油酸花生油产业。香港南顺集团的"刀唛"高油酸花生油也在市场行销多年。

4. 高油酸菜籽油

美国嘉吉公司生产销售两种高油酸菜籽油——Valley 65（含 65%油酸,主要用于煎炸食品）和 Clear Valley 80（含 80%油酸,主要用于焙烤食品）。2012 年,浙江省农业科学院推出油酸含量达到 80%的"爱是福"高油酸菜籽油[16]。

二、高油酸油菜的定义及其发展意义

（一）高油酸油菜的定义

高油酸油菜是指种子中油酸含量大于 75%的油菜新品种。

（二）发展高油酸油菜的意义

1. 提升菜籽油品质

油菜品质育种先后经历了传统油菜（高芥酸高硫苷的白菜型油菜和甘蓝型油菜）、双低油菜和高油酸油菜（符合双低标准）等发展过程。菜籽油品质不断提升,吸引了越来越多的消费者,从而使菜籽油消费量不断增大。

1）传统油菜

甘蓝型油菜在 20 世纪 30 年代中期才被引入我国，与其他作物种植相比，在我国起步较晚，生产历史也不长。在 20 世纪 30~50 年代，主要以调查、征集和评选地方品种为主，将评选出来的优良品种就地繁殖和推广，如四川的‘七星剑’、江苏的‘泰兴油菜’，在当时那个特殊时期对我国油菜生产的恢复与发展起到了极大的促进作用。系统开展油菜品种选育工作则是在 50 年代后才开始进行，育种家主要从引入的甘蓝型油菜品种‘胜利油菜’和‘跃进油菜’中开始选择材料进行品种选育工作，选育出了一批适合于多熟制栽培的甘蓝型油菜品种，实现了我国油菜品种由白菜型和芥菜型向甘蓝型转变的第一次革命。不过在 20 世纪 50~70 年代，油菜品种选育和推广主要还是以常规甘蓝型油菜品种为主。

传统"双高"[芥酸含量 40%~50%，硫苷含量 100~200μmol/g（饼）]油菜，其加工产品为高芥酸植物油和高硫苷菜籽饼粕。芥酸是一种长链脂肪酸，人体不易消化吸收，营养价值不高。而硫苷本身无毒，但在芥子酶作用下可降解为异硫氰酸酯、噁唑烷硫酮、硫氰酸酯和腈类等毒素，引起动物甲状腺肿大，使动物发育迟缓，影响动物的生长。

2）"双低"油菜

20 世纪 90 年代，在我国连续 4 个"五年规划"的基础上，经过全国 20 多个科研单位近 20 年的协作科技攻关，以及中国、加拿大、澳大利亚、美国等重大国际合作研究，选育出了一批优质双低的油菜新品种。‘湘油 11 号’是我国第一个通过国家审定的双低油菜品种，1987 年湖南省审定，1991 年国家审定，推广面积 40 万 hm²。该品种于 1987 年被评为湖南省十大科技成果之一，1988 年 10 月和 12 月先后参加在武汉举行的全国科技成果展览及北京首届国际食品博览会。随后，‘秦优 7 号’、‘中双 4 号’、‘华杂 4 号’、‘油研 7 号’、‘德油 5 号’、‘沣油 737’等油菜新品种不断涌现，极大地促进了油菜生产由单纯注重产量向产量与质量并重的转变过程，平均产量达到 1500kg/hm² 以上，食用油品质也得到了极大改善，开始实现油菜品种向优质高效转变的第三次革命。当前，除特异用途品种外，"双低"品质要求已成为我国新品种审定的最低品质标准。

3）高油酸油菜

高油酸油菜是由"双低"油菜改良而成，其菜籽油中油酸含量高于橄榄油和茶油，且亚麻酸含量（6%左右）高于橄榄油（亚麻酸≤1.0%）和茶油（亚麻酸 0.8%~1.6%），亚麻酸能促进视力发育和大脑发育，对孕妇、婴幼儿和青少年尤其重要。湖南农业大学、华中农业大学、浙江省农业科学院和西南大学等很多油菜育种单位都开展了大量研究，目前已有‘浙油 80’、‘高油酸 1 号’和‘帆鸣 1 号’等新品种问世。

目前，我国对优质油菜的品质主要提出了 4 个方面的指标：①低芥酸（1%以下）、低硫苷葡萄糖苷（每克菜籽饼含 30μmol 以下，不包括吲哚硫苷）、低亚麻酸（3%以下）；②高含油量（45%以上）；③高蛋白质（占种子重的 28%以上，或饼粕重的 48%以上）；④油酸含量达 70%以上。

2. 提高农民种植积极性

1）中国油料作物种植整体呈下降趋势

主要原因：①目前国内油料作物种植机械化水平普遍低，生产成本不断增加，种植效益相对偏少；②随着中国油脂油料的大量进口，植物油市场长期供大于求，价格持续走低，国内油料用油需求被压缩。

2）国家食用植物油缺口较大，发展油菜生产意义重大

国产植物油供应有限，且未来仍呈下降趋势，国内需求仍靠大量进口来满足。2017 年国内植物油总供应量近 3400 万 t，由于国内植物油产量持续减少，进口油脂比例超过 80%，食用植物油的战略安全受到严重威胁（图 1-1）。

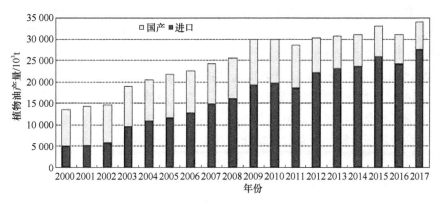

图 1-1　中国国产及进口植物油产量变化（2000~2017 年）
数据来源：艾格数据库

我国植物油消费以大豆油、棕榈油、菜籽油及花生油为主，占总消费量的近90%。菜籽油是国内第一大自产食用植物油，产量占国产食用植物油的 40%以上，有助于保障我国食用油安全。

油菜是南方地区主要冬季作物，在全国油菜产业中具有举足轻重的地位，发展好油菜生产对我国油菜发展具有十分重要的意义。若我国南方有 3 亿多亩*冬闲田能种植油菜，每年将增加 862.5 万 t 菜籽油，这将大大缓解我国食用植物油供应不足，从根本上解决我国食用植物油安全问题。通过发展油菜种植，可以提升土壤肥力，促进水稻等粮食作物的增产，改善生态环境。同时，油菜是一种很好的

---

* 1 亩≈666.7m²

观赏作物，对生态农业和旅游休闲观光农业的发展起到重要的作用，目前已有不少地方通过举办油菜花节获得了较好的效益。

3）各级部门高度重视油菜生产

国家最高领导层和各级政府部门对油菜生产、供给形势高度重视。2008 年 11 月 13 日，国家发展和改革委员会发布《国家粮食安全中长期规划纲要（2008—2020 年）》，第一次专门就油菜生产形势发布促进油菜生产意见。此后，国务院及农业部发布了一系列促进油菜生产的文件，如 2008 年 9 月 12 日农业部发布《全国优势农产品区域布局规划（2008—2015 年）》，提出到 2015 年，优势区油菜播种面积达到 1.39 亿亩，"双低"油菜普及率达到 90%以上，含油量达到 43%以上。2011 年 9 月 21 日，农业部发布《全国种植业发展第十二个五年规划》（2011—2015 年）提出，力争食用植物油自给率稳定在 40%，油料播种面积稳定在 2.1 亿亩以上，产量达到 3500 万 t。油菜面积稳定在 1 亿亩以上，扩大油菜生产，加强长江流域油菜优势区建设，重点开发利用南方冬闲田和沿江湖边滩涂地，扩大双低油菜种植面积，北方地区调整好种植结构，适当扩大春油菜面积。2012 年 1 月 13 日，国务院发布《全国现代农业发展规划（2011—2015 年）》提出，到 2015 年，全国油料总供给产量达 3500 万 t，年均增长 1.62%。同时，湖南、安徽等油菜生产主产区都发布了促进油菜生产的相关文件。

2017 年农业部批准开展转基因油菜研究，此举将有助于加快优良新品种选育。2019 年中央一号文件明确提出，支持长江流域油菜生产，推进新品种、新技术示范推广和全程机械化。2019 年中央一号文件聚焦油菜生产，使我国油菜产业的发展路径逐渐明晰，油菜的多功能性将得到进一步挖掘，油菜产业将迎来难得的发展机遇。

4）高油酸油菜可促进油菜产业发展

通过在湖南省推广种植高油酸油菜发现，农民每亩可增加效益 250 元以上，种植积极性大幅度提高（以每亩产菜籽 125kg 计算，按优质优价原则，提高油菜收购价格 2 元/kg）。加工企业每加工 1 亩高油酸菜籽比普通双低油菜籽可增加经济效益 1000 元；同时，高油酸菜籽油的货架期长，能大幅降低企业存油变质的风险。因而发展高油酸油菜可大大提高农民的种植积极性和加工企业效益，促进油菜产业发展。

3. 提高我国高级食用植物油的供给

一般来说，高级食用植物油主要是茶油和橄榄油。

1）茶油

茶油是世界四大木本植物油之一，其食疗双重功能实际上优于橄榄油，含有橄榄油所没有的特定生理活性物质茶多酚和山茶苷（即茶皂苷，或称茶皂素），能有效改善心脑血管疾病、降低胆固醇和空腹血糖、抑制甘油三酯的升高，对抑制癌细胞也有明显的功效。同时，其分子结构比橄榄油还要小，利于消化吸收。

茶油是政府提倡推广的纯天然木本食用植物油，也是国际粮农组织首推的卫生保健植物食用油。全球茶油产量的 90% 以上来自中国（江西、湖南和广西占总产量的 75% 左右）。我国茶油产业尚处于初级发展阶段，受制于茶树前期培育周期长（从新造油茶林到与投产持平之间，至少需要 10 年左右）、前期投入大、茶林老化严重、低产林改造难度大、产量低（油茶籽平均产量仅 15kg/亩左右，平均出油率不足 30%，综合平均产油量不足 5kg/亩）、加工水平低（多为土法加工，出油率低）等因素，因而茶油供应能力较为有限。

目前我国茶林总面积约为 6000 万亩，由于进入衰退期的茶树比例近一半，因此茶油产量仅约 60 万 t，除去主产区农户自身消费，进入终端市场销售的商品量仅 20 多万 t，短期内难以满足国内日益增长的食用油需求。

　2）橄榄油

橄榄油因其较低的产量和上佳的营养成分成为世界稀缺资源（图 1-2，图 1-3）。

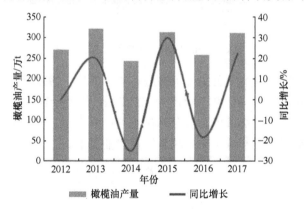

图 1-2　2012~2017 年全世界橄榄油产量

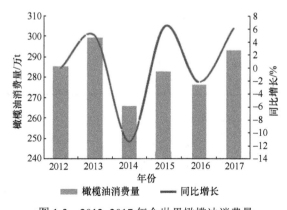

图 1-3　2012~2017 年全世界橄榄油消费量

目前，世界橄榄油主产国集中在地中海沿岸国家，西班牙、意大利、希腊、突尼斯、土耳其、叙利亚、摩洛哥为主产国，这 7 个国家橄榄油产量占世界橄榄油总产量的 90%。2016 年，全球橄榄油消费量为 276 万 t，同比下降 2.13%；2017 年，全球橄榄油消费量达 293 万 t，同比增长 6.16%[17]。

作为中国橄榄油原料油橄榄的主产地，甘肃省陇南市的橄榄油产量多年蝉联全国第一位，2016 年陇南油橄榄种植面积已达 54.6 万亩，挂果面积 20 万亩，鲜果产量达 3 万 t，初榨油产量亦达 4800t。截至 2016 年年底，中国的橄榄油产量达5600 t（图 1-4）。尽管如此，仍然不能满足人们的需求。

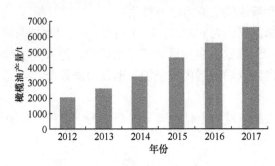

图 1-4   2012~2017 年中国橄榄油产量

目前中国的橄榄油消费仍主要依靠进口（表 1-1），1998 年，我国进口的各类橄榄油只有 150 t 左右，到 2017 年已为 42 579 t，消费金额达 21.4 千万美元，成为亚洲最大的橄榄油消费市场。但全球橄榄油产量有限，需求量大且价格昂贵，因而也难以满足国内不断增长的高级食用植物油需求。

表 1-1   中国橄榄油进口情况

年份	进口数量/t	进口金额/千万美元	数量增长率/%	金额增长率/%
2013	40 028	19.1	−13.3	12
2014	35 836	15.3	−10.5	−19.9
2015	38 636	17.7	7.8	15.2
2016	45 425	19.6	17.6	10.9
2017	42 579	21.4	−6.3	9.1
2018（1~8 月）	23 803	11.6	−2.1	−0.5

3）高油酸菜籽油

与葵花籽、花生和大豆等油料作物相比，油菜为我国第一大自产油料作物，发展高油酸油菜，在提高国民营养水平方面具有得天独厚的优势。

"双低"油菜被誉为草本油料中的"东方橄榄油"，在其基础上改良而来的高油酸油菜营养价值与茶油、橄榄油相当（表 1-2），其亩产油量高、价格较为亲民；

南方地区有大量可供利用的冬闲田，因而发展潜力大；作为草本作物，种植简单，只要种植利润可观，即可大面积推广种植，快速提高我国高级食用植物油的供给。

表 1-2　不同油脂脂肪酸组成　　　　　　（单位：%）

食用油脂	饱和脂肪酸	油酸	亚油酸	亚麻酸	芥酸
高油酸菜籽油	5~7	75~85	6~10	<3	0~1
双低菜籽油	7	61	21	11	0~2
橄榄油	9~21	55~83	6~11	1	0
茶油	7.5~18.8	78~86	7~14	—	0
大豆油	15	23	54	8	0
猪油	43	47	9	1	0
棕榈油	51	39	10	少	0
花生油	19	48	33	少	0

第二节　高油酸油菜研究概况

一、高油酸油菜育种概况

（一）高油酸油菜育种研究情况

1992 年，世界上第一个油菜高油酸突变体问世[17]。1995 年，第一个高油酸油菜品种（油酸含量 81%）选育成功[18]。随后，欧洲[19-21]、加拿大[22]和澳大利亚[23]等纷纷开始了相关研究。

在中国，湖南农业大学油料作物研究所官春云院士率先进行高油酸油菜育种研究，从 1999 年开始，利用 ^{60}Co γ 射线处理'湘油 15'干种子，对辐射后代进行连续选择，2006 年获得稳定的高油酸油菜种子，目前已获得 100 多个油酸含量 80%以上、性状优良的高油酸油菜新品系，认定'高油酸 1 号'、'帆鸣 1 号'等高油酸油菜新品种 7 个。湖南春云农业科技股份有限公司还开展了机械化制种技术研究。

2005 年以来，华中农业大学油菜遗传改良创新团队从高油酸育种资源创新、高油酸性状形成的遗传及分子机制等方面开展了较为系统的研究。已育成 5 个常规品系和 3 个核不育杂交种，这些品系的油酸含量稳定在 75%以上。

西南大学李加纳教授利用航天诱变技术，获得油酸含量 87.22%的甘蓝型油菜突变体，开展了大量高油酸油菜研究，还建设了一条小型生产线进行菜籽油品质研究。

浙江省农业科学院推出了"爱是福"高油酸菜籽油，2015 年审定了国内第一个高油酸油菜新品种'浙油 80'（油酸含量 83.4%，亩产量约 190kg，产油量与普通品种相当）。

2015 年 10 月 11 日，云南省农业科学院经济作物研究所组织对高油酸油菜杂交种'E07HO27'、常规种'E0033'在玉龙县太安乡种植表现情况进行田间鉴评。与会专家认为与对照品种'花油 8 号'相比，高油酸油菜不仅品质更高，而且田间表现情况也更胜一筹。

（二）生产示范情况

2011 年，安徽省农业科学院作物研究所与大平集团和巨兴大平油料合作社合作，由巨兴大平油料合作社生产试种高油酸油菜。

2012 年，华中农业大学在湖北省江陵县马家寨乡建立高油酸油菜籽生产基地；2015 年开始在荆门市团林镇五岭村连片种植 100 亩高油酸油菜，2018 年种植面积已达 3 万亩，还在该地区建立了傅廷栋院士工作站，着力推进高油酸油菜种植及高油酸菜籽油生产。同时，华中农业大学与荆门市农技推广中心合作，联合荆门市民峰油脂有限公司等多家企业开展高油酸油菜的订单种植。民峰油脂有限公司还投资兴建了高油酸微波增香生产线，年处理菜籽能力达 2 万 t。

2014 年以来，湖南农业大学先后在衡阳、张家界等多处示范推广高油酸油菜订单种植，因收购价格高、种植效益好而受到当地种植户的大力追捧；在衡阳（安邦新农业科技股份）、长沙进行了 10 个材料的品系比较试验（亩产 100kg 以上，高的接近 200kg）；与湖南武岗天佑农业发展有限公司合作种植 800 亩高油酸油菜；同时与湖南春云农业科技股份有限公司和湖南盈成油脂工业有限公司合作种植双低高油酸油菜。截止到 2018 年 5 月，累计推广种植 4 万多亩。

二、高油酸油菜新材料选育情况

（一）传统方法

一般常用定向选择或与含高油酸性状材料杂交的方法培育高油酸油菜，具体见表 1-3。

表 1-3 常规方法培育高油酸油菜的研究

方法	结果	文献
白菜型油菜材料进行 4 代定向选择	从起始选择材料油酸含量 69%达到 85%~90%	[19]
油酸含量 81%的 Expander 通过连续的正向系统选择	可选出更高油酸含量的品种	[24]
高油酸突变系和其他高油酸基因型材料杂交	得到油酸 86%的新品系	[25]
品系 40068（油酸 69.6%）、39754（油酸 69.9%）作母本，品种 Drakon（油酸 67.9%）和品系 32577（油酸 65.8%）作父本	经 7 代系统选择，获得油酸含量高达 82.1%~83.5%的新材料	[26]

续表

方法	结果	文献
高油酸材料（油酸含量为 77.2%、78.4%）与 ogura CMS 和恢复系杂交	得到油酸含量 75%~79%的材料	[27]
油酸含量 75%的突变体和油酸含量 62%的野生双单倍体杂交后代早期阶段通过体外小孢子培养	得到油酸含量 75%以上的材料	[28]
甘蓝型油菜、白菜型油菜和芥菜型油菜种间杂交	得到油酸含量 80%的材料	[29]

（二）诱变方法

诱变方法是当前高油酸油菜育种研究的主要方法,包括化学诱变和物理诱变。大多数高油酸突变都是由"A"插入或氨基酸替代引起的[30]，主要有两个突变机制：一是 Δ12-油酰脱饱和酶基因 *FAD2* 中发生了一个或多个核苷酸突变[31,32]；二是 *FAD2* 基因中的核苷酸突变引起所编码的 Δ12-油酰脱饱和酶 FAD2 中氨基酸的改变，导致高油酸突变体的产生[33-35]。

1. 化学诱变

化学诱变产生点突变的频率较高、畸变少，且多为显性突变体[36]。化学诱变多采用甲基磺酸乙酯（EMS）。Auld 等[16]利用 EMS 诱变，分别获得了油酸含量 88%以上的甘蓝型油菜突变体及白菜型油菜突变体 M-30，后者与低芥酸亲本 Tobin 杂交，得到油酸含量超过 87%的 F4 株系。Rücker 和 Röbbelen 培育出高油酸品种 Expander[37]，诱变甘蓝型冬油菜品种 Wotan（油酸 60.3%）得到油酸含量 80.3%的新材料[38]。Spasibionek[39]利用 EMS 处理，筛选出 2 个高油酸突变体。

和江明等[40]用秋水仙碱溶液处理经 EMS 诱变（浓度 200 mg/kg，处理 24h）的甘蓝型油菜小孢子，在诱变后代中筛选出一份油酸含量为 80.3%的高油酸油菜突变材料，这是我国在这方面的最早报道。黄永娟等[35]用浓度为 4000mg/kg 的 EMS 诱变甘蓝型油菜 NJ7982 种子，从 M3 代中筛选到油酸含量达 75.0%的突变体。张宏军等[32]用 1.5%的 EMS 处理低芥酸甘蓝型油菜品种'湘油 15'，从 M3 代筛选到一株油酸含量达 71%的高油酸植株。

此外，也有使用其他诱变剂的成功报道，例如，加拿大研究人员利用 8mmol/L 溶解在二甲亚酸中的亚硝酸乙酯溶液处理油菜品种 Regent、Topas 和 Andor，获得突变系 45A37 和 46A40，其油酸含量为 78%，比对照高 24%[41]。

2. 物理诱变

物理诱变多采用 ^{60}Co 处理，官春云等[31]用 ^{60}Co γ 射线处理'湘油 15'种子，对辐射后代进行连续选择，M5 多数植株油酸含量 70%以上，最高达 93.5%。在该研究中，高油酸含量材料的筛选时间比较长，原因可能是高油酸突变体 *FAD2* 基因 DNA 分子中鸟嘌呤转换为腺嘌呤需经过几个世代。此外，西南大学利用航天诱变方法也获得了油酸含量为 87.22% 的甘蓝型油菜突变体[42]。

3. 基因工程方法

1）反义表达和 RNA 干扰

在植物体内，Δ12-油酰脱饱和酶 FAD2 是油酸合成与积累的重要调控位点[43]。目前常用反义表达和 RNA 干扰（RNA interference，RNAi）等[44]方法对其进行调控，以获得较高的油酸含量，尤其是 RNA 干扰技术。RNAi 在拟南芥中证明了其作用后[45]，在油料作物脂肪酸组成改良方面获得了突破性进展[46]，相关研究见表 1-4。

表 1-4　利用基因工程技术获得高油酸材料的新进展

方法	实验材料	获得结果	文献
反义表达	甘蓝型油菜	获得了油酸含量 83.3% 的新品系，它和油酸 77.8% 的突变体杂交，得到油酸含量 88.4% 的新材料	[47]
	甘蓝型油菜	油酸含量提高到 85%	[48]
	甘蓝型油菜	获得了油酸含量为 78% 的韩国转基因油菜 Tammi	[49]
	油菜子叶柄内	获得了转基因植株	[50]
RNA 干扰	甘蓝型油菜	油酸含量提高到 89%	[51]
	甘蓝型油菜	构建了 ihpRNA 表达载体，得到的转基因材料中 19 个种子油酸含量大于 75%，11 个大于 80%	[52-54]
	甘蓝型油菜	油酸含量 83.9% 且无不良农艺性状的新种质	[55]
	低芥酸转基因株系和甘蓝型油菜	*FAE1* 基因和 *FAD2* 基因的协同干涉，获得了高油酸（油酸含量 75%）、低芥酸和低多不饱和脂肪酸的转基因材料	[56]
	甘蓝型油菜（本实验室研究）	油菜试管苗的带柄子叶为外植体，得到 9 株抗 PPT 苗	[57]
		构建了甘蓝型油菜 *FAD2*、*FAD3*、*FATB* 基因共干扰载体，转入甘蓝型油菜'中双 9 号'，2 株油酸含量在 75% 以上	[58]
		构建了 *FAD2* 与 *FAE1* 基因双干扰载体，获得 144 个抗性再生植株	[59]
		转基因植株 FFRP4-4 油酸含量提高到 85%，F_1 代种子油酸含量在 80% 以上，饱和脂肪酸 10%，芥酸未检出	[60]

2）基因编辑技术

基因编辑技术是指能够让人类对目标基因进行"编辑"，实现对特定 DNA 片段的敲除、特异突变引入和定点转基因等。基因编辑技术中，以 ZFN（zinc finger nuclease）和 TALEN（transcription activator-like effector nuclease）为代表的序列特异性核酸酶技术以其能够高效率地进行定点基因组编辑，在基因研究、基因治疗和遗传改良等方面展示出巨大的潜力。

CRISPR/Cas9 第三代"基因组定点编辑技术"，也是目前用于基因编辑的前沿方法。与前两代技术相比，该技术具有成本低、制作简便、快捷高效的优点，使其迅速风靡于世界各地的实验室，成为科研、医疗等领域的有效工具，在一系列基因治疗的应用领域都展现出极大的应用前景，如血液病、肿瘤和其他遗传疾病。2014 年 4 月 15 日，该技术获得了美国专利与商标局关于 CRISPR 的第一个专利授权，专利权限包括在真核细胞或者任何有细胞核的物种中使用 CRISPR。

万丽丽[61]利用 CRISPR/Cas9 基因编辑系统对甘蓝型油菜 DT、627R 和 ZY50 材料中的控制油酸合成代谢途径的关键基因 *BnaA.FAD2.a*（LG A5）进行编辑，共获得 164 株转化单株，编辑效率为 75.6%。其中有 82.2%的突变单株表现为杂合突变或者双等位基因突变。所得到的编辑类型主要为单碱基插入，其中插入碱基 C 所占比例为 56.6%，高于其他碱基。利用石油醚-乙醚法测定基因编辑材料种子中的脂肪酸含量，DT 材料 *BnaA.FAD2.a*（LG A5）突变单株的油酸含量高达（82.12±1.01）%，而未编辑的 DT 材料种子中油酸的含量为（54.21±1.79）%，基因编辑后材料相对于未编辑的受体材料油酸含量增幅为 51.5%。

侯智红等[62]也利用 CRISPR/Cas9 技术成功对控制大豆油酸的基因 *GmFAD2-1A* 进行编辑，获得稳定的纯合 *GmFAD2-1A* 大豆突变体材料，且突变大豆植株在株高、主茎节数、单枝分枝数、叶形、花色、种皮色、种脐色、生育期等方面与对照大豆植株没有显著差异。

4. 分子标记辅助选择

利用分子标记技术对油菜植株进行早期选择[37]，可以大幅减少大田选择的工作量，增加育种的选择反应和成本效益[63]。目前，随机扩增多态性 DNA（random amplified polymorphic DNA，RAPD）、单核苷酸多态性（single nucleotide polymorphism，SNP）、简单重复序列（simple sequence repeat，SSR）、扩增片段长度多态性（amplified fragment length polymorphism，AFLP）等也用于油酸性状鉴定。

1）RAPD 标记

目前在白菜型春油菜[64]、芥菜型油菜重组自交系[65]和甘蓝型油菜[66]中都鉴定出油酸含量 RAPD 标记。

2）SNP 标记

Hu 等[33]开发了 *FAD2* 突变等位基因特异的 SNP 标记并在连锁群 N5 上作图，该图可解释 76.3%的油酸含量变异。Tanhuanpää 等[34]开发了一个白菜型春油菜油酸含量相关的 SNP 标记，发现野生型和高油酸的 *FAD2* 基因位点只有一个核酸序列差异，导致一个氨基酸改变，与其之后的研究一致[67]。Falentin 等[68]根据突变体和野生型等位基因的序列差异，开发了两个 SNP 标记，分别对应 *FAD2C* 基因和 *FAD2A* 基因的突变。Yang 等[69]以 SW Hickory（油酸含量大约为 78%）×JA177（油酸含量 64%）F₁ 花蕾进行小孢子培养获得 DH 群体。QTL 定位表明，控制油酸含量的主效 QTL 位于甘蓝型油菜的 A5 连锁群上，可解释 89% 的表型变异。

Zhao 等[70]对 375 份油菜材料进行全基因组关联分析，共鉴定到 19 个与油酸显著关联的 SNP，最显著的 SNP 位于 A9 染色体上，解释了 10.11% 的表型变异。进一步利用一个 DH 群体进行油酸含量 QTL 定位，确认了一个新的 QTL OLEA9，该位点可提高油酸含量 3%~5%。该新位点可与已知的位于 A5 的 *FAD2* 位点以加性效应方式提高油酸含量。通过对该区间候选基因的表达量分析和拟南芥同源基因突变体表型分析，初步确认 OLEA9 的候选基因为 *BnaA09g39570D*。该研究可为高油酸育种提供新的基因资源，同时对进一步阐明油菜种子脂肪酸的遗传调控网络有积极意义。

3）SSR 标记

王欣娜[71]在油菜 A01（解释 9.5% 油酸表型变异）、A05（解释 18.6% 油酸表型变异）、Cl 和 C5 连锁群定位到油酸含量相关的标记。刘列钊等[42]发现 A05 和 A01 染色体上的 *FAD2* 位点为主效位点，对表型的遗传变异贡献率分别达到 31.1% 和 29.4%。陈伟等[72]在 A5 染色体上定位到 1 个主效 QTL（可解释 85.3% 油酸表型变异），并利用其进行辅助育种获得了高油酸油菜改良单株。Zhao 等[73]以德国冬油菜品种‘Sollux’和中国高油材料构建 DH 群体作图，发现 7 个油酸含量相关的 QTL，解释 59% 的遗传变异。Smooker 等[74]的研究表明 SSR 标记比区间作图法和多个 QTL 定位方法更有效。

本实验室用高油酸油菜品系 HOP 和甘蓝型油菜‘湘油 15’为父母本，在 A5 和 C5 连锁群上各检测到 1 个主效 QTL，可解释 60%~70% 油酸含量变异，位于 A5 连锁群的效应值较大且与 *FAD2* 基因紧密连锁[75]；在 N5 连锁群上标记分析发现 1 个控制油酸的 QTL，处于 CNU398 与 CN53 之间，LOD 值为 4.83，贡献率达到 59.37%[76]；构建了导入 A5、C5 两个油酸 QTL 及分别导入一个油酸 QTL 的 BC₂F₁ 株系，背景回复率达 90% 以上[77]。

4）AFLP 标记

（1）发现等位基因

Lionneton 等[78]筛选到位于连锁群 LG2 上 E4M1_4 处（解释 51.8% 的油酸含量变异）和 LG6 上 E1M2_6 处（解释 9.5% 的油酸含量变异）的 2 个油酸 QTL。Schierholt 等[25]筛选到 3 个引物组合（E32M61、E38M62、E35M62），用于 F₂ 群体作图，发现与高油酸等位基因连锁，最紧密连锁的 AFLP 标记 E32M61-141 距高油酸位点 3.7 cM，可用于对高油酸性状分子选择的标记（图 1-5）。

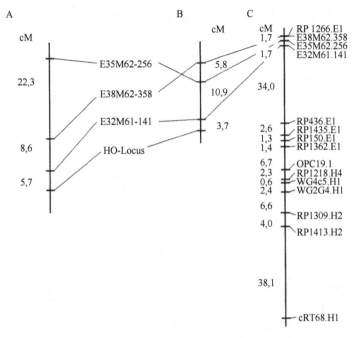

图 1-5　利用 HO 突变体群体构建的遗传连锁图

易新奇[79]基于 BnMs3 和 Bnms3 序列之间的差异，开发了等位基因特异标记 GQP 209F/GQP 213R。该标记对两个等位基因的扩增产物片段大小相差 14bp，可以有效用于两者的鉴定（图 1-6）。

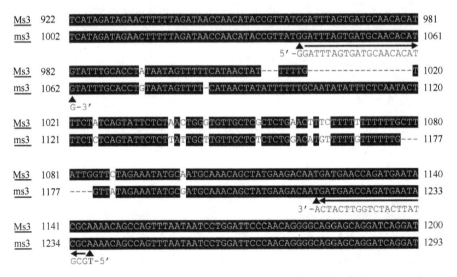

图 1-6　等位基因特异标记 GQP 209F/GQP 213R 的开发设计
▲为引物的起始和终止位置；→表示引物序列

易新奇对现有文献中 5 个检测 BnMs4 位点的不同分子标记进行了评价，发现显性标记 S25 和 ZHP 9F/R 检测效果好，共显性标记 A7-24 F/R 在不同遗传背景各世代的材料中，均能有效准确地鉴定目标基因型，可靠性高。利用上述标记进行辅助选择，将 BnMs3 位点和 BnMs4 位点的各个等位基因导入到 ZH5、ZH5-1、ZS9 及 MS1-D 来源的优良轮回亲本中。基因型鉴定、花期育性调查及油酸含量测定分析表明，前期选择的育性和油酸基因型与表型基本一致，证明了利用分子标记可以快速整合高油酸和育性基因到高产优良品种（系）中。

（2）选育育种材料

卢东林[80]通过回交转育结合分子标记辅助选择筛选出了三个回交组合（甲 ZL593A×甲 9800、甲 ZL353A×11 品 6、甲 ZL100A×甲 9818）BC_2F_2 群体中的高油酸不育株（ms1ms1ms2ms2）、高油酸保持株（Ms1ms1ms2ms2）、高油酸恢复株（Ms1Ms1ms2ms2），以及 BC_3F_1 群体中基因型为 Aa Ms1ms1 的杂合型单株。

石笑蕊[81]以高油酸的甘蓝型油菜 J-3111 为供体亲本，采用传统回交育种结合分子标记辅助选择（molecular marker-assisted selection，MAS）分别构建 621R×J-3111、L-135R×J-3111、616A×J-3111、195-14A×J-3111 四个组合的 BC_1F_1、BC_2F_1、BC_3F_1、BC_3F_2、BC_3F_3、BC_4F_1、BC_4F_2 世代群体。结合田间表型挑选 10 株（616A 的 2 株可育株和 2 株不育株、195-14A 的 2 株可育株和 2 株不育株、L-135R 的 2 株可育株）背景最接近相应轮回亲本的纯合高油酸基因型的单株进行重测序分析。

5）其他方法

此外还有利用靶位区域扩增多态性（target region amplified polymorphism，TRAP）[82]和限制性内切酶片段长度多态性（restriction fragment length polymorphism，RFLP）[83]等方法对油酸含量进行标记的报道。

三、栽培因子对油酸性状的影响

（一）农艺性状研究

Hitz 等[47]发现，高油酸突变体农艺性状较好，再次突变（油酸含量 87%）后，植株农艺性状较差。

浙江省农业科学院培育的'浙油 80'生产试验比对照减产 3.7%，产油量比对照增产 0.4%，差异不显著。笔者实验室发现，高油酸品系与普通油酸品系间差异未达到显著水平[84,85]，且 2014 年、2015 年的品比试验结果也发现其产量与普通品种无明显差异。周银珠[86]、黄永娟等[35]也得到相同结论。

Guguin 等[21]报道，HOLL 杂交种产量比 HOLL 常规种高 15%以上，最好的 HOLL 杂交种产量与当家双低杂交种非常接近。油菜种子油酸含量与种子产量呈负相关，目前还不是很清楚产量降低的具体原因，但现在鉴定的有些品系（组合）

产量降低并不明显[41]，可通过育种的努力来补偿产量的降低[2,87]。Schierholt 和 Becker[88]发现高油酸冬油菜（油酸含量大于 75%）产量与叶片和种子中的油酸含量呈负相关，油酸含量高会延迟种子发芽。

（二）油酸与含油量及其他脂肪酸含量之间关系的研究

Möllers 等[87]认为油酸含量和含油量呈正相关，可提高 0.6%含油量[88]，而 Zhao 等[73]也认为脂肪酸组分与含油量之间有密切关系。但 Smooker 等[74]及中国国家油料改良中心湖南分中心的研究都认为高油酸油菜的油酸含量与含油量并无线性关系。因此，油酸含量与含油量之间的关系仍需进一步研究。

油酸含量与其他脂肪酸含量间关系的研究较多，但目前尚无一致结论。Zhao 等[73]认为油酸含量与芥酸含量、亚油酸含量和含油量呈负相关。阎星颖[89]发现油酸与其他脂肪酸含量呈极显著负相关；尚国霞[90]发现硬脂酸与油酸含量呈正相关，棕榈酸与油酸含量呈负相关，亚油酸与亚麻酸含量呈极显著负相关；Barker 等[91]发现芥酸含量对油酸含量有显著影响。杨柳等[92]分析了 5568 株自交油菜种子，发现不同油酸含量下 7 种主要脂肪酸含量间的相关性。除与硬脂酸（相关系数 0.0351）外，油酸与其他脂肪酸基本上呈极显著负相关；除亚麻酸与硬脂酸、芥酸与硬脂酸、花生烯酸与软脂酸、硬脂酸与软脂酸两两呈极显著负相关外，其他均呈极显著正相关。在 5677 份分析材料中，获得 278 份油酸含量>70%、亚麻酸含量<3%、亚麻酸/亚油酸比例大于 1：4 的材料，为选育特色油菜品种奠定了基础。

（三）环境及栽培因素对高油酸性状的影响

油酸由一些主效基因控制遗传性状（99%）[74]，种子中的油酸含量在不同环境下均能稳定表达[93,94]，高油酸性状表达是稳定的[95]，同时还受到环境及栽培因素影响。

1. O_3 对油酸含量的影响

Vandermeiren 等[96]研究了对流层 O_3 升高对春油菜（甘蓝型油菜品种）的影响，在一个开顶式气室进行了 3 年试验，在整个生长季节，每天有 8h，O_3 浓度比环境浓度增加 20ppb 和 40ppb（part per billion，十亿分之一）。结果显示，O_3 浓度对春油菜种子质量特性有影响，其中油酸含量显著降低。笔者实验室研究发现低温处理也会导致油酸减饱和反应酶的活性降低。

2. 栽培措施对油酸含量的影响

Baux 等[97]发现，HOLL 冬油菜品种产量低于常规品种，但与品系比较试验预期值接近，农民采用适当的栽培管理措施对决定油菜最终品质起到关键性作用。

笔者实验室发现，氮肥施用量与油酸含量呈负相关；在一定范围内，施用磷肥、钾肥有利于油菜油酸含量的提高，过量则降低油酸含量；硫肥施用量与油酸含量呈正相关[98]。

第三节　高油酸油菜遗传特性及分子机制研究

一、遗传特性研究

油酸含量受硬脂酸和亚油酸含量影响，高油酸性状遗传比较复杂。促进油酸减饱和作用的基因有两个：*FAD2* 基因（存在于内质网中）和 *FAD6* 基因（存在于叶绿体中）[41]（图 1-7）。

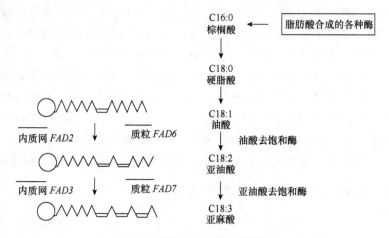

图 1-7　脂肪酸生物合成示意图

近年来有大量高油酸遗传特性方面的研究，如表 1-5 所示。

表 1-5　高油酸遗传特性研究

主要观点	试验材料	结果	文献
多基因控制	甘蓝型油菜突变体	1 个主基因、3 个或更多的微效基因	[25]
	甘蓝型油菜品种'湘油 15'	多基因控制	[99]
	低油酸 10L421 和高油酸 10L422 杂交 F₂ 群体	2 个主效位点控制的数量性状	[71]
	8 个高油酸突变体	两个位点主要为加性效应，仅有不显著的显性效应，无上位性效应或母性效应	[100]
	甘蓝型油菜突变体	多基因控制	[87]
	甘蓝型油菜杂交组合 8087×8108	主要为主基因遗传；加性效应和上位性效应为主，显性效应比较小	[101]

续表

主要观点	试验材料	结果	文献
	4 个高油酸品系和 4 个常规品系	有累加作用,不受母性遗传的影响	[102]
	华双三号	母本植株基因型控制	[103]
	甘蓝型冬油菜突变体	一个突变位点主要在种子中表达;另一个在种子、叶片和根系中表达,主要为加性效应	[95]
	高油酸新株系(69%)'291'×中油 821 组合(油酸 57%)	低油酸对高油酸不完全显性,高油酸由一对隐性主效基因控制	[104]
	高油酸突变体 N2-3591 与低亚麻系 N2-4961、高芥酸 HF-186 回交	两个等位基因位点控制	[105]
	高油酸品系 Y520 与中油酸品系 08T15 组合	2 对主基因效应主要为加性效应和上位性效应,油酸的遗传率较高	[86]
	高油酸 10L422 与低油酸 10L421 杂交 F₂ 群体	多基因控制	[89]
	航天诱变的高油酸油菜 F₂ 群体	主效位点是位于 A5 和 A1 染色体上的 FAD2	[42]
	转基因甘蓝型油菜 W-4	受 1 对显性基因控制,无明显的细胞质遗传效应	[106]
多基因控制,受环境影响	高油酸品系 04-863 和低油酸系'湘油 15'自交系 04-1020	69%~71%由遗传差异引起,29%~31%由环境差异引起	[107]
	低油酸'扬 6026'和高油酸突变自交系'HO05'的杂交后代	高油酸性状由 2 对主效基因控制,36.84%是由环境的变化引起的;无细胞质遗传效应	[108]
	高油酸品系 Y539 与中油酸品系 L121 杂交后代	主基因遗传为主,环境对甘蓝型油菜油酸含量影响比较大。2 对主基因累计效应相等;油酸低含量对高含量呈部分显性	[90]
单基因控制	较高油酸的突变体 N2-3591 与低油酸含量品系 C-101	高油酸为显性,单基因遗传	[109]

由表 1-5 可以看出,高油酸遗传特性研究主要有三种观点:多基因控制、环境影响及单基因控制,包括本实验室在内的多数研究认为油酸遗传特性由多基因控制,遗传结果不尽相同,可能与试验材料的不同有关[106]。

二、分子机制研究

(一)FAD2 基因相关研究

FAD2 基因是油酸合成的关键基因,提高油酸含量可通过降低油酸脱氢酶基因 FAD2 的活性来获得[47]。FAD2 基因是功能保守的基因,各物种之间的序列具有较高的相似性[104]。

1. FAD2 基因功能研究

梁会娟等[110,111]构建了油菜 FAD2 基因的 RNAi 植物表达载体。Yang 等[69]

在高油酸亲本 SW Hickory 中 *BnaA.FAD2.a*（LG A5）拷贝发现了一个 4 bp 的插入，该突变造成可读框（open reading frame）的移码，最终导致提前终止密码子，属于一种新的高油酸等位基因。*BnaA.FAD2.a* 基因在脂肪酸合成最为旺盛的种子发育中后期（14~25d）表达量急剧上升，为营养生长时期的 7~20 倍。Suresha 等[112]发现，*FAD2* 基因表达量与早期开花后 15d 和晚期开花后 45d 种子发育阶段相比，开花后 30d 表达量上升。低温处理下表达量提高 1 倍以上，较高温处理提高 3 倍以上。笔者实验室研究发现油菜授粉后 25~40d 为油酸形成期[113]；利用近等基因系材料授粉后 25d 种子构建了 SSH 文库，得到 480 个克隆，其中 88 个基因为油酸含量的上调基因，18 个为下调基因，大部分基因与代谢和调控相关[114]；构建了授粉后 25d 种子的均一化文库，滴度为 2.61×10^6 cfu/ml，重组率 100%，插入片段长度在 800~2000bp[115]；从甘蓝型油菜中克隆了 *FAD2* 基因一段 2374bp 的上游序列，并用 5'-RACE 技术确定了 *FAD2* 基因的转录起始位点，通过启动子分析及顺式作用元件分析，确定 *FAD2* 基因的启动子在–220~–1bp 区域，还发现 *FAD2* 基因启动子序列中含有一段 1254bp 的内含子，该内含子序列中包含多个种子特异性表达元件和植物激素响应元件，*FAD2* 基因受脱落酸调控，在 –538~–544bp 处的脱落酸响应元件使 *FAD2* 基因在脱落酸的处理下提高了表达水平[116]；克隆了 1 个 *FAD2* 拷贝基因，定位到 C1 染色体上，命名为 *BnFAD2-C1*，其可读框为 1155bp。采用 RACE 技术获得了 175bp 的 5'UTR 序列和 212bp 的 3'UTR 序列。采用荧光定量 PCR 检测发现，*BnFAD2-C1* 在根、花和角果皮中仅保持本底水平的表达，在种子发育中期呈现高效表达，具有种子特异性诱导表达的特征；茉莉酸可能在 *BnFAD2-C1* 基因的表达过程中发挥一定的调控作用[117]。

陈松等[118]发现 W-4 的 T_2 代单株的基因组含有一个 T-DNA 拷贝，T-DNA 左边界序列完全整合到油菜基因组中，仅有 1 个碱基由 G 转换成了 A，而右边界则缺失了包括 RB 边界在内的 62 个碱基。同时，还比较了转基因高油酸油菜品系 W-4 的 T5、T6 和 T7 种子以及非转基因对照 Westar 种子中的脂肪酸组成，结果表明油菜种子中 *FAD2* 基因下调表达对种子的脂肪酸合成与积累影响较大，其不仅显著降低种子中多不饱和脂肪酸含量、增加油酸的含量，而且也显著降低饱和脂肪酸含量，并促进长链单烯酸的合成[119]。

2. *FAD2* 基因拷贝数的研究

FAD2 基因以多拷贝形式存在，不同拷贝之间在碱基序列和氨基酸序列上存在一定差异[99]。多拷贝现象对分子育种有不利影响，如在转基因植物中，插入外源基因的拷贝数过多，则会导致表达不稳定甚至转基因沉默现象[120,121]。相关研究如表 1-6 所示。

表 1-6　油菜 *FAD2* 基因拷贝数的研究

材料	结论	文献
甘蓝型油菜	2 个拷贝	[32，49]
	3 个拷贝	[35]
	甘蓝型油菜为异源多倍体，至少有 4 个拷贝	[42]
	4 个拷贝	[69，76，122]
	11 个拷贝，分为两类，不同拷贝之间碱基序列和氨基酸序列存在一定差异	[69]
	BnFAD2-a 和 *BnFAD2-b* 两类，*BnFAD2-a* 拷贝数大于 *BnFAD2-b* 拷贝数，*BnFAD2-b* 在高油酸亲本中的拷贝数大于低油酸亲本	[89]
	根据 Southern 杂交带推测甘蓝型油菜每个单倍体基因组中有 4~6 个拷贝	[123]
白菜型油菜	2 个 *FAD2* 基因	[69]
芥菜型油菜	Southern 杂交带推测至少有 2 个拷贝	[121]
	3 类（*Bjfad2a*，*Bjfad2b*，*Bjfad2c*）	[124]

由表 1-6 可知，目前多认为油菜 *FAD2* 基因为多拷贝，但具体的拷贝数仍需进一步研究。

（二）其他基因研究

余世聪等[125]利用同源克隆获得来源于甘蓝型油菜的 *BrraLCR78* 的长度为 376bp 的基因片段，属于 LCR（low-molecular-weight cysteine-rich）基因家族，高油酸材料中该基因转录存在可变剪切。使用定量 PCR 技术检测发现，*BrraLCR78* 可在油菜茎内表达，在叶和根中表达量很低，在脂肪酸积累期的表达量显著高于前期，推测其参与了油菜种子脂肪酸积累。

（三）组学技术相关研究

1. 基因芯片方面的研究

Guan 等[126]采用基因芯片技术检测到差异表达基因 562 个，上调表达基因 194 个，下调表达基因 368 个，以基因芯片中油菜上调基因 *NM_100489* 和下调基因 *NM_130183* 为材料，用实时荧光定量方法验证基因芯片的结果，二者完全相符。

2. 蛋白质组学方面的研究

Zhang 等[127]以'湘油 15'品种（对照）和高油酸油菜 7d 幼苗为材料提取蛋白质，进行双向电泳分析，共发现 277 个差异点，126 个点的差异在 2~4 倍，对其中 50 个点进行 MALDI-TOF/TOF 4800 串联质谱分析，42 个差异点鉴定成功，分别为磷酸核酮糖羧化酶（23 个）及其前体蛋白（4 个）、黑芥子酶（2 个）、ATP 合酶亚基蛋白（4 个）、叶绿体 a/b 结合蛋白（2 个）及其他蛋白质（7 个）；同时对差异蛋

白对应的基因（15 个）进行荧光定量 PCR 验证，有 4 个基因的表达量在高油酸油菜幼苗中增加，3 个降低；以一组高油酸油菜近等基因系自交授粉后 20~35d 的种子为材料，分别进行了转录组和同位素相对标记与绝对定量技术分析，结合前人研究发现，基因表达或蛋白质表达发生显著变化的基因 gi|260505503（多聚半乳糖醛酸酶抑制蛋白）、gi|226346102（HSR203J 类蛋白）和 gi|470103214（钙调蛋白类）与抗病相关；而 gi|297843222（结合蛋白）、gi|18397961（2-铁，2-硫-铁氧化还原类蛋白）、gi|196052306（还原型烟酰胺腺嘌呤二核苷酸脱氢酶亚基）、gi|18423437（NADH-泛醌氧化还原酶样蛋白）和 gi|297794581（激酶家族蛋白）等基因差异显著[128]。

第四节　高油酸油菜发展中存在的问题及发展前景

一、存在的问题

（一）对高油酸油菜认识不全面

在人们的普遍认识中，大多片面地以为油酸含量高即为好油，忽视了亚油酸、亚麻酸等必需脂肪酸和棕榈酸的作用。其实这些成分对于菜籽油的品质十分重要。此外，还需重视油中多酚等物质的重要作用。

（二）高油酸油菜育种研究进展缓慢

国内外双低油菜从育成到实现双低化均为 10 多年时间，而高油酸油菜于 1995 年世界上第一个高油酸品种[18]问世至今，国外有报道的品种不足 10 个，国内目前也仅有一个新品种，进展较为缓慢。原因主要为：①品种适应性、增产潜力还在进一步研究；②企业新产品的推出和广大市民对高油酸菜籽油认识的提高还需一定时间；③宣传不够。今后应从发展高油酸油菜有利于保障我国食用油安全、提高国民健康水平和企业产品质量等方面进行宣传。

（三）高油酸遗传改良途径有待进一步拓宽

目前培育高油酸油菜主要采用化学诱变方法，但也有研究表明辐射[31]或太空诱变[42]方法也可得到性状稳定的高油酸油菜材料，这为诱变育种提供了新的思路。分子标记育种方法有 RAPD 标记、SNP 标记、SSR 标记和 AFLP 标记等，SNP 标记被称为第三代 DNA 分子标记技术，有望成为最重要、最有效的分子标记技术在分子育种中广泛应用。

（四）油菜高油酸生物学机制研究需进一步加强

目前多数研究认为，油菜高油酸性状遗传主要受基因型影响，为多个基因控制[25,42,71,86,87,95,99-105]。甘蓝型油菜控制油酸性状的主效基因位于 A5 连锁群[72,75,77,113]，但刘列钊等[42]在 A5、C5 连锁群上都发现了主效基因，可能是由于育种材料不同引起的，因此在今后的研究中也要综合考虑不同的材料。此外，高油酸遗传性状还受环境[90,96,107,108]和栽培措施[97,98]等方面的影响，此类研究都需进一步加强。

此外，油酸合成的关键基因的研究多集中在 *FAD2* 基因[31-35,49-59,64,113,118]，*FAD2* 基因为多拷贝[32,35,42,49,69,75,89,99,110,129]，有一些拷贝是无功能的假基因[130]，但具体拷贝数的多少及各个拷贝的功能仍需要进一步研究。

油脂的积累和脂肪酸的合成是一个庞大的网络[124]，*FAD2* 基因表达机制与很多因素有关[131]，所以在继续探索 *FAD2* 基因的调控表达作用机制的同时，还要进一步研究十六碳烯酸含量、二十碳烯酸含量[91,126]及芥酸含量[74,91]对油酸积累的影响作用。

二、发展建议

（一）加快品种培育进程

要综合利用各种育种方法及分子标记技术，同时结合一些早期鉴定的方法辅助育种，加快育种进程。

（二）弄清油酸合成的分子机制

深入研究 *FAD2* 基因对油酸合成的调控作用，包括其拷贝数及每个拷贝的功能等；同时搞清其他脂肪酸合成对油酸的影响。

（三）利用各种新技术进行新基因发掘

充分利用即将完成的油菜基因组测序结果，采用基因组学和蛋白质组学新技术，研究基因表达谱变化情况，结合生物信息学分析，发掘出 *FAD2* 以外影响油酸合成的新基因。

（四）加快推广开发进程

种子管理部门要高度重视高油酸油菜的发展，充分认识到高油酸油菜是油菜产业继双低油菜后的又一次新机遇；加大对高油酸油菜材料在区试等方面的支持力度，加快新品种的培育、审定及后续推广。

（五）坚持优质优价原则

在生产实践中，依照优质优价原则，适当提高高油酸油菜籽的收购价格，增加农民种植效益，提高其生产积极性，迅速扩大高油酸油菜种植面积，促进油菜产业进一步发展，提高我国食用油自给水平。

参 考 文 献

[1] Grundy SM. Comparison of monounsaturated fatty acids and carbohydrates for lowering plasma cholesterol. New Engl J Med, 1986, 314(12): 745-748.

[2] Nicolosi RJ, Woolfrey B, Wilson TA, et al. Decreased aortic early atherosclerosis and associated risk factors in hypercholesterolemic hamsters fed a high- or mid-oleic acid oil compared to a high-linoleic acid oil. Journal of Nutritional Biochemistry, 2004, 15(9): 540-547.

[3] Rudkowska I, Roynette C, Nakhasi DK, et al. Phytosterols mixed with medium-chain triglycerides and high-oleic canola oil decrease plasma lipids in overweight men. Metabolism Clinical & Experimental, 2006, 55(3): 391-395.

[4] Gillingham LG, Gustafson JA, Han SY, et al. High-oleic rapeseed (canola) and flaxseed oils modulate serum lipids and inflammatory biomarkers in hypercholesterolaemic subjects. British Journal of Nutrition, 2011, 105(3): 417-427.

[5] Guan M, Chen H, Xiong X, et al. A Study on triacylglycerol composition and the structure of high-oleic rapeseed oil. Engineering, 2016, 2(2): 258-262.

[6] 潘丽娟, 杨庆利, 闵平, 等. 高油酸花生对大白鼠血脂水平影响的研究. 花生学报, 2009, 38(3): 6-9.

[7] 王靖雯, 陈泽娜, 高健, 等. 油酸对小鼠急性镉中毒的缓解作用及镉残留的影响. 生物学杂志, 2019, 36(4): 50-54.

[8] Roman O, Heyd B, Broyart B, et al. Oxidative reactivity of unsaturated fatty acids from sunflower, high oleic sunflower and rapeseed oils subjected to heat treatment, under controlled conditions. LWT - Food Science and Technology, 2013, 52(1): 49-59.

[9] Talcott ST, Duncan CE, Pozo-Insfran DD, et al. Polyphenolic and antioxidant changes during storage of normal, mid, and high oleic acid peanuts. Food Chemistry, 2005, 89(1): 77-84.

[10] Miller JF, Zimmerman DC, Vick BA. Genetic control of high oleic acid content in sunflower oil. Crop Science, 1987, 27(5): 923-926.

[11] Matthäus B. High oleic low linolenic rapeseed oil as alternative to common used frying oils//in The 12th International Rapeseed congress. Quality, Nutrition and Processing: Processing Technology. 2007, 4.

[12] 张运艳, 顾斌, 陈凤香, 等. 高油酸葵花籽油与普通葵花籽油的比较研究. 粮食与油脂, 2015, 28(7): 50-52.

[13] Piazza G. Foglia TA. Rapeseed oil for oleochemical usage. European Journal of Lipid Science and Technology, 2001, 103, 450-454.

[14] 张振乾, 官春云. 固定化 Enterobacter aerogene 脂肪酶生产脂肪酸乙酯的研究. 中国粮油学报, 2010, 25(7): 71-76.

[15] 张振乾, 官春云. 固定化 Enterobacter agglomerans 脂肪酶生产菜籽油生物柴油的研究. 中国油脂, 2010, 35(2): 46-50.

[16] Auld DL, Heikkinen MK, Erickson DA, et al. Rapeseed mutants with reduced levels of polyunsaturated fatty acids and increased levels of oleic acid. Crop Science, 1992, 32(3): 657-662.

[17] 智研咨询. 2018—2024 年中国橄榄油市场深度调查及发展趋势研究报告. http: //www.chyxx.com/research/201712/593925. html.

[18] Rücker B, Röbbelen G. Impact of low linolenic acid content on seed yield of winter oilseed rape (*Brassica napus* L.). Plant Breeding, 1996, 115(4): 226-230.

[19] 周永明. 油菜品质遗传改良的进展和动态. 国外农学: 油料作物, 1996, (1): 1-5.

[20] Jean P, Despeghel, Heinrich, 等. 欧洲第一个高油酸低亚麻酸冬油菜品种——"SPLENDOR". 第十二届国际油菜大会论文集, 武汉, 2007, GP-2-13, GP-2-14.

[21] Guguin N, Lehman L, Richter A, et al. Breeding and development of HOLL winter oilseed rape hybrids. Proc 13th Intern Rapeseed Congress. Czech: Prague, 2011, 566-568.

[22] 官春云. 2004 年加拿大油菜研究情况简介. 作物研究, 2005, 19(3): 196-198.

[23] Laura M, Wayne B, Phil S, et al. High Oleic, low linolenic (HOLL) specialty canola development in Australia. The 12th International Rapeseed Congress, Wuhan China, 2007, 22-24.

[24] Guan C, Chen S, Li X, et al. Preliminary report of breeding for high oleic acid content in *Brassica napus*. in Proceedings of International Symposium on Rapeseed Science. New York: Science Press, 2001.

[25] Schierholt A, Becker H, Ecke W. Mapping a high oleic acid mutation in winter oilseed rape (*Brassica napus* L.). Theoretical and Applied Genetics, 2000, 101(5-6): 897-901.

[26] Gorlov SL, Bochkaryova EB, Efimenko SG, et al. Conventional breeding for high-oleic and low-linolenic *Brassica napus* oil profile. Proc 13th Intern Rapeseed Congress. Czech: Prague. 2011, 584-585.

[27] Spasibionec S, Mikolajczyk K. Breeding of oilseed rape for new seed oil quality. Proc. 13th Intern Rapeseed Congress. Czech: Prague. 2011: 569-572.

[28] Christian M, Beate R, Stelling D, et al. *In vitro* selection for oleic and linoleic acid content in segregating populations of microspore derived embryos of *Brassica napus*. Euphytica, 2000, 112(2): 195-201.

[29] 文雁成, 鲁丽萍, 张书芬, 等. 利用十字花科种间杂交创造甘蓝型油菜种质资源的研究. 河南农业科学, 2014, 43(6): 30-34.

[30] López Y, Nadaf HL, Smith OD, et al. Isolation and characterization of the Δ12-fatty acid desaturase in peanut (*Arachis hypogaea* L.) and search for polymorphisms for the high oleate trait in Spanish market-type lines. Theoretical and Applied Genetics, 2000, 101(7): 1131-1138.

[31] 官春云, 刘春林, 陈社员, 等. 辐射育种获得油菜(*Brassica napus*)高油酸材料. 作物学报, 2006, 32(11): 1625-1629.

[32] 张宏军, 肖钢, 谭太龙, 等. EMS 处理甘蓝型油菜(*Brassica napus*)获得高油酸材料. 中国农业科学, 2008, 41(12): 4016-4022.

[33] Hu X, Sullivan-Gilbert M, Gupta M, et al. Mapping of the loci controlling oleic and linolenic acid contents and development of fad2 and fad3 allele-specific markers in canola (*Brassica napus* L.). Theoretical and Applied Genetics, 2006, 113(3): 497-507.

[34] Tanhuanpää P, Vilkki J, Vihinen M. Mapping and cloning of *FAD2* gene to develop allele-specific PCR for oleic acid in spring turnip rape (*Brassica rapa* ssp. *oleifera*). Molecular Breeding, 1998, 4(6): 543-550.

[35] 黄永娟, 张凤启, 杨甜甜, 等. EMS 诱变甘蓝型油菜获得高油酸突变体. 分子植物育种, 2011, 9(5): 611-616.

[36] Barro FJ, Fernández-Escobar J, Vega MDL, et al. Doubled haploid lines of *Brassica carinata* with modified erucic acid content through mutagenesis by EMS treatment of isolated microspores. Plant Breeding, 2008, 120(3): 262-264.

[37] Rücker B. Development of high oleic acid rapeseed. Proc 9th Intern Rapeseed Congress. Uk: Cambridge, 1995, 389-391.

[38] Rücker B, Röbbelen G. Mutants of *Brassica napus* with altered seed lipid fatty acid composition. Proc 12th Intsymp plant Lipids, Dordre cht, kluwer Academic Publishers, 1997, 316-318.

[39] Spasibionek S. New mutants of winter rapeseed (*Brassica napus* L.) with changed fatty acid composition. Plant Breeding, 2006, 125(3): 259-267.

[40] 和江明, 王敬乔, 陈薇, 等. 用EMS诱变和小孢子培养快速获得甘蓝型油菜高油酸种质材料的研究. 湖南农业学报, 2003, 16(2): 34-36.

[41] 官春云. 油菜高油酸遗传育种研究进展. 作物研究, 2006, 20(1): 1-8.

[42] 刘列钊, 王欣娜, 阎星颖, 等. 航天诱变高油酸甘蓝型油菜突变体分子标记的筛选. 中国农业科学, 2012, 45(23): 4931-4938.

[43] Hernández ML, Mancha M, Martínez-Rivas JM. Molecular cloning and characterization of genes encoding two microsomal oleate desaturases (FAD2) from olive. Phytochemistry, 2005, 66(12): 1417-1426.

[44] 张振乾, 肖钢, 谭太龙, 等. 高油酸油菜研究进展及其前景展望. 作物杂志, 2009, (5): 1-6.

[45] Stoutjesdijk PA, Singh SP, Liu Q, et al. hpRNA-mediated targeting of the *Arabidopsis FAD2* gene gives highly efficient and stable silencing. Plant Physiology, 2002, 129(4): 1723-1731.

[46] 张秀英, 皇甫海燕, 陈菁菁, 等. 高油酸油菜的研究进展及前景. 作物研究, 2007, 21(5): 654-656, 661.

[47] Hitz WD, Yadav NS, Reiter RS, et al. Reducing polyunsaturation in oils of transgenic canola and soybean, In: Kader JC, Mazliak P, Plant Lipid Metabolism. Dordrecht: Kluwer Academic Publishers. 1995, 506-508.

[48] Töpfer R, Martini N, Schell J. Modification of plant lipid synthesis. Science, 1995, 268(5211): 681-686.

[49] Jung JH, Kim H, Go YS, et al. Identification of functional *BrFAD2-1* gene encoding microsomal delta-12 fatty acid desaturase from *Brassica rapa* and development of *Brassica napus* containing high oleic acid contents. Plant Cell Reports, 2011, 30(10): 1881-1892.

[50] 董娜, 林良斌, 马占强. 农杆菌介导反义油酸脱饱和酶基因转化甘蓝型油菜. 分子植物育种, 2004, 2(5): 655-659.

[51] Stoutjesdijk PA, Hurlestone C, Singh SP, et al. High-oleic acid Australian *Brassica napus* and *B. juncea* varieties produced by co-suppression of endogenous Δ12-desaturases. Biochemical Society Transactions, 2000, 28(6): 938.

[52] 陈松, 张洁夫, 陈锋, 等. 甘蓝型油菜种子特异性表达 *FAD2* 基因的ihpRNA载体构建. 中国油料作物学报, 2006, 28(3): 251-256.

[53] 陈松, 浦惠明, 张洁夫, 等. 农杆菌介导法将 *FAD2* 基因的 ihpRNA 表达框转入甘蓝型油菜. 江苏农业学报, 2008, 24(2): 130-135.

[54] 陈松, 浦惠明, 张洁夫, 等. 转基因高油酸甘蓝型油菜新种质的获得. 江苏农业学报, 2009, 25(6): 1234-1237.

[55] 陈苇, 李劲峰, 董云松, 等. 甘蓝型油菜 *FAD2* 基因的 RNA 干扰及无筛选标记高油酸含量转基因油菜新种质的获得. 植物生理与分子生物学学报, 2006, 32(6): 665-671.

[56] 杜海. 油菜种子脂肪酸组成的遗传调控及转基因油菜脂肪酸含量异交稳定性研究. 杭州: 浙江师范大学硕士学位论文, 2012, 4.

[57] 陈菁菁. 用 RNA 干扰的方法对甘蓝型油菜油酸相关基因的功能的研究. 长沙: 湖南农业大学硕士学位论文, 2010, 6.

[58] 刘睿洋. 甘蓝型油菜 *FAD2*、*FAD3*、*FATB* 基因共干扰载体的构建及其遗传转化. 长沙: 湖南农业大学硕士学位论文, 2012, 6 .

[59] 彭琦, 张源, 双桑, 等. 甘蓝型油菜 *FAD2* 与 *FAE1* 基因双干扰 RNAi 载体的构建. 生物技术通报, 2007, (5): 163-166.

[60] Peng Q, Hu Y, Wei R, et al. Simultaneous silencing of *FAD2* and *FAE1* genes affects both oleic acid and erucic acid contents in *Brassica napus* seeds. Plant Cell Reports, 2010, 29(4): 317-325.

[61] 万丽丽. 利用 CRISPR/Cas9 基因编辑技术创造高油酸甘蓝型油菜新种质. 中国作物学会油料作物专业委员会第八次会员代表大会暨学术年会综述与摘要集, 2018: 174.

[62] 侯智红, 吴艳, 程群, 等. 利用 CRISPR/Cas9 技术创制大豆高油酸突变系. 作物学报, 2019, 45(6): 839-847.

[63] Laga B, Seurinck J, Verhoye T, et al. Molecular breeding for high oleic and low linolenic fatty acid composition in *Brassica napus*. Pflanzenschutz-Nachrichten Bayer, 2004, 57(1): 87-92.

[64] Tanhuanpää P, Vilkki J, Vilkki H. Mapping of a QTL for oleic acid concentration in spring turnip rape (*Brassica rapa* ssp. *oleifera*). Theoretical and Applied Genetics, 1996, 92(8): 952-956.

[65] Sharma R, Aggarwal RA, Kumar R, et al. Construction of an RAPD linkage map and localization of QTLs for oleic acid level using recombinant inbreds in mustard (*Brassica juncea*). Genome, 2002, 45(3): 467-472.

[66] Javidfar F, Ripley VL, Roslinsky V, et al. Identification of molecular markers associated with oleic and linolenic acid in spring oilseed rape (*Brassica napus*). Plant Breeding, 2006, 125(1): 65-71.

[67] Tanhuanpää P, Vilkki J. Marker-assisted selection for oleic acid content in spring turnip rape. Plant Breeding, 1999, 118(6): 568-570.

[68] Falentin C, Bregeon M, Lucas MO, et al. Identification of fad2 mutations and development of allele-specific markers for high oleic acid content in rapeseed (*Brassica napus* L.). Biotechnology: Gene and Functional Analysis. Science Pless USA Inc, 2007, 117-119.

[69] Yang Q, Fan C, Guo Z, et al. Identification of *FAD2* and *FAD3* genes in *Brassica napus* genome and development of allele-specific markers for high oleic and low linolenic acid contents. Theoretical and Applied Genetics, 2012, 125(4): 715-729.

[70] Zhao Q, Wu J, Cai G, et al. A novel quantitative trait locus on chromosome A9 controlling oleic acid content in *Brassica napus*. Plant Biotechnology Journal, 2019, 17(12): 2313-2324.

[71] 王欣娜. 甘蓝型油菜高油酸分子标记的筛选. 重庆: 西南大学硕士学位论文, 2012, 5.

[72] 陈伟, 范楚川, 钦洁, 等. 分子标记辅助选择改良甘蓝型油菜种子油酸和亚麻酸含量. 分子植物育种, 2011, 9(2): 190-197.

[73] Zhao J, Dimov Z, Becker HC, et al. Mapping QTL controlling fatty acid composition in a doubled haploid rapeseed population segregating for oil content. Molecular Breeding, 2008, 21(1): 115-125.

[74] Smooker AM, Wells R, Morgan C, et al. The identification and mapping of candidate genes and QTL involved in the fatty acid desaturation pathway in *Brassica napus*. Theoretical and Applied Genetics, 2011, 122(6): 1075-1090.

[75] 杨燕宇, 杨盛强, 陈哲红, 等. 无芥酸甘蓝型油菜十八碳不饱和脂肪酸含量的 QTL 定位. 作

物学报, 2011, 37(8): 1342-1350.

[76] 陈哲红. 甘蓝型油菜油酸性状的遗传与 QTL 定位. 长沙: 湖南农业大学硕士学位论文, 2009.5.

[77] 张浩文. 甘蓝型油菜高油酸分子标记辅助育种. 长沙: 湖南农业大学硕士学位论文, 2012.6.

[78] Lionneton E, Ravera S, Sanchez L, et al. Development of an AFLP-based linkage map and localization of QTLs for seed fatty acid content in condiment mustard (*Brassica juncea*). Genome, 2002, 45(6): 1203-1215.

[79] 易新奇. 分子标记辅助选育油菜高油酸核不育系. 武汉: 华中农业大学硕士学位论文, 2017.

[80] 卢东林. 分子标记辅助选择转育油菜高油酸隐性核不育系. 武汉: 华中农业大学硕士学位论文, 2015

[81] 石笑蕊. 利用分子标记辅助选育甘蓝型油菜高油酸恢复系及不育系. 武汉: 华中农业大学硕士学位论文, 2018.

[82] Yan XY, Li JN, Wang R, et al. Mapping of QTLs controlling content of fatty acid composition in rapeseed (*Brassica napus*). Genes & Genomics, 2011, 33(4): 365-371.

[83] Burns MJ, Barnes SR, Bowman JG, et al. QTL analysis of an intervarietal set of substitution lines in *Brassica napus*: (i) seed oil content and fatty acid composition. Heredity, 2003, 90(1): 39.

[84] 官梅, 李栒. 高油酸油菜品系农艺性状研究. 中国油料作物学报, 2008, 30(1): 25-28.

[85] 张振乾, 谭敏, 肖钢, 等. 高油酸油菜近等基因系材料的比较研究. 生物学杂志, 2015, 32(4): 20-24.

[86] 周银珠. 甘蓝型油菜油酸和亚麻酸的遗传分析及油酸与部分农艺及品质性状的通径分析. 重庆: 西南大学硕士学位论文, 2011, 4.

[87] Möllers C, Schierholt A. Genetic variation of palmitate and oil content in a winter oilseed rape doubled haploid population segregating for oleate content. Crop Science, 2002, 42(2): 379-384.

[88] Schierholt A, Becker HC. Influence of oleic acid content on yield in winter oilseed rape. Crop science, 2011, 51(5): 1973-1979.

[89] 阎星颖. 甘蓝型油菜油脂QTL定位及油酸脱氢酶 *FAD2* 基因的克隆和分子进化. 重庆: 西南大学博士学位论文, 2012.

[90] 尚国霞. 甘蓝型油菜高油酸性状的遗传研究及近红外检测模型的建立. 重庆: 西南大学硕士学位论文, 2010, 4.

[91] Barker GC, Larson TR, Graham IA, et al. Novel insights into seed fatty acid synthesis and modification pathways from genetic diversity and quantitative trait loci analysis of the *Brassica* C genome. Plant Physiology, 2007, 144(4): 1827-1842.

[92] 杨柳, 李东欣, 谭太龙. 不同油酸含量油菜脂肪酸含量分析. 作物研究, 2018, 32(5): 390-394,402.

[93] Kaur G, Banga S, Banga S. Introgression of desaturation suppressor gene (s) from *Brassica napus* L. to enhance oleic acid content in *Brassica juncea* L. Coss. Proceedings of the 4th International Crops Science Congress, Australia. 2004.

[94] Schierholt A, Becker H. Genetic and environmental variability of high oleic acid content in winter oilseed rape. Canberra: GCIRC, 1999.

[95] Schierholt A, Becker H. Environmental variability and heritability of high oleic acid content in winter oilseed rape. Plant Breeding, 2001, 120(1): 63-66.

[96] Vandermeiren K, Bock MD, Horemans N, et al. Ozone effects on yield quality of spring oilseed rape and broccoli. Atmospheric Environment, 2012, 47: 76-83.

[97] Baux A, Sergy P, Pellet D. Pilot production of high-oleic low-linolenic (HOLL) winter oilseed rape in Switzerland. Proceedings of the 12th International Crops Science Congress. Agronomy: Cultivation. 2007.

[98] 谭太龙, 徐一兰, 张宏军, 等. 栽培因子对油菜油酸含量的影响. 湖南农业科学, 2009, (6): 41-43.

[99] 肖钢, 张宏军, 彭琪, 等. 甘蓝型油菜油酸脱氢酶基因(*fad2*)多个拷贝的发现及分析. 作物学报, 2008, 34(9): 1563-1568.

[100] Schierholt A, Rücker B, Becker H. Inheritance of high oleic acid mutations in winter oilseed rape (*Brassica napus* L.). Crop Science, 2001, 41(5): 1444-1449.

[101] 索文龙, 戚存扣. 甘蓝型油菜油酸含量的主基因+多基因遗传分析. 江苏农业学报, 2007, 23(5): 396-400.

[102] 费维新, 陈凤祥, 李强生, 等. 甘蓝型油菜高油酸材料的正反交遗传研究. 安徽农业科学, 2007, 35(7): 1927, 1929.

[103] 伍新玲. 利用诱变技术改良油菜脂肪酸组成及油酸含量遗传研究. 武汉: 华中农业大学硕士学位论文, 2004.

[104] 马霓. 高油酸的甘蓝型油菜与诸葛菜属间杂交新材料的细胞学和遗传学研究. 武汉: 华中农业大学博士学位论文, 2006.

[105] Velasco L, Nabloussi A, Haro AD, et al. Development of high-oleic, low-linolenic acid Ethiopian-mustard (*Brassica carinata*) germplasm. Theoretical and Applied Genetics, 2003, 107(5): 823-830.

[106] 申爱娟, 陈松, 周晓婴, 等. 转基因甘蓝型油菜品系 W-4 高油酸性状遗传分析. 江苏农业学报, 2013, 29(2): 261-265.

[107] 官梅, 李栒. 油菜(*Brassica napus*)油酸性状的遗传规律研究. 生命科学研究, 2009, 13(2): 152-157.

[108] 费维新, 吴新杰, 李强生, 等. 甘蓝型油菜高油酸材料的遗传分析. 中国农学通报, 2012, 28(1): 176-180.

[109] Velasco L, Fernandez-Martinez JM, De HA. Inheritance of increased oleic acid concentration in high-erucic acid Ethiopian mustard. Crop Science, 2003, 43(1): 106-109.

[110] 梁会娟, 苗丽娟, 曹刚强, 等. 甘蓝型油菜 Δ12-油酸去饱和酶基因 RNAi 载体的构建. 河南农业科学, 2006, (6): 36-41, 46.

[111] 梁会娟, 曹刚强, 苗利娟, 等. 根癌农杆菌介导的 *FAD2* RNA 干扰体基因转化甘蓝型油菜的研究. 河南农业科学, 2007, (1): 34-38.

[112] Suresha G, Rai R, Santha I. Molecular cloning, expression analysis and growth temperature dependent regulation of a novel oleate desaturase gene ('fad2') homologue from 'Brassica juncea'. Australian Journal of Crop Science, 2012, 6(2): 296.

[113] Peng Q. Construction of SSH library with different stages of seeds development in *Brassica napus* L. Acta Agronomica Sinica, 2009, 35(9): 1576-1583.

[114] Xiao G, Wu XM, Guan CY. Identification of differentially expressed genes in seeds of two *Brassica napus* mutant lines with different oleic acid content. African Journal of Biotechnology, 2009, 8(20): 5155-5162.

[115] Zhang ZQ, Xiao G, Liu RY, et al. Efficient construction of a normalized cDNA library of the

high oleic acid rapeseed seed. African Journal of Agricultural Research, 2011, 6(18): 4288-4292.

[116] Xiao G, Zhang ZQ, Yin CF, et al. Characterization of the promoter and 5′-UTR intron of oleic acid desaturase (*FAD2*) gene in *Brassica napus*. Gene, 2014, 545(1): 45-55.

[117] 刘芳, 刘睿洋, 彭烨, 等. 甘蓝型油菜 *BnFAD2-C1* 基因全长序列的克隆、表达及转录调控元件分析. 作物学报, 2015, 41(11): 1663-1670.

[118] 陈松, 张洁夫, 浦惠明, 等. 转基因高油酸油菜 T-DNA 插入拷贝数及整合位点分析. 分子植物育种, 2011, 9(1): 17-24.

[119] 陈松, 彭琦, 高建芹, 等. 转基因高油酸油菜株系 W-4 种子脂肪酸组成. 中国油料作物学报, 2015, 37(2): 129-133.

[120] Iyer LM, Kumpatla SP, Chandrasekharan MB, et al. Transgene silencing in monocots. Plant Molecular Biology, 2000, 43(2-3): 323-346.

[121] Hervé V, Christophe B, Taline E, et al. Transgene‐induced gene silencing in plants. The Plant Journal, 1998, 16(6): 651-659.

[122] Lee KR, In SS, Jung JH, et al. Functional analysis and tissue-differential expression of four *FAD2* genes in amphidiploid *Brassica napus* derived from *Brassica rapa* and *Brassica oleracea*. Gene, 2013, 531(2): 253-262.

[123] Scheffler JA, Sharpe AG, Schmidt H, et al. Desaturase multigene families of *Brassica napus* arose through genome duplication. Theoretical and Applied Genetics, 1997, 94(5): 583-591.

[124] 殷冬梅, 胡晓峰, 张幸果, 等. 不同油酸亚油酸比值花生品种油酸脱氢酶基因的时空表达特征. 中国油料作物学报, 2013, 35(2): 137-141.

[125] 余世聪, 梁浩, 李壮. 高油酸含量甘蓝型油菜 *Bna LCR78* 基因的克隆、表达及过表达载体的构建. 西南农业学报, 2018, 31(1): 6-13.

[126] Guan M, Li X, Guan C. Microarray analysis of differentially expressed genes between *Brassica napus* strains with high-and low-oleic acid contents. Plant Cell Reports, 2012, 31(5): 929-943.

[127] Zhang ZQ, Xiao G, Liu RY, et al. Proteomic analysis of differentially expressed proteins between Xiangyou 15 variety and the mutant M15. Frontiers in Biology, 2014, 9(3): 234-243.

[128] 张振乾, 肖钢, 官春云, 等. 利用转录组及 iTRAQ 技术筛选高油酸油菜抗病相关基因. 华北农学报, 2015, 30(5): 16-24.

[129] Suresha G, Santha I. Molecular cloning and in silico analysis of novel oleate desaturase gene homologues from *Brassica juncea* through sub-genomic library approach. Plant Omics, 2013, 6(1): 55.

[130] 肖钢, 张振乾, 邬贤梦, 等. 六个甘蓝型油菜油酸脱氢酶(FAD2)假基因的克隆和分析. 作物学报, 2010, 36(3): 1-7.

[131] 雷永, 姜慧芳, 文奇根, 等. ah*FAD2*A 等位基因在中国花生小核心种质中的分布及其与种子油酸含量相关性分析. 作物学报, 2010, 36(11): 1864-1869.

第二章　高油酸油菜基因组学研究

"基因组学"这个词最早于 1986 年由美国科学家 Thomas Roderick 提出，是一门关于基因组图、测序和基因组分析的科学[1]，是研究与解读生物基因组所蕴含的所有遗传信息的前沿学科。基因组学的研究对于利用现代分子技术对作物进行遗传研究与品质改良等发挥了重要作用[1]。随着高通量基因组测序技术的发展，先后已完成对拟南芥（2000 年）、水稻（2002 年）、小麦（2012 年）、甘蓝型油菜（2014 年）等作物的基因组测序，极大地促进了作物遗传机制研究，并对其育种工作产生深远影响。

高油酸油菜基因组学研究也随着新的研究工具和技术平台的不断涌现有了长足的发展，基因组数据库数据日益丰富。

第一节　基因组学分类及其在油菜中的应用

一、基因组学分类

基因组学按研究内容主要分为结构基因组学（structural genomics）、功能基因组学（functional genomics）与比较基因组学（comparative genomics）三大部分（图 2-1）。结构基因组学是研究基因组的结构、基因序列及基因定位的一门科学。功能基因组学则应用结构基因组学的研究成果，在整个基因组的规模或范围内，分析与研究基因的功能，其特点是高通量、大规模，需由计算机辅助分析。比较基因组学是基于结构基因组学和功能基因组学信息，比较不同物种或不同群体间的基因组差异和相关性的系统生物学研究。

（一）结构基因组学

结构基因组学是基因组研究初始阶段的主要工作，目的是构建某一个物种高分辨率的"遗传图谱"、"物理图谱"及"转录本图谱"，即通过遗传作图和核苷酸序列测定确定基因在染色体上的位置和顺序。结构基因组学研究的内容主要包括以下几个层面。

遗传图谱　利用各种 DNA 多态性分子标记，如 RFLP、RAPD、AFLP、SSR、SNP 等，通过计算遗传标志之间的重组频率，建立遗传连锁图谱。

物理图谱　构建全基因组 YAC、BAC、黏粒文库等，采用如 STS、EST 等标

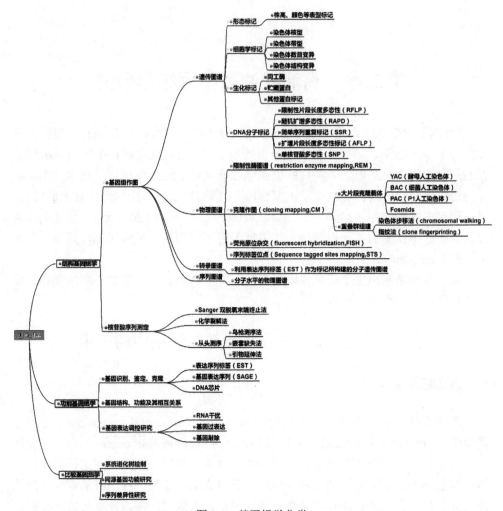

图 2-1　基因组学分类

记手段，根据文库克隆之间重叠序列，确定片段间的连接顺序和遗传标志间的物理距离。

序列图谱　根据物理图谱将基因组分为若干具有标识的区域，进行测序分析，在同一区域内需要利用 DNA 片段重叠群使测序工作得以不断延伸，或采取全基因组鸟枪法等策略，直至完成全基因组测序。

基因图谱　通过基因表达产物 mRNA 反推到染色体中，确定基因在基因组中的位置，运用正常基因图谱，就可以构建特定条件下与异常情况下 cDNA 差异图谱，作为指导研究和利用生物体及基因医学研究等的蓝图[2]。

结构基因组学研究主要依赖于 QTL 定位（quantitative trait loci mapping）及 DNA 测序技术。QTL 定位是指利用不同表型和基因型的个体，根据染色体上的遗传标记，将与某一个表型相关的基因定位到染色体的特定遗传位点，作遗传图谱，再通过测序进一步精确定位，得到该基因的物理图谱，按其研究群体亲缘性分为基于亲缘群体的 QTL 和基于自然群体的 QTL[3]。此外，随着上述二代深度测序平台的建立，使多个作物的全基因组测序成为可能，为结构基因组学提供了大量信息。利用这些基因组信息，综合生物信息学手段，寻找同一物种或不同物种间的同源基因，以期得到新的植物抗性基因，是结构基因组学运用于植物抗逆性研究的一个重要策略。

（二）功能基因组学

功能基因组学又称为后基因组学（post genomics），是利用高通量技术在基因组或系统调控网络水平上全面分析基因的功能及其相互作用关系。功能基因组学及其延伸的研究可包含转录组学（transcriptomics）、表观遗传学（epigenomics）、蛋白质组学（proteomics）、相互作用组学（interactomics）、代谢组学（metabolomics）及表型组学（phenomics）的分析，本节主要讨论转录组学与表观遗传学分析。

转录组学主要检测的是生物体 RNA 水平的基因表达量。目前最主要的两个检测技术分别为：基于杂交的基因芯片技术（microarray）和基于第二代深度测序的 RNA 测序技术（RNA-Seq）。基因芯片技术是利用在硅片、玻片等支持物（芯片）上固定了大量 cDNA 或寡核苷酸探针与有荧光标记的样品核酸分子杂交，通过检测探针分子的杂交信号强度得到样品分子中基因表达量和序列信息的一种高通量检测手段。基因芯片技术需要预先了解该物种参与特定逆境响应相关基因的序列信息，以此合成核酸探针，并固定在介质载体上做成检测芯片，可特异性检测不同样本中的这些已知基因表达的差异，从中筛选出目标基因。此技术有赖于对一个物种基因信息的知晓，已成功运用于模式植物及其亲缘植物的抗逆研究中。但由于基因芯片技术检测 RNA 总量受到杂交在芯片上探针数量的限制，即检测不到未做成探针的基因表达情况，而这些基因中也极有可能包含受逆境影响而表达量变化大的重要基因，存在着遗失一些重要表达信息的风险[4]。近年来，随着第二代深度测序技术的飞速发展，Illumina 公司的 Genome Analyzer 和 HiSeq 测序仪、Roche 公司的 454 测序仪及 Applied biosystems 公司的 SOLiD 测序仪等测序平台的建立，使得 RNA 测序技术在分析转录组表达谱上的应用也越来越广[5]。

与基因芯片不同的是，RNA 测序无须预先知晓该物种与特定逆境处理相关基因的信息，直接对 mRNA 反转录生成的 cDNA 进行测序，高通量地得到其转录组各基因表达信息，根据各基因的表达丰度差异，筛选出目标基因。RNA 测序技术不存在基因芯片技术只能检测芯片上固定探针的限制，大大减少了丢失检测表达信息的概率，同时其检测精度更高，能更加全面和精确地检测样本的基因表达谱。

其与生物信息学工具联用，可用于预测一些基因模型、提取表达差异的蛋白质和在从头拼接中找到新的转录本等[6,7]。此外，关于基因转录水平的分析，还有 SAGE（serial analysis of gene expression，基因表达序列分析）、cDNA-AFLP（amplified fragment length polymorphism，扩增片段长度多态性）、SSH（suppression-subtractive hybridization，抑制消减杂交法）、Northern blot、qRT-PCR（quantitative reverse-transcription PCR、实时荧光定量 PCR）等[8]。

表观遗传学是对那些在不改变基因序列的前提下所导致的基因表达水平改变的研究，即对 DNA 和组蛋白的表观修饰在另一维度上影响了基因表达的探究。从技术层面上看，可认为表观遗传的研究是用以分析染色体结构改变而引起的基因表达改变的研究，目前表观遗传研究主要集中在 DNA 的甲基化修饰、组蛋白翻译后修饰及小 RNA 介导信号转导过程等方面[8]。

（三）比较基因组学

比较基因组学是在基因组图谱和测序技术的基础上，在同一谱系的物种内或不同谱系的物种间进行基因组结构和序列上的比较，进而了解基因的数目、位置、功能及基因组进化的新兴学科[9]。目的是了解基因的表达、功能和进化 EFG，利用分子标记（SSR、EST 等）对基因进行作图，通过比较作图、模式生物基因组序列分析、微观共线性分析等，研究物种之间的进化关系、克隆重要性状基因、进行遗传研究和性状改良。

二、基因组学在油菜中的应用

（一）在油菜表型性状研究中的应用

1. 花叶

晏仲元[10]以 4 个甘蓝型油菜品种（系）配制的组合Ⅰ（No.2127-17/花叶恢）和组合Ⅱ（YZ001-6/G350）的 P_1、P_2 及 F_1 和 F_2 共四个世代为材料，结合采用 SSR 与 BSA 方法，筛选与花叶主效基因紧密连锁的 SSR 标记，发现花叶性状受一对主效基因控制；另外，比较了两个遗传图谱间 SSR 标记的共线性，将花叶主效基因 BnML 定位于甘蓝型油菜 A10 染色体，即分子标记 BrGMS4768 和 BrGMS4779 之间 10cM 遗传图距范围内，为 BnML 基因的精细定位及克隆奠定了基础。

2. 主花序性状

韩德鹏等[11]以 300 份甘蓝型油菜自交系为试验材料，结合 SNP 标记，采用一般线性模型（GLM）和混合线性模型（MLM）对主花序长度和主花序角果数性状进行全基因组关联分析（GWAS），发现 300 份甘蓝型油菜主花序两性状在两地均表现出表型变异。GLM 关联分析发现，两地共检测到 22 个主花序长度和 41 个主花序角果数显著关联 SNP 位点；MLM 分析发现，两地共检测到 9 个主花序长度和 31 个主花序角果数显著关联 SNP 位点，MLM 结果与部分 GLM 分析结果一致。此外，对性状显著关联 SNP 位点两侧 100kb 区域内相关候选基因搜寻并进行功能预测，发现有 28 个候选基因参与油菜花序分生组织和花器官发育、生长素合成与极性运输、信号转导等生物学过程，表明以上候选基因可能参与调控油菜主花序生长及主花序角果形成。

3. 柱头

李春宏等[12]以甘蓝型油菜野生型（'宁油 10 号'）及其柱头授粉功能缺失突变体 FS-M1 为材料，使用油菜基因表达谱芯片筛选甘蓝型油菜柱头特异表达基因。在含有 16 540 个基因的油菜基因表达谱芯片中（43 803 探针），获得了 4410 条差异表达探针，选择部分差异表达基因进行实时定量 PCR，所得结果与芯片检测结果相吻合。其中，野生型较 FS-M1 显著上调且获得 209 个功能注释的探针，对应 198 个基因，这些特异表达的基因主要富集在水解酶、转移酶、氧化还原酶和转录因子中，推测这些基因与甘蓝型油菜柱头发育及授粉功能有关。

4. 花色

Kebede 和 Rahman[13]以油菜 'Sampad'（花瓣黄色）与 3-0026.027（花瓣乳白色）为亲本进行正交与反交，发现 F_1 代花瓣均为黄色，F_2 代黄色：乳白色 3：1，符合分离定律，而由两亲本构成的重组自交系 RIL 自交得到 1：1 的分离比，表明该性状由一个基因位点控制，根据其群体进行 QTL 定位表明，该性状被定位在 A2 连锁群上的一个基因组区域（SSR 标记物 *BNGMS103* 和 *CB10540* 之间）。遗传分离分析和 QTL 定位证明油菜花瓣颜色由一个基因位点控制。

5. 角果性状

邢乃林[14]利用来自 12 个省份的 96 份甘蓝型油菜种质资源，通过 SSR 标记对其遗传多样性进行分析，结果表明 96 份种质资源中来自同一省份的材料具有较高的遗传相似性，湖北省内的材料在 12 个省份中多态性最高。通过 $F_{2:3}$ 群体 2 个环境的角果性状 QTL 分析，发现每角果粒数主要受超显性效应控制，每角果长度主要为部分显性及一定的上位性效应控制，千粒重和种子含油量为部分显性和超显性效应控制。未检测到各性状与环境之间显著的互作效应。利用 C9 的多效性 QTL 位点设计了 InDel 标记，经 90 份种质材料构成的群体的检测，该标记与每角果粒数和千粒重有较好的相关性。

6. 种皮颜色

洪美艳[15]以甘蓝型油菜 94570（黑籽）和 No.2127-17 的褐籽及黄籽近等基因系为材料，通过全基因组重测序结合混合分组分析（BSA）的方法，获得 1 个种皮颜色基因 D 的候选区段，位于甘蓝型油菜 A9 染色体上 27.65~32.73Mb，InDel 标记在 *BnA9ID60-3* 和 *BnA9ID161-1* 之间，距离约为 105kb。对褐籽、黄籽近等基因系中 5 个不同发育时期种皮的转录组进行比较分析，发现黄籽与褐籽在种皮的 5 个发育时期总共有 4974 个差异表达基因，其中上调表达 3128 个，下调表达 1835 个。参与类黄酮合成途径的 12 个关键结构基因（*PAL*、*C4H*、*4CL3*、*CHS*、*CHI*、*F3H*、*DFR*、*ANS*、*ANR*、*TT12*、*AHA10*、*TT19*）和 3 个转录因子基因（*TT1*、*TT8*、*TT16*）在黄籽种皮中均下调表达，使黄籽种皮中原花青素合成受阻，是黄籽和褐籽种皮颜色差异形成的主要原因。

（二）在油菜生理性状研究中的应用

1. 发芽率

马爱芬等[16]以 GH06×P174 组合衍生的 183 个重组自交系种子为材料，用复合区间作图法对在室温下保存 2 年的种子（STY）、保存 1 年的种子（SOY）与新收获种子（FS）发芽率进行 QTL 定位，发现 3 批种子的发芽率 QTL 位点各不相同，保存 2 年的种子在第 9、14、17 条连锁群上分别检测到 1 个位点，保存 1 年的种子在第 5、9 条连锁群上各检测到 1 个位点，新收获的种子在第 4、18 条连锁群上分别检测到 1 个位点，同时 3 批种子的发芽率相关性不显著，表明甘蓝型油菜发芽率受很多不同因素的控制。

2. 花药

Li 等[17]以'中双 9 号'为材料，采用小孢子培养法，选择 MBS 期（蕾长 1~3mm）和 LBS 期（蕾长>3mm）花蕾中分离出的花药进行转录组分析，结果显示花药发育过程中基因表达的动态变化与花药发育早期和晚期的动态功能变化相对应。早期花药优先表达脂代谢相关基因，脂代谢与花粉外壁的形成、顶生体与绒毡层的生物合成有关；晚期花药优先表达与碳水化合物代谢相关的基因，形成花粉内壁，在成熟花粉粒中积累淀粉，并依此结果建立了一个预测花粉外壁形成的基因调控模块。

3. 耐热性与抗寒性

高桂珍等[18]利用 Illumina 公司开发的 60K 芸薹属 SNP 芯片，对 472 份甘蓝型油菜种质的种子耐热相关性状进行了全基因组关联分析发现：发芽势关联到 4 个

SNP 标记位点，均位于 A1 染色体上；发芽速度检测到 3 个标记位点，分别位于 A2、A6 和 C7 染色体上。种子经热胁迫后 DNA 甲基化水平下降，甲基化状态发生了改变，耐热品种和热敏感品种在热胁迫过程中均发生甲基化和去甲基化现象，发生去甲基化的条带数多于发生甲基化的条带数。

赵娜[19]以强抗寒性的甘蓝型油菜 GZ 恢×弱抗寒性 10B 形成的 $F_{2:3}$ 家系为研究材料进行低温胁迫处理，采用复合区间作图法（CIM）进行 QTL 分析，共得到 20 个与甘蓝型油菜抗寒性状相关且变异幅度较大的 QTL，其中 qMDAYS-6 贡献率最高，为 42.501%，位于 A8 染色体上，介于 BrgMs372~BrgMs5339 之间。在 A7、A8 和 A10 染色体中均检测到了 QTL 的热点区域，qSPADYS-7 与 qMDAYL-7 共享 A7 染色体的 BrgMS587-BnGMS488 区域；qSPADYL-8 与 qMDAYS-8 共享 A8 染色体的 BrgMS653-BrgMS5339 区域；A10 染色体的 BrgMS321-Na12A06 区域同时控制着 qSPADYL-10 与 qSPYL-10。

4. 耐旱性与耐涝性

王丹丹[20]以耐旱性差异较大的甘蓝型油菜‘三六矮’ב科里纳-2’构建的重组自交系 $F_{2:4}$ 为作图群体，通过 SSR 标记构建了包含 15 个连锁群的遗传图谱，图谱总长 762.95cM，相邻标记平均距离 6.25cM。采用复合区间作图方法，在正常灌溉和干旱胁迫处理两种环境条件下，对苗期叶绿素质量分数、叶片相对含水量、叶片保水力、可溶性糖质量分数、丙二醛质量分数 5 个耐旱相关性状及其耐旱系数进行了 QTL 分析，共检测到 8 个 QTL，分布在第 1、3、5、12 连锁群，在第 5 连锁群检测到叶绿素质量分数和叶片保水力的 QTL 重叠区域。

Zou 等[21]比较了 12h 内水分胁迫下甘蓝型油菜幼苗根敏感 GH01 品种的 RNA 序列与早先发表的耐 ZS9 品种的相关数据，揭示了超自然变异耐涝的遗传机制。在 ZS9 和 GH01 的转录谱中共鉴定出 2977 个表达模式相似的基因和 17 个表达模式相反的基因。在 ZS9 和 GH01 中，另外有 1438 个基因显示了菌株特异性调控。对 ZS9 和 GH01 重叠基因的分析表明，耐涝性是由具有相似表达模式的基因调控能力决定的。此外，两个品种在基因表达谱和脱落酸（ABA）含量上的差异表明，ABA 可能在耐涝性方面发挥一定作用。这项研究为进一步的功能分析确定了一组候选基因。

Yong 等[22]以来自世界各地的 85 个油菜自交系为材料（耐盐指数为 0.311~0.999），通过 Dartseq 对这些油菜籽进行了基因分型，共有 51 109 个遗传标记，这些标记与代表油菜籽基因组的“假分子”一致。全基因组关联分析，共鉴定出 62 个耐盐性、地上部生物量和离子稳态相关性状的 QTL。对位于 QTL 区的候选基因 BnaaTSN1 序列进行分析显示，该基因具有多个多态性，其中三个位于编码区的多态性导致终止密码子过早出现或移码，从而导致了多数易感品系中的功能缺失。

5. 金属毒害耐性

汪京超[23]以甘蓝型油菜'中双 11 号'为试材，以 0ppm 和 200ppm 镉胁迫 30d 的上层叶片总 RNA 进行转录组测序，分析鉴定出 2102 个甘蓝型油菜成熟叶片镉胁迫响应基因，其中上调表达 680 个，下调表达 1422 个。GO 和 KEGG 富集分析表明，油菜体内氧化还原过程和包括硫代谢在内的多种次生代谢途径对镉胁迫产生了积极响应。同时，对 DEG 进行功能注释后筛选出 82 个转运蛋白基因，其中包括 16 个金属离子转运蛋白基因。BnHMA2 在拟南芥和水稻中的同源蛋白 AtHMA2 及 OsHMA2 已被证实具有吸收和转运镉的能力。

Khavarinejad 等[24]以油菜 Zarfam 和 Opera 为材料，出苗后用不同浓度铝处理，2 周后取幼苗叶片进行 DD-PCR（differential display-PCR）分析发现，Opera 在锚定引物 sal 2 和 sal 3 的扩增下，cDNA 高表达，对其片段进行比对，发现 sal 3 的片段与叶绿体 DNA 序列表达相似，而 sal 2 的片段与 GenBank 数据库中已知基因无任何相似之处。铝胁迫上调的 cDNA 片段与芸薹科两个成员的序列相似，与苦瓜叶绿体 DNA 同源性为 79%，与金钱草叶绿体 DNA 同源性为 77%。

（三）在油菜育种研究中的应用

1. 矮秆与抗倒伏

赵波[25]以甘蓝型油菜矮秆突变体 ds-3、ds-4 为材料，通过 BSA 法对株高基因 DS-3 和 DS-4 进行遗传定位，其中 DS-3 定位在 C07 染色体两个 SSR 标记（BoGMS-4033 和 BoGMS4044）之间，两个标记之间的遗传距离为 6cM。DS-3 基因一侧 4 个连锁的 SSR 标记对应的 C07 染色体区段与 A06 染色体上株高基因 BnaA06.RGA 区段存在很好的共线性。在 C07 染色体目标区间内，存在与 BnaA06.RGA 同源的 BnaC07.RGA，因此后续研究中将 BnaC07.RGA 作为 DS-3 的候选基因。DS-4 基于双亲重测序的数据在 InDel 标记 ID-147 与 ID-162 之间 25.6cM 的目标区间开发了 4 个连锁的 CAPS 标记，将 DS-4 定位在 SNP2CAPS-1 和 SNP2CAPS-4 之间 4.1Mb 的物理区间。随后利用 SNPseq 分型技术将 DS-4 锁定在 SNP32 和 SNP40 之间，对应于甘蓝型油菜 "Darmor-bzh" 基因组 C05 染色体上约为 475kb 的区间内。

Miller 和 Charlotte[26]以多个油菜品系为材料，对其发生高遗传变异的材料进行转录组分析，发现在序列和基因表达水平上均有重要变异，并对一组候选基因进行验证，其中 gaut5、saur72 和果胶甲基酯酶（AT3G12880）基因是影响茎秆机械强度的关键因素。通过基因分型和机械试验，鉴定出了具有高耐用性的茎秆机械强度选择标记。

2. 抗病研究

1）菌核病

韦淑亚[27]以接种核盘菌菌丝块 18h 后的甘蓝型油菜（'宁 RS-1'）子叶和用无菌水处理的健康子叶作为材料，采用抑制差减杂交技术构建了一个富集菌核病早期抗性相关基因片段的差减 cDNA 文库，含 1000 个克隆，重组率为 97%，插入片段大小为 300~900bp。同时以子叶总 RNA 作为探针，与 cDNA 点阵膜杂交，发现 85 个非重复病原接种 18h 时信号增强的克隆。测序获得 68 个代表不同油菜基因的 EST 序列，其中 56 个涉及抗病反应的基本过程，其余 12 个功能未知。

2）根肿病

Li 等[28]通过 60K 芸薹属 SNP 阵列对 472 份抗根肿病（CR）材料进行全基因组关联分析，共检测到 9 个 QTL，其中 7 个是新发现的 QTL，并发现这些基因座对油菜 CR 基因调控具有加性效应。生物信息学分析表明 TIR-NBS 基因家族可能在 CR 中发挥重要作用，为理解 CR 的遗传机制和分子调控提供了参考。

3）其他

Long 等[29]利用抗黑胫病油菜品种'Surpass 400'构建群体进行基因定位，通过对 5 个基因组特异性分子标记的连锁分析，发现抗性系与病原分离物之间的差异性相互作用，并鉴定了 2 个抗性基因 *BLMR1* 和 *BLMR2*，前者通过超敏反应进行抵御，后者则通过减缓个体感染位点抵御。用 12 个基因组特异性分子标记对 *BLMR1* 进行精细定位发现，最近的标记与 *BLMR1* 的遗传距离为 0.13cM，为后续研究奠定基础。

3. 产量性状

1）产量

Shen 等[30]以甘蓝型油菜 MB（不育系）和 ZY50（恢复系）杂交，得到的 F_1 杂种在长角果数和籽粒产量方面表现出显著的杂种优势。结合转录组测序、小 RNA 测序和甲基化测序等技术进行表观遗传分析发现，F_1 代中 miRNA 的非加性效应能影响靶基因的表达，调控杂种优势，进而影响油菜产量；杂交子代中上调表达的 *miR156*、*miR159* 和 *miR319* 能调控靶基因 *SPL*、*MYB* 和 *TCP*，推测它们能改变油菜的株型以适应环境。此外，非加性表达的 *miR166*、*miR164*、*miR167*、*miR390* 等也可能调控生长素，从而影响油菜产量。

2）粒重

耿鑫鑫[31]构建了甘蓝型油菜大、小粒极端混合池，利用 SLAF-seq 技术对样品进行分析，共获得 24.18M reads 数据，多态性 SLAF 标签共有 7536 个（6.71%）。通过 SNP_index 法、Euclidean distance 法及取两者交集进行关联分析，共获得 4

个与性状显著相关的 SLAF 标签，位于 ChrA09 上。关联区域大小约为 0.58Mb，其中有 91 个基因，生物信息学分析表明 4 个基因可能参与粒重调控。另外，利用大粒品种 G-42 和小粒品种 7-9 进行转录组分析，共得到原始数据总碱基数为17.64G，发掘得到 2251 个新基因及 97 963 个已知基因；其中 2268 个基因在两个样本中的表达呈显著差异（上调 1181 个，下调 1087 个），并筛选到 50 个差异基因可能参与合成调控粒重相关的酶与蛋白质。

3）含油量

Liu 等[32]筛选到油菜品种 51 218 和 56 366 对含油量分别具有极显著的细胞质正效应和细胞质负效应，这两个品种的细胞质分别属于 nap（nap-like）和 pol（pol-like）线粒体亚型。运用比较基因组学和全转录组分析，筛选获得了 5 个胞质特异的线粒体基因，通过功能验证，发现 51 218 油菜特异基因 orf188 控制 nap（nap-like）型细胞质含油量的正效应，无论是在拟南芥还是油菜中，过表达该基因均可大幅提升含油量。结合生理生化、基因芯片、RNA-Seq、蛋白质互作等实验，揭示 orf188 通过调控线粒体能量代谢途径来促进植物体内 ATP 的产生，进而增加种子油脂合成和积累所需的能量供应，从而提高种子含油量的作用机制。进化生物学和细胞生物学证据结合生物信息学分析表明 orf188 为 nap（nap-like）型油菜品种所特有的基因，且是一个新近进化形成的嵌合基因，其编码一个定位在线粒体的膜蛋白，与 ATPase 复合体亚基具有极高的相似度。该研究在国际上首次成功克隆了农作物种子性状的第一个细胞质调控基因（orf188），并揭示了其调控油菜种子高含油量的分子机制。

4）株型与分枝

陈丽[33]以矮秆紧凑株型油菜突变体（rodlike）和正常株型油菜（normal）为实验材料，通过 miRNA 测序共挖掘到 925 个 miRNA 基因，其中 17 个 miRNA 在两种材料中存在显著差异。降解组测序鉴定到 408 个靶基因，挑选了 4 个差异 miRNA 及其靶基因进行表达分析，发现 miRNA 与相应的靶基因呈负相关性，表明 miRNA 在茎顶端起作用。通过转基因手段对差异表达的 miR319 和靶基因 TCP4 进行分析，结果表明 TCP4 基因能抑制顶端的生长，导致顶端终止，说明 miR319 调控的 TCP 转录因子对植物株型的调控起重要作用。

汪文祥等[34]用油菜 6098B（松散型）和 Purler（紧凑型）配制杂交组合，采用主基因+多基因混合遗传模型的方法，对该组合 6 世代（P_1、P_2、F_1、F_2、BCP_1 和 BCP_2）的分枝角度进行遗传分析表明，上部第一分枝（顶枝）和基部第一分枝（基枝）角度的最适合遗传模型均为 D-0（1 对加性-显性主基因+加性-显性-上位性多基因）。根据其顶枝角和基枝角的主基因加性效应值、显性效应值、主基因遗传率及多基因遗传率表明，油菜分枝角度明显存在主效基因，为油菜分枝角度的遗传改良奠定了基础。

5）品质

李施蒙[35]以 520 份甘蓝型油菜品种和自交系为自然群体，利用甘蓝型油菜 60K SNP 芯片对不同环境下硫苷、芥酸、油酸、亚油酸、亚麻酸和棕榈酸 6 个品质性状进行了全基因组关联分析发现，6 个性状在关联群体材料间均存在广泛变异，样本遗传多样性丰富。在两年（2013 年、2014 年）环境下检测到与种子硫苷、油酸、亚油酸、棕榈酸含量性状显著关联的 SNP 位点分别有 11 个、204 个、90 个、15 个，分别可解释 16.01%~33.50%、3.64%~30.82%、5.03%~14.27%、5.70%~11.76%的表型变异。与亚麻酸含量性状显著关联的 SNP 位点仅在 2013 年检测到（13 个），与芥酸含量关联的则在两年中均有检测到，但两个环境中无共同位点。以 3 对高硫、低硫材料不同的组织为材料，qRT-PCR 分析表明，*BnGTR2* 和 *BnMYB28* 基因在高硫材料中的表达量均显著高于低硫材料，说明这两个基因与甘蓝型油菜硫苷含量高低存在关联性，可能是调控油菜硫苷含量的关键差异基因。

Wang 等[36]采用高通量测序法鉴定了不同发育阶段纳普斯种子中涉及脂肪酸和脂质代谢的小 RNA 及其靶转录子，鉴定了 826 个小 RNA 序列，包括 523 个保守和 303 个新的小 RNA。从降解组测序中，发现 236 个小 RNA 可以靶向 589 个 mRNA，这些目标转录物参与乙酰辅酶 A 和碳链去饱和酶生成，调节极长链脂肪酸水平、β-氧化，以及脂质转运和代谢过程。采用 q-PCR 对涉及脂肪酸和脂质代谢的小 RNA 及其靶转录物的表达进行了验证，结果表明小 RNA 及其转录物的表达呈负相关，与小 RNA 及其靶转录物的表达一致。研究结果表明，所鉴定的小 RNA 可能在纳普斯种子的脂肪酸和脂质代谢中发挥重要作用。

王书[37]以 300 份甘蓝型油菜材料为研究对象，采用概略养分分析法和 Van Soest 法测定及分析样品的水分、粗蛋白、粗脂肪、中性洗涤纤维、酸性洗涤纤维、酸性洗涤木质素、酸不溶灰分、纤维素、半纤维素和无氮浸出物这 10 个饲用营养品质性状，并利用广泛分布于甘蓝型油菜全基因组的大量 SNP 标记，对该自然群体进行群体结构、亲缘关系及连锁不平衡（LD）分析并结合基于群体的 LD 状态，利用 SNP 标记对饲用品质性状进行初步全基因组关联发现，油菜群体在共 10 个与油菜饲用品质相关的性状中都存在广泛的表型变异，并符合典型的数量性状的特点，多个性状之间存在显著或极显著的相关性。

6）不育系与恢复系

刘茜琼[38]利用细胞学观察、转录组拼接序列比较、转录组表达差异比较、基因表达定量 PCR 等方法，对 SP2S 及其近等基因系 SP2F 进行综合研究，为揭示 SP2S 响应温度变化的转录调节提供基础，并揭示与 TGMS 表达相关的关键细胞活动和基因调控。结果发现 SP2S 花药中小孢子母细胞减数分裂不同步，绒毡层质体和造油体异常。在细胞质降解前，四分体小孢子不进行有丝分裂。四分体壁的延迟降解，不仅导致四分体小孢子的聚集，还导致四分体外层（花粉外壁外层）

形成延迟和外壁的融合，花粉壳内壁（外壁基层）也消失不见。四分体壁延迟降解和外壁结构的异常表明有缺陷的绒毡层失去重要功能。在 SP2S 中影响胼胝质降解和外壁形成的下游基因 *BnMS1* 和 *BnMYB80* 则明显上调。这种异常的遗传调控与细胞学观察结果异常相吻合。

（四）拟南芥与油菜比较基因组学

王丽侠[39]利用拟南芥的生物信息和基因资源，构建了包含 118 个拟南芥 EST 克隆的表达图谱。把一系列与油菜雄性不育恢复、硼高效利用、抗菌核病和油菜种间杂种优势等经济性状有关的油菜 DNA 克隆的同源序列定位在此表达图谱上。根据定位的结果，确定了利用比较基因组作图研究高效基因的目标区段，采用拟南芥目标区段的基因信息和 DNA 资源，在进一步对油菜硼高效利用基因的定位研究中，发现在二者基因组的目标区段内，分子标记呈共线性排列。

第二节　高油酸油菜基因文库构建

一、cDNA 文库简介

cDNA 文库主要分为普通 cDNA 文库（conventional cDNA library）、全长 cDNA 文库（full length cDNA library）、差减 cDNA 文库（subtractive cDNA library）与均一化 cDNA 文库（normalized cDNA library）[40]。普通 cDNA 文库由于插入片段小，文库筛选非常困难[41]；全长 cDNA 文库是基于普通 cDNA 文库构建的，包括编码区与非编码区，但其构建过程相对困难，易有 mRNA 信息缺失，在实践中受到限制；差减杂交是构建差减 cDNA 文库的关键，杂交效率决定了差减文库的质量[42]，该文库仅富集单一组织或状态下的 cDNA 克隆，因此大大减轻了文库筛选的工作量；均一化 cDNA 文库可有效解决 cDNA 文库中低丰度表达序列出现频率低的问题，不但能节约试验成本、增加低丰度 mRNA 的克隆、估计多数基因表达水平、发现组织特异基因，还可用于制作遗传图谱、测序及基因芯片[40]。

二、高油酸油菜均一化 cDNA 文库构建

（一）材料

高油酸油菜近等基因系材料自交授粉后 20~35d 种子。

（二）均一化 cDNA 文库构建方法

将构建好的独立 cDNA 文库进行均一化处理，可将其中表达丰度高或较高的

组分去除一部分，从而制备均一 cDNA 文库。构建均一化 cDNA 文库主要有两条途径：①基因组 DNA 饱和杂交法；②基于复性动力学原理的均一化方法。

1. 基因组 DNA 饱和杂交法

将基因组 DNA 用限制性内切核酸酶消化固定，消化后的基因组 DNA 变性为相对较短的单链且最大可能地覆盖基因组；分离纯化 cDNA 文库质粒；文库 DNA 与固定的基因组 DNA 充分饱和杂交，固定住相应的 cDNA，并将其洗脱重新转化受体菌。

2. 基于复性动力学原理的均一化方法

双链 DNA 在加热变性后再复性形成双链 DNA 的速率遵循二次复性动力学原理（second-order kinetics），即与组分中单链 DNA 的浓度相关。通过控制复性时间可使高丰度 cDNA 复性成双链状态，而低丰度 cDNA 仍保持单链状态，从而将单链和双链 cDNA 分开；再用得到的单链 cDNA 转化宿主细菌，即可得到均一化 cDNA 文库。

（三）均一化 cDNA 文库构建结果

1. 总 RNA 提取纯化及 cDNA 扩增

提取油菜种子总 RNA，琼脂糖凝胶电泳（1%）和 Nanodrop 2000 检测合格后进行 cDNA 扩增（LD-PCR，long-distance PCR，长距离 PCR），得到的 ds cDNA 用 1%琼脂糖凝胶电泳检测，得到 0.1~4kb 大小的片段（图 2-2，图 2-3）。植物 mRNA 大小主要在 0.5~3kb，此次 cDNA 的 LD-PCR 结果可靠[43]。

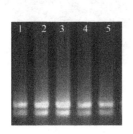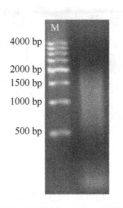

图 2-2　总 RNA 琼脂糖凝胶电泳　　图 2-3　LD-PCR 扩增的 cDNA 琼脂糖凝胶电泳

2. DSN 处理结果

用杂交 cDNA，按表 2-1 所示加入 DSN 酶（duplex-specific nuclease，双链特

异性核酸酶），进行 PCR 扩增，得到均一化 cDNA。通过 1%琼脂糖凝胶电泳，发现第 3 泳道实现了有效的均一化，即经 1/2 DSN 处理的 cDNA 均一化效果最好。第 4 泳道 DSN 酶处理过度，导致部分 cDNA 降解。为获得更好的结果，对均一化 cDNA 进行二次扩增。

表 2-1 DSN 设置条件

条件/泳道	对照泳道 1 （S1 对照）	泳道 2 （S1 1/4 DSN）	处理泳道 3 （S1 1/2 DSN）	泳道 4 （S1 DSN）
加入 DSN 酶的储存缓冲液				1μl
稀释 1/2 DSN			1μl	
稀释 1/4 DSN		1μl		
DSN 储存缓冲液	1μl			

3. 重组克隆鉴定及插入片段大小分析

通过 3 个连接反应，将 cDNA 单向连接成三联载体。三联体中，一个初级 cDNA 文库的效价为 $2.61×10^6$cfu/ml。LB/MgSO$_4$ 平板蓝白斑筛选发现，THR 重组率为 100%（无白色），扩增文库的效价为 $9.24×10^9$cfu/ml。为了分析构建文库大小和 cDNA 插入物的多样性，随机挑选 12 个含初级 cDNA 文库的 λ 斑转化为质粒，分析插入物的大小，1%琼脂糖/ETBR 凝胶分离显示，20 个质粒均显示插入物大小在 500bp 到 1500bp 之间，平均插入长度约为 1000bp。这些结果表明，标准化的全长 cDNA 文库已经成功构建（图 2-4）。

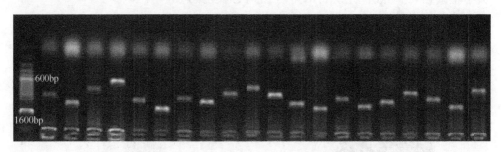

图 2-4 全长 cDNA 库插入片段的平均大小

三、高油酸油菜消减杂交文库构建

消减杂交是将含目的基因的组织或器官的 mRNA 群体作为待测样本，将基因表达谱相似或相近但不含目的基因的组织或器官的 mRNA 群体作为对照样本，然后将两者 cDNA 进行多次杂交，去除在两者中均表达的基因，保留两者间差异表达基因，使低丰度基因在文库中的比例大大提高，筛选到的差异表达基因的可能性也大大提高。

（一）材料

高油酸材料（HO，油酸含量 71.71%）和低油酸材料（LO，油酸含量 55.6%）授粉后 27d 的种子为实验材料。该材料来自'湘油 15'EMS 突变群体，经多代自交，遗传基本稳定[44]。

（二）方法

消减杂交是构建差减 cDNA 文库的核心，差减杂交效率决定差减文库能否成功构建。差减杂交的方法主要有抑制性消减杂交法（suppression subtractive hybridization，SSH）、生物素标记链亲和蛋白结合排除法、羟基磷灰石柱层析法（hydroxylapatite chromatography，HAP）、磁珠介导的差减法（magnet-assisted subtractive technique，MAST）及限制酶酶切技术相结合的差减方法，其中 SSH 法最常用。

SSH 法包括两轮杂交。第一轮杂交是用过量的驱动 cDNA 分别与带有两种不同接头的供体 cDNA 杂交，相同部分杂交形成双链，而有差别部分以单链形式保留，第一次杂交是使试验方单链均等化（normalized），使原来有丰度差别的单链 cDNA 的相对含量基本达到一致。第二轮差减杂交是将上述试验的两部分杂交产物混合并加入新制备的驱动 cDNA，试验中带不同接头的同源 cDNA 片段可杂交形成双链，一端引物的序列在两轮杂交后填平末端，两侧的接头可作为以后 PCR 扩增的引物。PCR 扩增两轮后将其产物用于 T/A 克隆，构建消减杂交 cDNA 文库。

（三）消减杂交 cDNA 文库构建结果

1. 不同发育期基因表达差异文库的构建

对 560 个白色菌落进行 PCR 扩增，凝胶电泳检测（图 2-5），结果表明，绝大部分克隆中含有插入片段，且大部分为单片段插入，只有极少数插入 2 个片段（可能是培养过程中产生菌液的交叉污染造成的）。插入片段大部分集中在 200~600bp，抑制消减杂交后的第 2 轮 PCR 产物在连接、转化过程中效果较好。用正向和反向消减 cDNA 的 PCR 产物为探针，对文库进行了筛选，得到 306 个阳性克隆，其中表达上调的 201 个，表达下调的 105 个（图 2-6）。

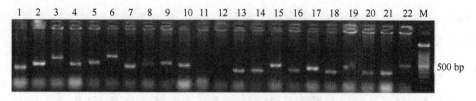

图 2-5　菌液 PCR 扩增初步检测抑制消减 cDNA 文库

泳道 1~22 为文库中不同克隆的 PCR 产物；M 为 100bp 分子质量标准

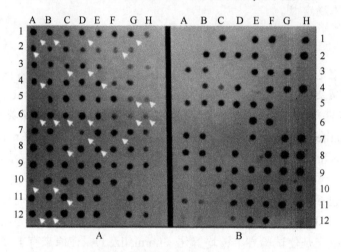

图 2-6　消减文库的斑点杂交

A. 与正向探针杂交，箭头所指为表达上调的克隆；B. 与反向探针杂交

2. 消减文库中差异表达的基因

对 Northern 斑点杂交筛选的 201 个表达上调的阳性克隆进行测序，经 DNAman 软件分析后得到 198 个有效 EST 序列，Blastn 结果显示，64 个 EST 序列中绝大部分在拟南芥或油菜核酸数据库中能找到同源序列。这 64 个 EST 序列和已知功能的蛋白质，如能量和物质代谢相关蛋白、基因调控相关蛋白、衰老和抗性相关蛋白等具有高度相似性。有 134 个 EST 序列在核酸数据库中未能找到同源序列，但通过再次与 EST 数据库进行比对，这些 EST 在拟南芥或油菜中都能找到同源的 EST 序列，这些 EST 序列可能是未报道的新基因。表 2-2 列出了消减文库中部分差异表达的基因。

（四）讨论

文库中得到大量与基因表达调控相关的基因，说明油菜种子在这一发育时期基因表达活跃。文库中存在多个与存储蛋白相关的基因片段，包括 *Napin*、*Cruciferin* 等，而有关脂肪酸合成与脱饱和相关的基因在该文库中只发现脂肪酸延长酶基因

表 2-2 消减抑制杂交筛选到的差异表达基因（部分）

基因克隆编号	功能	物种	登录序号	期望值
A1	类囊体腔 18 300 Da 蛋白	拟南芥	NP_564667.1	1×10^{-75}
A11	叶绿体 PSI Ⅲ型叶绿素 a/b 结合蛋白	拟南芥	ABN48563	1×10^{-34}
A16	丙酮酸激酶	水稻	AAM61075	8×10^{-129}
A17	NADH 脱氢酶亚基 4	拟南芥	AAA75278	1×10^{-146}
A21	NADH-泛醌氧化还原酶 B8 亚基	拟南芥	NP_199600	4×10^{-115}
A23	甘油醛-3-磷酸脱氢酶 C 亚基	拟南芥	BAE98901	2×10^{-82}
A24	甲基四氢丙酰基三苯甲酸酯-高半胱氨酸 S-甲基转移酶	拟南芥	NP_197294	4×10^{-33}
A31	tRNA-Asp （trnD）	拟南芥	AAZ66252	7×10^{-78}
A35	UDP-糖基转移酶/蔗糖合成酶/转移酶，转移糖基	拟南芥	NP_199730	4×10^{-23}
A37	酰基酰基载体蛋白去饱和酶	甘蓝型油菜	CAA65990	8×10^{-114}
A67	二酰甘油酰基转移酶	拟南芥	NP_179535	
A68	FAE1	拟南芥	NP_195178	
A69	HMG-CoA 还原酶	拟南芥	NP_177775	
A71	napin（17S 胚胎特异性）储存蛋白	甘蓝型油菜	AAA33007	2×10^{-73}
A87	十字花科植物 cru4 亚基	甘蓝型油菜	CAA40980	4×10^{-98}
A100	油质蛋白	拟南芥	NP_189403	2×10^{-27}
A101	推定的油质蛋白	拟南芥	AAL24418 1	3×10^{-98}
A134	磷脂酰基胞苷酰转移酶家族蛋白	拟南芥	NP_200664	1×10^{-49}
A135	脂质转运蛋白	拟南芥	NP_190728	
A137	脱细胞色素 b（cob）	紫草	ABK91372	6×10^{-119}
A200	膜蛋白	芥菜	AAT38818	1×10^{-126}
A201	内质网检索蛋白	拟南芥	NP_565550	3×10^{-65}
A245	防御细胞死亡蛋白	拟南芥	NP_174500	7×10^{-69}
A259	衰老相关蛋白基因	拟南芥	AAK76623	2×10^{-51}
A292	衰老相关蛋白 sen1 样蛋白基因	拟南芥	BAD95161	4×10^{-119}
A305	抗凋亡蛋白基因的防御者	芜菁	NP_174500	2×10^{-36}
A306	核糖体蛋白	烟草	AAA67297	6×10^{-27}
A307	核糖体蛋白	芜菁	CAA80864	1×10^{-55}
A309	含有 meprin 和 TRAF 同源结构域的蛋白质/含有 MATH 结构域的蛋白质	拟南芥	NP_188673	6×10^{-51}
A333	含有 meprin 和 TRAF 同源结构域的蛋白质/含有 MATH 结构域的蛋白质	拟南芥	NP_178503	4×10^{-73}
A337	葡萄糖调节的阻遏蛋白	拟南芥	BAF01819	7×10^{-74}
A345	Rho guanyl-核苷酸交换因子	拟南芥	NP_191956	9×10^{-56}
A355	WD-40 重复家族蛋白	拟南芥	NP_850195	2×10^{-36}
A367	40S 核糖体蛋白	拟南芥	NP_849673	4×10^{-35}
A371	nodulin MtN3 家族蛋白	拟南芥	NP_196821	2×10^{-51}

基因克隆编号	功能	物种	登录序号	期望值
A373	低分子质量富含半胱氨酸 30（LCR30）	拟南芥	NP_00103080	$4×10^{-46}$
A384	40S 核糖体蛋白基因	拟南芥	AK226410	$3×10^{-27}$
A389	40S 核糖体蛋白基因	拟南芥	NM120374 3	$4×10^{-26}$
A390	MD-2 相关的脂质识别结构域蛋白	拟南芥	NP_683380	$6×10^{-48}$
A391	信号肽酶	拟南芥	NP_175669	$4×10^{-104}$
A392	60S 核糖体蛋白	拟南芥	NP_181874	$8×10^{-58}$
A395	低分子质量富含半胱氨酸的蛋白质	拟南芥	NP_001031815	$1×10^{-31}$
A397	40S 核糖体蛋白	拟南芥	NM_179849 3	$2×10^{-26}$
A399	含有 RAF 同源结构域的蛋白质/含有 MATH 结构域的蛋白质	拟南芥	NP_188673	$5×10^{-28}$
A420	钙调蛋白结合/翻译延伸因子	拟南芥	NP_001030993	$7×10^{-33}$
A435	质膜上的 ABA 受体	拟南芥	ABQ14360	$1×10^{-33}$
A436	NLI 相互作用因子（NIF）家族蛋白	拟南芥	NP_199453	$3×10^{-155}$
A437	26S 蛋白酶体调控亚基	拟南芥	NP_68072	$2×10^{-40}$
A456	真核翻译起始因子	甘蓝型油菜	AAR91929	$3×10^{-63}$
A457	抗病蛋白（RGA12）基因	甘蓝型油菜	AF209482 1	$1×10^{-50}$
A476	伤口反应蛋白相关基因	拟南芥	NP_187379	$6×10^{-34}$
A478	低温和盐响应蛋白基因	甘蓝型油菜	BAF00618	$7×10^{-100}$

（*fae1*），这说明油菜种子内存储蛋白的形成比较晚，大部分脂肪酸的形成及其脱饱和过程在种子发育的早期就已经开始了。

在该文库中还有大量的 cDNA 从 GenBank 核苷酸数据库中查不到任何对应的同源序列，但能够在 EST 数据库中找到同源序列，说明这些 cDNA 代表了未知的新基因。同样，Joseph 构建了开花后 5~13d 的拟南芥种子 cDNA 文库，并对文库中的 10 522 个 cDNA 进行了单向测序，得到的 EST 序列中 40%是新基因[45]，这说明油菜种子发育阶段涉及大量不被人们所了解的基因表达调控事件，不仅有重要的转录调控因子活跃其中，而且存在丰富的信号转导和物质能量代谢活动。

（五）结论

文库中有与光合作用和电子传递相关的基因，如叶绿体 PSI Ⅲ型叶绿素 a/b 结合蛋白（chloroplast PSI type Ⅲ chlorophyll a/b-binding protein）基因、NADH 脱氢酶（NADH dehydrogenase）基因、NADH-泛醌氧化酶（NADH-ubiquinone oxidoreductase）基因等。也有脂类合成相关基因，如脂肪酸延长基因（*fae1*），FAE I 是植物体内形成二十碳烯酸和芥酸的关键酶，而 3-羟-3-甲基戊二酰-CoA 还原酶是形成植物固醇的重要酶[46]。另外还有油体蛋白基因和存储蛋白基因。油体、存储蛋白一般是在种子成熟中后期开始形成的，它们是油料种子中脂类和蛋白质的主要存储形式[47]。

　　Napin 和 Cruciferin 是油菜中最丰富的储存蛋白，Cruciferin 蛋白基因在文库中克隆到多个，其中 3 个片段具有重叠区，在重叠区内这 3 个 Cruciferin 蛋白基因核苷酸序列有差异，它们很可能是 Cruciferin 多基因家族中的不同成员[48]。文库中还包括很多的调控基因，如 WD-40 重复蛋白（WD-40 repeat family protein）基因，该基因在拟南芥发育过程中调节根、茎和叶上绒毛的发生，以及种子花青素的形成[49]。

第三节　高油酸油菜转录组测序及差异基因表达规律研究

　　转录组研究是基因功能及结构研究的基础和出发点,通过新一代高通量测序,能够全面快速地获得某一物种特定组织或器官在某一状态下的几乎所有转录本序列信息,通过转录本信息发现新基因、基因融合、基因表达差异等,已广泛应用于各种植物中。

一、高油酸油菜转录组测序

（一）材料

　　高油酸油菜近等基因系成熟期种子[50]。

（二）操作流程

　　首先，以高油酸油菜近等基因系成熟期种子为材料，提取总 RNA 并使用 DNase I 消化 DNA，进行 PCR 扩增（图 2-7）;构建好的文库用 Agilent 2100 Bioanalyzer 和 ABI StepOnePlus Real-Time PCR System 质检合格后，使用 Illumina HiSeq™ 2000 或其他测序仪进行测序，并对测序结果进行信息分析（图 2-8）。

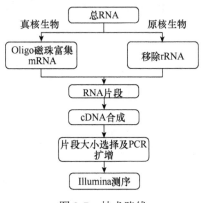

图 2-7　技术路线

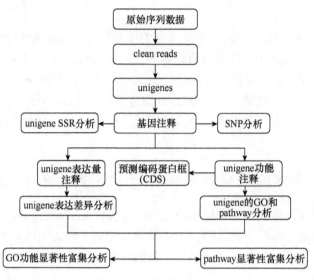

图 2-8　生物性信息学分析

（三）测试结果分析

1. 测序结果与组装

采用 Illumina Hiseq™2000 对高、低油酸油菜测序，分别生产 60 165 748 个和 65 506 770 个原始测序数据（raw reads），且碱基 Q≥20，分别超过 97.04% 和 97.97%，GC 含量分别为 47.98% 和 48.72%。为确保 reads 有足够高的质量，将 raw reads 去掉含有带接头的、低质量的 reads，分别得到 52 072 244 个和 52 644 250 个 clean reads，保证后续分析的准确性。

用 Trinity 程序组装 clean reads，得到的 transcripts 长度多在 300~500bp，占 54.35%。再组装 transcripts 共获得 unigene 52 361 个，总长度为 34.49Mb，平均长度为 659bp，N50 长度为 898bp（表 2-3）。这些结果表明转录组测序数据量及质量都比较高。

表 2-3　组装质量统计

	样品	数量	长度	平均长度/bp	N50/bp	不同类群	不同单体
重叠群	高油酸油菜	133 151	37 569 205	282	415	—	—
	低油酸油菜	106 126	26 509 360	250	309	—	—
非冗余序列	高油酸油菜	63 769	35 208 342	552	818	27 306	36 463
	低油酸油菜	53 858	21 964 150	408	513	19 304	34 554
	总计	52 361	34 492 492	659	898	24 459	27 902

2. unigene 的功能注释

为了确定所得 unigene 功能，参考了芸薹属甘蓝基因组，使用 NR、SwissProt、KEGG、COG 和 GO 数据库完成了 Blastx 比对（E 值 $<1.0×10^{-5}$）。共有 48 911 个 unigene（93.41%）在不同数据库得到注释（表 2-4）。

表 2-4　不同数据库注释到的 unigene 数量及所占百分比

数据库	NR	Swiss-Prot	KEGG	COG	NT	GO	ALL
注释数量	44 859	47 643	28 749	24 345	14 417	41 370	48 911
注释总 unigene	85.67%	90.99%	54.91%	46.49%	27.53%	79.01%	93.41%

3. unigene 的 NR 序列比对分析

在 NR 蛋白数据库中，约 85.67%的 unigene 具有同系物。具有最高同源相似性的是琴叶拟南芥（*Arabidopsis lyrata* ssp. *lyrata*）（42.2%），其次是拟南芥（41.8%），接着是嗜碱芽孢杆菌（3.3%）、甘蓝型油菜（2.58%）、甘蓝（1.47%）、白菜（1.23%）和白菜亚种（0.86%）。

4. unigene 的 COG 和 GO 功能分类

将测序组装的 unigene 与 COG 数据库进行比对，24 345 个 unigene 按其功能分为 25 个类别。其中三类预测基因相对较多：一般功能预测（18.73%），翻译后修饰、蛋白质转运及分子伴侣（8.07%），翻译、核糖体结构和生物合成（8.0%）（图 2-9）。

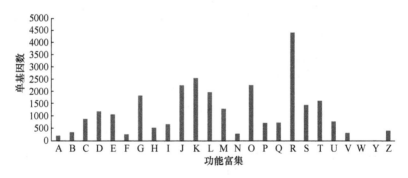

图 2-9　unigene 的 COG 功能分类

A. RNA 加工与修饰；B. 染色质的结构和动力学；C. 能量生产与转换；D. 细胞周期调控、细胞分裂、染色体分裂；E. 氨基酸转运和代谢；F. 核苷转运与代谢；G. 碳水化合物的运输和代谢；H. 辅酶转运与代谢；I. 脂质转运和代谢；J. 翻译、核糖体结构和生物合成；K. 转录；L. 复制、重组和修复；M. 细胞壁/膜/包体生物合成；N. 细胞运动；O. 翻译后修饰、蛋白质周转、伴侣；P. 无机离子转运与代谢；Q. 次生代谢产物的生物合成、运输和分解代谢；R. 一般函数预测；S. 功能未知；T. 信号转导机制；U. 胞内运输、分泌和囊泡运输；V. 防御机制；W. 胞外结构；Y. 核结构；Z. 细胞骨架差异表达基因 GO 注释分类统计图（图 2-10），直观地反映出在生物过程（biological process）、细胞组分（cellular component）和分子功能（molecular function），所有基因和差异基因注释 GO term 的个数分布。可深入挖掘差异基因

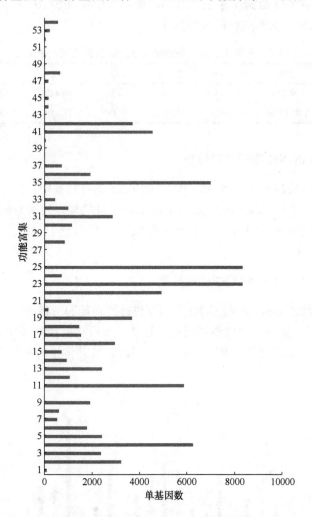

图 2-10　unigene 的 GO 功能注释

1~22 属于生物进程，23~39 属于细胞组分，40~54 属于分子功能。1. 生物结合；2. 生物调节；3. 细胞组织成分或生物合成；4. 细胞过程；5. 发育过程；6. 定位建立；7. 生长；8. 免疫系统进程；9. 定位；10. 运动；11. 代谢过程；12. 多生物过程；13. 多细胞生物进程；14. 生物进程负调控；15. 生物进程正调控；16. 生物进程调节；17. 繁殖；18. 生殖过程；19. 响应刺激；20. 节律进程；21. 信号转导；22. 单生物过程；23. 细胞；24. 细胞连接；25. 细胞组分；26. 细胞外基质；27. 细胞外基质组成部分；28. 胞外区；29. 胞外区部分；30. 大分子复合物；31. 膜；32. 膜的一部分；33. 膜蛋白；34. 类核；35. 细胞器；36. 细胞器部分；37. 共质体；38. 病毒；39. 病毒组分；40. 抗氧化活性；41. 结合；42. 催化活性；43. 通道调节活性；44. 电子载体；45. 酶调节活性；46. 金属伴侣蛋白活性；47. 分子转导活性；48. 核酸结合转录因子活性；49. 营养库活性；50. 蛋白结合转录因子活性；51. 蛋白标签；52. 受体活性；53. 翻译活性；54. 转运活性

的功能及所在的信号通路，筛选关注差异基因注释情况。在 GO 数据库中，注释到 41 370 个（79.0%）unigene，其中生物过程占 30.7%、细胞组分占 18.26%，其他均属于分子功能（51.04%）。三者进一步分为若干功能组，其中生物过程 22 个，多涉及细胞过程（13.58%）、代谢过程（12.61%）和单生物过程（10.61%），最少的是与运动相关的功能组，仅包含 12 个 unigene。细胞组分 17 个，其中细胞（25.04%）、细胞器（25.04%）和有机体（10.61%）占主导地位，而病毒体部分与病毒体功能组各仅有 8 个 unigene。分子功能 15 个，大多数与结合活性（43.93%）和催化活性（35.97%）有关，与通道调节活性（7 个 unigene）和翻译调节活性（5 个 unigene）相关的最少。这些 unigene 的功能分布表明油菜代谢非常活跃。

5. KEGG 注释

以 FDR≤0.001 和|log$_2$Ratio|≥2 作为筛选差异表达基因（DEG）的标准，通过 KEGG 检测到 DEG 6414 个（占总数的 8.39%）。与低油酸油材料基因表达水平相比，高油酸油菜中 1296 个基因（20.21%）上调，5118 个（79.79%）下调。KEGG 富集分析表明，2043 个 DEG 注释到 119 个代谢通路（表 2-5）。

其中，涉及代谢途径最多（473 个），其次是次生代谢产物的生物合成（224 个）和核糖体（137 个）。有 30 个参与脂肪酸代谢，分布在亚油酸代谢（4 个）、脂肪酸代谢（8 个）、脂肪酸生物合成（8 个）、不饱和脂肪酸生物合成（7 个）和脂肪酸延伸（3 个）功能组中。另外 32 个与光合作用相关的注释则分布于于光合作用（6 个）、光合作用天线蛋白（1 个）和光合生物碳固定（25 个）功能组中。这些参与脂肪酸代谢或光合作用的基因可能是决定油酸含量的关键因素。

6. unigene SSR 分析

以所得 52 361 个作为参考序列使用 MicroSAtellite（MISA）找出所有 SSR，基于 SSR 重复单元前后的均不小于 150bp 序列，使用软件 primer 3-2.3.4 设计引物。以引物不能存在 SSR、5′和 3′端与 unigene 序列相比可有一个碱基的错配为原则筛选唯一匹配引物，并使用 ssr_finder 校验 SSR，从而筛选出相同 SSR 产物。

结果显示，有 8766 个 SSR 位点分布在 7425 条 unigene 中，SSR 出现频率（SSR 个数/总 unigene 数）为 16.74%，发生频率（含 SSR 的 unigene/总 unigene 数）为 14.18%。此外，SSR 重复类型丰富。其中三核苷酸重复最高，其次是二核苷酸，单核苷酸，分别为 3591、3119、1733 个，4~6 核苷酸重复比例很少，总计约占 SSR 总位点数的 3.7%（图 2-11），表明油菜转录组中 SSR 数据很丰富，此外，发生频率较高的 1~3 核苷酸 SSR 可能具有较高利用价值。

表 2-5 差异表达基因的 KEGG 代谢通路富集

序号	通路	DEG 通路注释（2043 个）	全部基因通路注释（24 345 个）	通路 ID	功能
1	核糖体	137（6.71%）	859（3.53%）	ko03010	翻译
2	玉米素生物合成	31（1.52%）	115（0.47%）	ko00908	萜类化合物/聚酮化合物代谢
3	黄酮和黄酮醇生物合成	16（0.78%）	56（0.23%）	ko00944	其他次生代谢物的生物合成
4	脂肪酸代谢	20（0.98%）	107（0.44%）	ko00071	脂质代谢
5	昼夜规律——植物	35（1.71%）	241（0.99%）	ko04712	环境适应
6	ABC 运输	30（1.47%）	227（0.93%）	ko02010	跨膜运输
7	色氨酸代谢	21（1.03%）	144（0.59%）	ko00380	氨基酸代谢
8	硫代葡萄糖苷生物合成	11（0.54%）	61（0.25%）	ko00966	其他次生代谢物的生物合成
9	苯丙素生物合成	36（1.76%）	297（1.22%）	ko00940	其他次生代谢物的生物合成
10	光合生物碳固定	25（1.22%）	200（0.82%）	ko00710	能量代谢
11	丙酮酸代谢	30（1.47%）	253（1.04%）	ko00620	碳水化合物代谢
12	糖酵解/葡萄糖生成	36（1.76%）	314（1.29%）	ko00010	碳水化合物代谢
13	甜菜红色素生物合成	2（0.1%）	4（0.02%）	ko00965	其他次生代谢物的生物合成
14	糖基磷脂酰肌醇（GPI）——生物合成	17（0.83%）	128（0.53%）	ko00563	糖链生物合成和代谢
15	真核生物核糖体合成	51（2.5%）	477（1.96%）	ko03008	翻译
16	黄酮类生物合成	18（0.88%）	141（0.58%）	ko00941	其他次生代谢物的生物合成
17	淀粉和蔗糖代谢	63（3.08%）	609（2.5%）	ko00500	碳水化合物代谢
18	酪氨酸代谢	16（0.78%）	122（0.5%）	ko00350	氨基酸代谢
19	半乳糖代谢	20（0.98%）	161（0.66%）	ko00052	碳水化合物代谢
20	泛醌等萜醌类生物合成	12（0.59%）	87（0.36%）	ko00130	辅助因子和维生素代谢
21	植物病原体相互作用	94（4.6%）	967（3.97%）	ko04626	环境适应
22	氧化磷酸化	44（2.15%）	424（1.74%）	ko00190	能量代谢
23	咖啡因代谢	2（0.1%）	6（0.02%）	ko00232	其他次生代谢物的生物合成
24	β-丙氨酸代谢	10（0.49%）	75（0.31%）	ko00410	其他氨基酸的代谢
25	DNA 复制	19（0.93%）	171（0.7%）	ko03030	复制和修复
26	同源重组	21（1.03%）	193（0.79%）	ko03440	复制和修复
27	类胡萝卜素生物合成	15（0.73%）	136（0.56%）	ko00906	萜类化合物/聚酮化合物代谢
28	核苷酸切除修复	25（1.22%）	244（1%）	ko03420	复制和修复
29	RNA 降解	48（2.35%）	503（2.07%）	ko03018	折叠、分选和退化
30	异黄酮生物合成	5（0.24%）	37（0.15%）	ko00943	其他次生代谢物的生物合成
31	苯丙氨酸代谢	17（0.83%）	162（0.67%）	ko00360	氨基酸代谢
32	柠檬酸循环（TCA 循环）	18（0.88%）	173（0.71%）	ko00020	碳水化合物代谢

序号	通路	DEG 通路注释（2043 个）	全部基因通路注释（24 345 个）	通路 ID	功能
33	氨酰-tRNA 生物合成	17（0.83%）	166（0.68%）	ko00970	翻译
34	角蛋白/辣素/蜡生物合成	8（0.39%）	71（0.29%）	ko00073	脂质代谢
35	次生代谢产物的合成	224（10.96%）	2560（10.52%）	ko01110	全局脉络
36	氰氨基酸代谢	15（0.73%）	150（0.62%）	ko00460	其他氨基酸代谢
37	硫磺替代系统	4（0.2%）	32（0.13%）	ko04122	折叠、分选和退化
38	二萜类、二芳基庚酸和姜酚的生物合成	16（0.78%）	162（0.67%）	ko00945	其他次生代谢物的生物合成
39	错配修复	13（0.64%）	131（0.54%）	ko03430	复制和修复
40	丁酸代谢	6（0.29%）	55（0.23%）	ko00650	碳水化合物代谢
41	柠檬烯和蒎烯降解	14（0.69%）	144（0.59%）	ko00903	萜类化合物/聚酮化合物代谢
42	甘油脂代谢	16（0.78%）	167（0.69%）	ko00561	脂质代谢
43	硫辛酸代谢	2（0.1%）	14（0.06%）	ko00785	辅助因子和维生素的代谢
44	抗坏血酸和醛酸代谢	12（0.59%）	123（0.51%）	ko00053	碳水化合物代谢
45	亚油酸代谢	4（0.2%）	35（0.14%）	ko00591	脂质代谢
46	谷胱甘肽代谢	17（0.83%）	180（0.74%）	ko00480	其他氨基酸的代谢
47	嘧啶代谢	43（2.1%）	483（1.98%）	ko00240	核苷酸代谢
48	代谢途径	473（23.15%）	5567（22.87%）	ko01100	全局脉络
49	硒化合物代谢	5（0.24%）	49（0.2%）	ko00450	其他氨基酸的代谢
50	托烷、哌啶和吡啶生物碱生物合成	7（0.34%）	73（0.3%）	ko00960	其他次生代谢物的生物合成
51	丙酸代谢	9（0.44%）	97（0.4%）	ko00640	碳水化合物代谢
52	倍半萜和三萜生物合成	5（0.24%）	51（0.21%）	ko00909	萜类化合物/聚酮化合物代谢
53	精氨酸和脯氨酸代谢	18（0.88%）	202（0.83%）	ko00330	氨基酸代谢
54	油菜素类固醇生物合成	5（0.24%）	52（0.21%）	ko00905	萜类化合物/聚酮化合物代谢
55	萜类骨架生物合成	12（0.59%）	135（0.55%）	ko00900	萜类化合物/聚酮化合物代谢
56	昼夜规律——哺乳动物	6（0.29%）	65（0.27%）	ko04710	环境适应
57	蛋白质输出	11（0.54%）	124（0.51%）	ko03060	折叠、分选和退化
58	吲哚生物碱生物合成	4（0.2%）	44（0.18%）	ko00901	其他次生代谢物的生物合成
59	尼古丁和烟酰胺代谢	4（0.2%）	44（0.18%）	ko00760	辅助因子和维生素的代谢
60	戊糖和葡萄糖醛酸相互作用	25（1.22%）	296（1.22%）	ko00040	碳水化合物代谢
61	鞘脂代谢	8（0.39%）	93（0.38%）	ko00600	脂质代谢
62	糖鞘脂生物合成	4（0.2%）	46（0.19%）	ko00604	糖链生物合成和代谢
63	异喹啉生物碱生物合成	4（0.2%）	48（0.2%）	ko00950	其他次生代谢物的生物合成

续表

序号	通路	DEG 通路注释（2043 个）	全部基因通路注释(24 345 个)	通路 ID	功能
64	α-亚麻酸代谢	8（0.39%）	98（0.4%）	ko00592	脂质代谢
65	果糖和甘露糖代谢	13（0.64%）	160（0.66%）	ko00051	碳水化合物代谢
66	液泡运动中的 SNARE 相互作用	10（0.49%）	124（0.51%）	ko04130	折叠、分选和退化
67	其他聚糖降解	9（0.44%）	113（0.46%）	ko00511	糖链生物合成和代谢
68	牛磺酸和牛磺酸代谢	2（0.1%）	25（0.1%）	ko00430	其他氨基酸的代谢
69	糖胺聚糖降解	4（0.2%）	53（0.22%）	ko00531	糖链生物合成和代谢
70	丙氨酸、天冬氨酸和谷氨酸代谢	11（0.54%）	143（0.59%）	ko00250	氨基酸代谢
71	过氧化物酶体	16（0.78%）	208（0.85%）	ko04146	运输和分解代谢
72	半胱氨酸/甲硫氨酸代谢	15（0.73%）	196（0.81%）	ko00270	氨基酸代谢
73	糖鞘脂生物合成	1（0.05%）	15（0.06%）	ko00603	糖链生物合成和代谢
74	自噬细胞调节细胞毒性	8（0.39%）	114（0.47%）	ko04650	免疫系统
75	戊糖磷酸途径	9（0.44%）	128（0.53%）	ko00030	碳水化合物代谢
76	氮代谢	9（0.44%）	130（0.53%）	ko00910	能量代谢
77	吞噬	21（1.03%）	290（1.19%）	ko04145	运输和分解代谢
78	脂肪酸生物合成	8（0.39%）	119（0.49%）	ko00061	脂质代谢
79	叶酸生物合成	2（0.1%）	34（0.14%）	ko00790	辅助因子和维生素的代谢
80	嘌呤代谢	41（2.01%）	549（2.26%）	ko00230	核苷酸代谢
81	基底切除修复	9（0.44%）	136（0.56%）	ko03410	复制和修复
82	维生素 B_6 代谢	2（0.1%）	36（0.15%）	ko00750	辅助因子和维生素的代谢
83	不饱和脂肪酸生物合成	7（0.34%）	113（0.46%）	ko01040	脂质代谢
84	脂肪酸伸长	3（0.15%）	57（0.23%）	ko00062	脂质代谢
85	RNA 聚合酶	17（0.83%）	255（1.05%）	ko03020	转录
86	氨基糖和核糖代谢	23（1.13%）	336（1.38%）	ko00520	碳水化合物代谢
87	蛋白质内质网加工	55（2.69%）	756（3.11%）	ko04141	折叠、分选和退化
88	泛素介导蛋白水解	35（1.71%）	498（2.05%）	ko04120	折叠、分选和退化
89	磷脂酰肌醇信号系统	11（0.54%）	181（0.74%）	ko04070	信号转导
90	胞吞作用	59（2.89%）	816（3.35%）	ko04144	运输和分解代谢
91	甘油磷脂代谢	52（2.55%）	729（2.99%）	ko00564	脂质代谢
92	赖氨酸降解	4（0.2%）	80（0.33%）	ko00310	氨基酸代谢
93	缬氨酸、亮氨酸和异亮氨酸生物合成	4（0.2%）	82（0.34%）	ko00290	氨基酸代谢
94	其他类型的 O-聚糖生物合成	1（0.05%）	29（0.12%）	ko00514	糖链生物合成和代谢

续表

序号	通路	DEG 通路注释（2043 个）	全部基因通路注释（24 345 个）	通路 ID	功能
95	苯丙氨酸、酪氨酸和色氨酸生物合成	7（0.34%）	129（0.53%）	ko00400	氨基酸代谢
96	缬氨酸、亮氨酸和异亮氨酸降解	5（0.24%）	99（0.41%）	ko00280	氨基酸代谢
97	非同源末端连接	1（0.05%）	31（0.13%）	ko03450	复制和修复
98	组氨酸代谢	2（0.1%）	53（0.22%）	ko00340	氨基酸代谢
99	肌醇磷酸盐代谢	8（0.39%）	153（0.63%）	ko00562	碳水化合物代谢
100	硫代谢	4（0.2%）	90（0.37%）	ko00920	能量代谢
101	N-聚糖生物合成	8（0.39%）	156（0.64%）	ko00510	糖链生物合成和代谢
102	基础转录因子	7（0.34%）	141（0.58%）	ko03022	转录
103	花生四烯酸代谢	1（0.05%）	36（0.15%）	ko00590	脂质代谢
104	醚类脂质代谢	35（1.71%）	539（2.21%）	ko00565	脂质代谢
105	二萜生物合成	2（0.1%）	59（0.24%）	ko00904	萜类化合物/聚酮化合物代谢
106	卟啉和叶绿素代谢	7（0.34%）	145（0.6%）	ko00860	辅助因子和维生素的代谢
107	植物激素信号转导	84（4.11%）	1194（4.9%）	ko04075	信号转导
108	自噬调节	7（0.34%）	149（0.61%）	ko04140	运输和分解代谢
109	甘氨酸/丝氨酸和苏氨酸代谢	10（0.49%）	198（0.81%）	ko00260	氨基酸代谢
110	光合作用——天线蛋白	1（0.05%）	43（0.18%）	ko00196	能量代谢
111	光合作用	6（0.29%）	141（0.58%）	ko00195	能量代谢
112	泛酸和辅酶 A 生物合成	2（0.1%）	72（0.3%）	ko00770	辅助因子和维生素的代谢
113	核黄素代谢	1（0.05%）	50（0.21%）	ko00740	辅助因子和维生素的代谢
114	类固醇生物合成	4（0.2%）	113（0.46%）	ko00100	脂质代谢
115	乙醛酸和二羧酸代谢	7（0.34%）	171（0.7%）	ko00630	碳水化合物代谢
116	蛋白酶体	6（0.29%）	174（0.71%）	ko03050	折叠、分选和退化
117	RNA 转运	57（2.79%）	1036（4.26%）	ko03013	翻译
118	mRNA 监测途径	27（1.32%）	600（2.46%）	ko03015	翻译
119	剪接	47（2.3%）	917（3.77%）	ko03010	转录

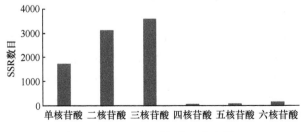

图 2-11　SSR 不同重复基元分布情况

7. SNP 分析

本研究使用 SOAPsnp 检测样品的单核苷酸多态性（single nucleotide polymorphism，SNP），或称之为杂合位点。以 All-Unigene.fa 作为参考序列，寻找高、低油酸油菜样品的 SNP 并进行比较，找出它们的相同点和差异。结果在高、低油酸油菜中分别发现 SNP 位点 221 967 个和 172 580 个。其中发生转换和颠换的个数分别是 131 568 个、90 399 个和 101 947 个、70 633 个。具体转换类型见表 2-6。6 种单核苷酸变异中，转换类型 A/G 发生频率分别为总数的 29.45%和 29.24%、C/T 发生频率分别为总数的 29.82%和 29.84%。其他 4 种颠换类型的 SNP 为 C/G、G/T、A/C 和 A/T，其中高油酸材料中 4 种类型分别占到总数的 10.03%、11.02%、9.66%和 10.02%，低油酸材料中 4 种类型分别占到总数的 10.04%、10.96%、9.88%和 10.04%。两种材料中转换类型显著高于颠换类型，且转换类型 A/G 和 C/T 发生频率差异不大。

表 2-6 SNP 数量分类统计

SNP 类型	A	B
转换	131 568	101 947
A-G	65 380	50 457
C-T	66 188	51 490
颠换	90 399	70 633
A-C	22 256	17 330
A-T	24 461	18 920
C-G	21 445	17 044
G-T	22 237	17 339
总计	221 967	172 580

8. qRT-PCR 验证

为了验证转录组分析的结果，对参与脂肪酸代谢或光合作用的所有基因注释，通过甘蓝型油菜数据库进行 Blast 检索，采用 qRT-PCR 分析这 14 个基因的表达水平（表 2-7），结果见图 2-12。

qRT-PCR 结果表明，高油酸油菜中 *Bna0799930*、*Bna0104450* 和 *Bna0305890* 的表达水平分别高于低油酸油菜中的 1.01 倍、1.26 倍和 1.04 倍。其他基因表达水平均低于低油酸油菜，其中差异最大的是 *Bna0501620*（4.48 倍）、*Bna0391450*（4.21 倍）和 *Bna0084310*（2.26 倍），其次是 *Bna0197350*（1.93 倍）、*Bna0087590*（1.74 倍）和 *Bna0764010*（1.60 倍）。

表 2-7　定量 PCR 引物序列

基因名称	GI 登录号	序列（5′→3′）
Bna0691280	gi|312282201	F：CATCTTGACCCTTTAGAACTG R：GTCCCATAAATTGACCACC
Bna0421530	gi|297833332	F：GATAATGGATACAGCGTCGTG R：GAGTGGCGATGTCAGGATG
Bna0547440	gi|297803126	F：TACAACGGGACAGTAGGCG R：CATAACATCCGAAGCCATT
Bna0799930	gi|297797978	F：TTGTCTTCAATGTCTCCCACC R：AATCCTCCACTCGCACCAA
Bna0764010	gi|10177043	F：GTTCTTCTCCCTCCGTTAG R：TGGTTAGAGGCTGATTTGG
Bna0391450	gi|383930478	F：GTCAGGACTATTCGGGGTAA R：AGATTCCACTGACCCGTAA
Bna0449040	gi|383930477	F：TGGCTATGTTAGGCTCTTT R：AGCAGCACCAACTATGAGA
Bna0104450	gi|383930459	F：TAGACAACATCTGGCTTCG R：ACAAATAGTGCGTCCTTCC
Bna0501620	gi|383930480	F：GGTGCCATTATTCCTACTTC R：ACTAAGTTCCCACTCACGAC
Bna0197350	gi|15227981	F：AGTCCACCAAAGACGGCAAGA R：CGTGAAGCCAATCCATCCAA
Bna0305890	gi|110743913	F：TTTTCACATTGGCGGGTTTA R：TCGGGTTTGCGGATCATAG
Bna0087590	gi|62318973	F：GCCGATTATGTTAGACCCTG R：GTCTCCAGCCTCCACATCGT
Bna0084310	gi|157326087	F：ATAAATCACAGGCTGAAACA R：GGCAATAATGAGCCAAACTA
Bna0280620	gi|312281813	F：CAGCCGATTATGTTAGACCC R：GTCTCCAGCCTCCACATCGT

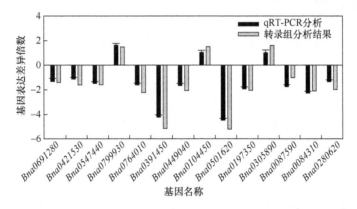

图 2-12　与脂肪酸代谢或光合作用相关的 14 个基因 qRT-PCR 结果

低油酸油菜基因表达量为对照，值以均值-标准差（$n=6$）表示

（四）讨论

通过 Illumina 末端测序与 qRT-PCR 相结合，鉴定了两种不同油酸含量的油菜的差异表达基因（DEG）在所检测的与脂肪酸代谢相关的 DEG 中，长链酰基辅酶 A 合成酶在高油酸材料中的表达水平低于低油酸材料，但该基因可能不是影响油酸或脂肪酸合成的关键基因；酰基辅酶 A 硫酯酶参与催化脂肪酸硫酯键的水解，从而释放相应的非酯化的脂肪酸和酰基辅酶 A。酰基 CoA 硫酯酶 8（ACOT8/Acot8）是所有酰基辅酶 A 硫酯酶中活性范围最广的，包括对短链、中链、长链、支链及甲基支链酰基辅酶 A 分子均有活性[51]。9 种长链酰基 CoA 合成酶中的大多数对拟南芥储存脂质组织中存在的脂肪酸具有最高活性，可为研究油菜中酰基辅酶 A 代谢提供帮助。

（五）结论

上述基因的相对表达水平与转录组分析得到的结果大致相同，但是通过 qRT-PCR 鉴定到的 *Bna0547440*、*Bna0391450*、*Bna0449040*、*Bna0104450*、*Bna050-1620*、*Bna0197350*、*Bna0305890* 和 *Bna0280620* 的差异并没有转录组分析的明显。此外，Guan 等[51]分析丙酮酸激酶基因（*Bna0087590*）在高油酸油菜中上调表达，但在本研究中却是下调表达。原因可能有以下几点。第一，Guan 等[52]研究中使用的高油酸油菜油酸含量为 71.7%，而本研究油酸含量为 81.4%。第二，前者所用材料为授粉后 27d 的种子，而在本研究中所用材料为授粉后 20~35d 的种子。第三，前者使用拟南芥基因组作为参考，而本研究使用甘蓝型油菜基因组作为参考。此外，一些温度、光照等外部环境的不完全一致也有可能导致该现象的发生。

二、转录组测序相关差异基因表达规律研究

（一）脂肪酸代谢相关基因在高油酸油菜不同生育期表达研究

1. 材料

以出苗后 7d、5~6 叶期和越冬期的叶片、花瓣和授粉后 20~35d 的种子为材料，对由上述转录组分析得到的 5 个差异基因在高油酸油菜近等基因系中的表达情况进行研究[53]。

2. 方法

试验于 2017 年 10 月至 2018 年 5 月在湖南农业大学耘园基地进行，每个小区面积 10m^2，密度 12 万株/hm^2，三个重复。

1）RNA 提取

上述材料每次取 5 株样品，混合提取 RNA，分别用琼脂糖凝胶电泳和 Nanodrop 2000 微量紫外分光光度计（Thermo）检测其质量和浓度，于-80℃保存备用。

2）反转录与定量 PCR

通过 Premier 6.0 设计相关引物，送擎科生物技术有限公司（长沙）合成（表 2-8）。合格的 RNA 按照试剂盒（TransScript One-Step gDNA Removal and cDNA Synthesis SuperMix）说明书进行反转录。按照试剂盒（TransScript Tip Green qRT-PCR SuperMix）说明书，使用 CFX96TM Real-Time System（BIORAD, USA）进行 qRT-PCR 反应（两步法）。UBC9 为内参基因，实验重复三次，取平均值。

表 2-8　定量 PCR 引物设计

基因 Gi 编号	油菜基因	名称	引物序列（5'→3'）
gi|312282201	*Bna0691280*	酰基辅酶 A 硫酯酶	F: CATCTTGACCCTTTAGAACTG
			R: GTCCCATAAATTGACCACC
gi|297833332	*Bna0421530*	长链乙酰辅酶 A 合成酶	F: GATAATGGATACAGCGTCGTG
			R: GAGTGGCGATGTCAGGATG
gi|297803126	*Bna0547440*	γ-谷氨酰转移酶	F: TACAACGGGACAGTAGGCG
			R: CATAACATCCGAAGCCATT
gi|297797978	*Bna0799930*	γ-谷氨酰转肽酶	F: TTGTCTTCAATGTCTCCCACC
			R: AATCCTCCACTCGCACCAA
gi|10177043	*Bna0764010*	琥珀酸半醛脱氢酶	F: GTTCTTCTCCCTCCGTTAG
			R: TGGTTAGAGGCTGATTTGG

3）统计分析

测得的数据以 SPSS 20.0 处理，并用 Excel 2010 作图。

3. 不同生育期表达量分析

1）营养生长期

出苗后 7d：5 个基因在高油酸油菜材料中的表达量均显著高于低油酸油菜中，其中 *Bna0799930* 和 *Bna0547440* 在不同材料中表达量差异较大。γ-谷氨酰转肽酶是催化 γ-谷氨肽和氨基酸生成 γ-谷氨酸和肽反应的酶（图 2-13）。

5~6 叶期：5 个基因在高油酸油菜中的表达量高于低油酸油菜中，但与幼苗期相比表达量差异明显减少，*Bna0799930* 在不同材料中表达量差异较大（图 2-14）。

越冬期：5 个基因在高油酸油菜中的表达量高于低油酸油菜中，但与幼苗期相比表达量差异明显减少，*Bna0691280* 在不同材料中表达量差异较大，与前面两个时期相比差异增幅较大，而 *Bna0799930* 差异变小，*Bna0764010* 差异较小（图 2-15）。

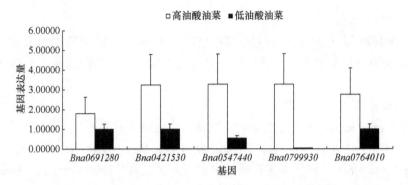

图 2-13　出苗后 7d 脂肪代谢相关基因表达情况

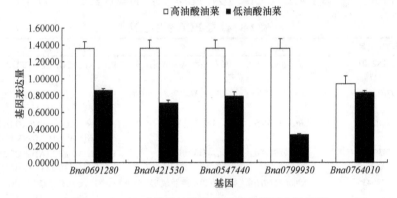

图 2-14　5~6 叶期叶片脂肪代谢相关基因表达情况

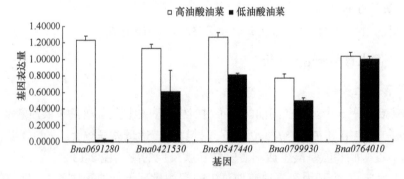

图 2-15　越冬期叶片脂肪代谢相关基因表达情况

2）生殖生长期

花瓣：5 个基因的表达情况与前面 3 个时期明显不同，除 *Bna0547440* 和 *Bna0764010* 外，其他 3 个基因在高油酸油菜中的表达量高于低油酸油菜。仅 *Bna0691280* 在不同材料间表达量的差异较大（大于 2 倍差异）（图 2-16）。

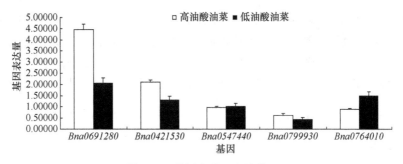

图 2-16 花瓣中基因表达情况

授粉后 20~35d 种子：除 *Bna0799930* 外，其余 4 个基因在高油酸油菜材料中的表达量均低于低油酸油菜中的表达量，5 个在不同材料中表达量差异较小（图 2-17）。

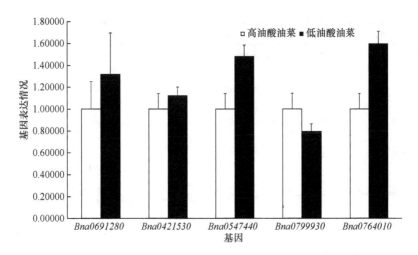

图 2-17 授粉后 20~35d 种子脂肪代谢相关基因表达情况

4. 讨论

在营养生长期，5 个与脂肪酸代谢相关的基因在高油酸油菜中的表达量高于低油酸油菜中，在授粉后 20~35d 种子中除 *Bna0799930* 外，其余 4 个基因在高油酸油菜材料中的表达量均低于低油酸油菜中的表达量。此时期为油菜产量形成关键时期，可能是这 4 个基因对油酸合成起负向调控作用，可通过基因沉默等方式进行进一步验证；*Bna0799930* 基因可通过过量表达进行其功能验证，从而找出影响油酸合成的基因。

5. 结论

在营养生长期（出苗后 7d、5~6 叶期和越冬期）的叶片中，5 个基因在高油酸油菜材料中的表达量均高于低油酸油菜中的表达量。在花瓣中，*Bna0547440* 和 *Bna0764010* 在高油酸油菜中的表达量低于在低油酸油菜中。在授粉后 20~35d 的种子中，除 *Bna0799930* 外，其余 4 个基因在高油酸油菜材料中的表达量均低于低油酸油菜中的表达量。研究结果可为高油酸油菜育种和分子机制研究提供参考。

（二）光合作用相关基因在高油酸油菜不同生育期中的表达研究

1. 材料

出苗后 7d、5~6 叶期和越冬期的叶片、花瓣和授粉后 20~35d 的种子[54]。

2. 方法

同第二章第三节（一）。引物设置见表 2-9。

表 2-9　与光合作用相关基因及其引物

基因 Gi 编号	油菜基因	基因名称	引物序列
gi|383930478	*Bna0391450*	*psaB* 基因产物	F：GTCAGGACTATTCGGGGTAA R：AGATTCCACTGACCCGTAA
gi|383930477	*Bna0449040*	*psaA* 基因产物	F：TGGCTATGTTAGGCTCTTT R：AGCAGCACCAACTATGAGA
gi|383930459	*Bna0104450*	*atpA* 基因产物	F：TAGACAACATCTGGCTTCG R：ACAAATAGTGCGTCCTTCC
gi|383930480	*Bna0501620*	*psbA* 基因产物	F：GGTGCCATTATTCCTACTTC R：ACTAAGTTCCCACTCACGAC
gi|15227981	*Bna0197350*	果糖-二磷酸醛缩酶	F：AGTCCACCAAAGACGGCAAGA R：CGTGAAGCCAATCCATCCAA
gi|110743913	*Bna0305890*	天冬氨酸氨基转移酶	F：TTTTCACATTGGCGGGTTTA R：TCGGGTTTGCGGATCATAG
gi|62318973	*Bna0087590*	丙酮酸激酶	F：GCCGATTATGTTAGACCCTG R：GTCTCCAGCCTCCACATCGT
gi|157326087	*Bna0084310*	1,5-二磷酸核酮糖羧化酶/加氧酶	F：ATAAATCACAGGCTGAAACA R：GGCAATAATGAGCCAAACTA
gi|312281813	*Bna0280620*	叶绿素 a/b 结合蛋白	F：CAGCCGATTATGTTAGACCC R：GTCTCCAGCCTCCACATCGT

3. 不同生育期表达量分析

1）出苗后 7d

9 个基因在高油酸油菜材料中的表达量均显著高于在低油酸油菜中（表达量差异在 2 倍以上），其中 *Bna0104450* 和 *Bna0305890* 在不同材料中表达量差异较大，其次是 *Bna0084310*、*Bna0449040* 和 *Bna0391450*。该结果表明在幼苗期高油酸油菜的光合作用能力高于低油酸油菜（图 2-18）。

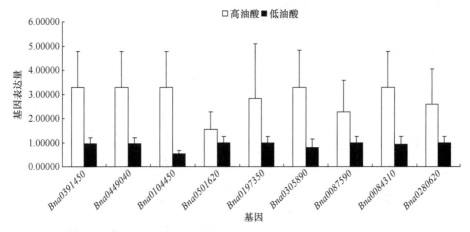

图 2-18　出苗后 7d 光合作用相关基因表达情况

2）5~6 叶期

除 *Bna0305890* 外，其余 8 个基因在高油酸油菜材料中的表达量均高于在低油酸油菜中的表达量，其中 *Bna0501620*、*Bna0104450* 和 *Bna0197350* 在不同材料中表达量差异较大，其次是 *Bna0087590*、*Bna0084310*、*Bna0280620* 和 *Bna0049040*。该结果表明在 5~6 叶期高油酸油菜的光合作用能力仍高于低油酸油菜（图 2-19）。

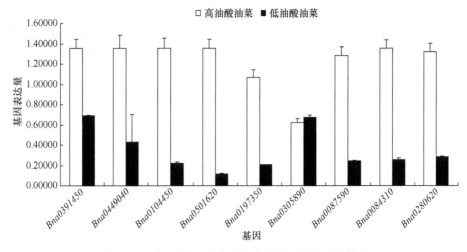

图 2-19　5~6 叶期叶片中光合作用相关基因表达情况

3）越冬期

除 *Bna0305890* 外，其余 8 个基因在高油酸油菜材料中的表达量均高于在低油酸油菜中的表达量，其中 *Bna0501620*、*Bna0087590* 和 *Bna0197350* 在不同材料中表达量差异较大，其次是 *Bna0104450*、*Bna0084310* 和 *Bna0280620*。该结果表明在越冬期高油酸油菜的光合作用能力仍高于低油酸油菜。同时还发现，*Bna0391450* 和 *Bna0449040* 在不同材料间的差异与前面两个时期相比显著减小，而 *Bna0305890* 在不同材料间的差异变大（图 2-20）。

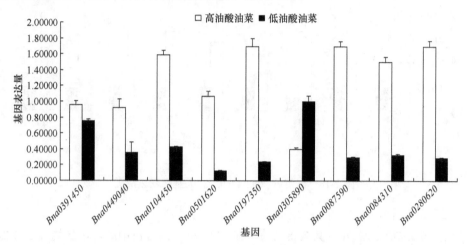

图 2-20 越冬期叶片中光合作用相关基因表达情况

4）花期

除 *Bna0391450* 外，其余 8 个基因在高油酸油菜材料中的表达量均高于在低油酸油菜中的表达量，除 *Bna0305890*（差异 3 倍以上）外，其余基因在不同材料间表达量的差异不大（小于 2 倍）。该结果表明，在花期高油酸油菜材料花的光合作用能力仍高于低油酸油菜。*Bna0391450*、*Bna0449040*、*Bna0501620* 和 *Bna0084310* 在两个材料花中的表达量均较低（图 2-21）。

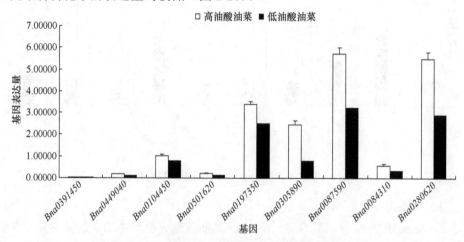

图 2-21 花瓣中光合作用相关基因表达情况

5）授粉后 20~35d

除 *Bna0104450* 和 *Bna0305890* 外，其余 7 个基因在高油酸油菜材料中的表达量均低于在低油酸油菜中的表达量，其中 *Bna0501620*（4.48 倍差异）和 *Bna0391450*（4.21 倍差异）在不同材料中表达量差异较大，其余基因在不同材料中表达量差异不大（图 2-22）。

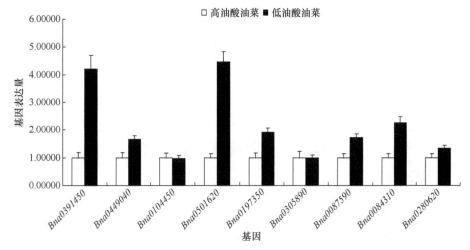

图 2-22　授粉后 20~35d 种子中光合作用相关基因表达情况

（三）讨论

在营养生长期和花期，大部分与光合作用相关的基因在高油酸油菜中的表达量高于在低油酸油菜中（花期差异较小），表明在这些生长期高油酸油菜的光合作用能力较强。而在授粉后 20~35d 种子中的情况却相反，表明此时期高油酸油菜光合作用能力低于低油酸油菜，此时期为油菜产量形成关键时期，可能是目前高油酸油菜产量低于普通油菜的原因。但在整个营养生长期，高油酸油菜的光合作用能力高于低油酸油菜，因而可以利用各种育种方法使高油酸油菜获得比低油酸油菜更高的产量。

（四）结论

Bna0104450 在 5 个时期高油酸油菜中的表达量均高于低油酸油菜，有望利用其进行高油酸油菜育种材料的早期筛选。

第四节　高油酸油菜 miRNA 测序及差异微效靶基因发掘

microRNA（miRNA）是一类内生的、长度为 20~24 个核苷酸的小 RNA[55]。每个 miRNA 可以有多个靶基因，而几个 miRNA 也可以调节同一个基因，这种复杂的调节网络在植物正常发育过程以及各种生物与非生物胁迫中具有重要的作用，在诊断和治疗领域具有广阔的应用前景。

一、高油酸油菜 miRNA 测序

基于 Illumina 高通量测序平台的 miRNA 测序技术不但可以检测 miRNA 表达差异，而且可以研究其 3′端异质性，众多的 isomiR（miRNA 异构体）以及未发现的新的 miRNA 为更加灵活、深入地研究 miRNA 提供了解决方案。本研究以转录组分析相同材料进行 miRNA 测序及相关研究。

（一）miRNA 测序技术路线

提取植物总 miRNA，分别进行 3′和 5′接头连接，之后反转录合成 cDNA，进行 PCR 扩增，并对文库进行选择，再定量检测及后续测序。

（二）结果分析

1. miRNA 测序结果分析

miRNA 测序分别产生 22 744 964 个（低油酸油菜材料，A）和 26 060 122 个（高油酸油菜材料，B）raw reads。经过筛选分别获得 20 912 776 个（A）、23 710 938 个（B）clean reads，clean reads 与参考基因组序列有 87.45%（A）和 88.26%（B）的同源性（表 2-10）。另外，将 clean reads 的长度进行统计发现，样本中的长度分布峰值在 21~25bp，符合 miRNA 特征（图 2-23），表明测序结果质量高、可靠。

表 2-10　miRNA 测序数据

	样品	A1	A2	A3	A 平均	B1	B2	B3	B 平均
	raw reads	30 189 556	20 197 837	17 847 500	22 744 964	26 179 166	23 624 687	28 376 514	26 060 122
	clean reads	27 478 203	18 566 629	16 693 496	20 912 776	24 914 004	21 470 288	24 748 522	23 710 938
	uniq reads	4 723 178	3 183 059	3 150 216	3 685 484	4 291 822	3 249 172	3 403 565	3 648 186
	参考基因组匹配度	87.39%	87.52%	87.44%	87.45%	88.61%	88.19%	87.99%	88.26%
	rRNA	2.84%	2.93%	2.64%	2.80%	3.20%	4.44%	4.40%	4.01%
	tRNA	32.77%	38.46%	32.80%	34.68%	29.42%	43.11%	47.02%	39.85%
注释类型	snRNA	0.63%	0.66%	0.57%	0.62%	0.51%	0.70%	0.72%	0.64%
	Cis.reg	0.09%	0.09%	0.09%	0.09%	0.10%	0.10%	0.10%	0.10%
	其他	0.28%	0.27%	0.26%	0.27%	0.30%	0.34%	0.34%	0.33%
	基因	0.40%	0.40%	0.37%	0.39%	0.34%	0.49%	0.52%	0.45%
	重复	2.23%	2.52%	2.03%	2.26%	2.55%	3.78%	3.97%	3.43%
	aligned reads	0.60%	0.45%	0.51%	0.52%	0.64%	0.42%	0.43%	0.50%
	已知 miRNA	39	38	39	38.67	36	35	37	36

注：A 表示低油酸油菜材料；B 表示高油酸油菜材料。

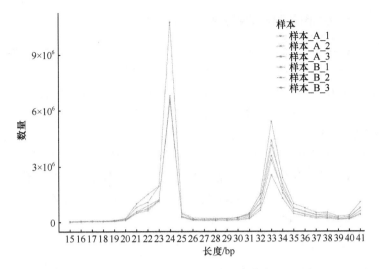

图 2-23　clean reads 的长度分布

2. 差异表达 miRNA 鉴定

利用聚类分析方法，通过计算高、低油酸油菜之间的差异表达 miRNA 距离，研究了样品之间的相似性（图 2-24），在一个簇中分别发现了三个高油酸或低油酸样品，表明这些小 RNA 可能具有相似的生物学功能。

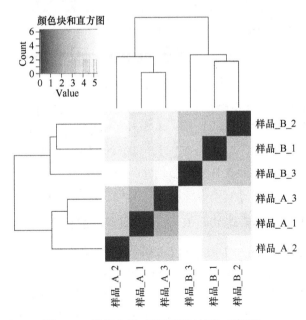

图 2-24　聚类分析（彩图请扫封底二维码）

3. miRNA 靶基因预测及功能分析

利用 Targetfinder 软件预测 miRNA 靶基因，并进行了 GO 注释与 KEGG 功能富集，发现有 359 个靶基因在 20 个代谢通路中富集表达。其中 GO 注释分析发现，133 个假定的靶基因与 21 个差异表达的 miRNA 相关。其中，分布在 "生物过程"（46.62%）的 62 个、"细胞组成"（24.06%）的 32 个、"分子功能"（29.32%）的 39 个（图 2-25）。在 "生物学进程" 中，大多数靶基因与 "转录"（9.68%）和 "转录调控"（4.84%）有关。在 "细胞成分" 类别中，"细胞核"（28.13%）和 "胞质溶胶"（9.38%）与 "胞质" 相同。在 "分子功能" 类基因中，大多数潜在功能与 "转录因子活性"（10.26%）、"DNA 结合" 和 "催化活性"（5.13%）有关。这些靶基因的分布表明菜籽的代谢非常活跃。

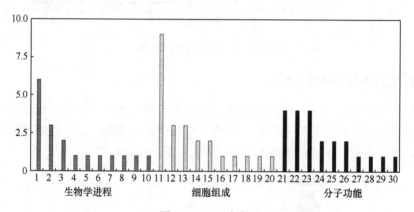

图 2-25 GO 富集

KEGG 通路富集分析表明，含有 36 个靶基因的 20 条通路被富集（表 2-11），包括 "α-亚麻酸代谢"（7 个靶基因）、"噬菌体"（3 个靶基因）、"氧化磷酸化"（3 个靶基因）和 "内源性蛋白加工"（3 个靶基因）等。其中参与 "α-亚麻酸代谢"（7 个基因）、"氧化磷酸化"（3 个基因）、"碳代谢"（2 个靶基因）、"柠檬酸循环（TCA 循环）"（1 个基因）、"甘油磷脂代谢"（1 个基因）和 "糖酵解/糖异生"（1 个基因）的 15 个靶基因可能是与脂肪酸代谢相关的关键基因。

4. qRT-PCR 对差异表达的 miRNA 及其靶基因的验证

对差异 miRNA 进行 qRT-PCR 验证，引物见表 2-12，除了 NC_027772.1_2143、bna-miR156a、bna-miR156b>c>g、bna-miR160a>b>c>d 和 bna-miR166f 外，其余基因的相对表达水平与测序分析得到的结果相同。其中，NC_027760.1_5272、NC_027760.1_5272*、NW_013650328.1_26640*、bna-miR156b>c>g、bna-miR166f、bna-miR167a>b、bna-miR169m、bna-miR396a、bna-miR824 的 qRT-PCR 结果与对

表 2-11　KEGG 功能注释分析

通路 ID	通路名称	变化明显的基因数目	对应的基因总数
bna00592	α-亚麻酸代谢	7（31.82%）	151（0.74%）
bna04145	噬菌体	3（13.64%）	466（2.30%）
bna00905	油菜素类固醇生物合成	1（4.55%）	53（0.26%）
bna00190	氧化磷酸化	3（13.64%）	633（3.12%）
bna04141	内源性蛋白加工	3（13.64%）	842（4.15%）
bna00380	色氨酸代谢	1（4.55%）	167（0.82%）
bna04140	自噬	1（4.55%）	186（0.92%）
bna03022	基础转录因子	1（4.55%）	197（0.97%）
bna00020	柠檬酸循环（TCA 循环）	1（4.55%）	251（1.24%）
bna04626	植物-病原体相互作用	2（9.09%）	685（3.38%）
bna01210	2-氧羧酸代谢	1（4.55%）	286（1.41%）
bna00561	甘油脂代谢	1（4.55%）	291（1.44%）
bna00710	光合生物中的碳固定	1（4.55%）	294（1.45%）
bna04070	磷脂酰肌醇信号系统	1（4.55%）	315（1.55%）
bna00630	乙醛酸和二羧酸代谢	1（4.55%）	341（1.68%）
bna03040	剪接	2（9.09%）	873（4.31%）
bna00564	甘油磷脂代谢	1（4.55%）	429（2.12%）
bna00010	糖酵解/糖异生	1（4.55%）	451（2.22%）
bna01230	氨基酸的生物合成	2（9.09%）	1059（5.22%）
bna01200	碳代谢	2（9.09%）	1104（5.45%）

表 2-12　实时荧光定量引物

miRNA 名称	引物序列
NC_027757.1_266	TGCCTGGCTCCCTGTATACCA
NC_027760.1_5272	TTGGAGGACTGGTGATGAAAAC
NC_027760.1_5272*	TTGTAACAGCTTTTAGTCCTCTT
NC_027761.1_6665	ATACTTAGAGCCTTATTACGCCT
NC_027768.1_15573	ACCTTGTTTTGGTCGGACGAG
NC_027769.1_17408	CAGTTTTGTAAGTTCTGTCCAG
NC_027769.1_17408*	GGTTGTTACTTATACGGCTATA
NC_027772.1_21433	CACAATCGCCCTTGAAGCTG
NC_027774.1_24533	CGAGTGTGAAGAATGCGGCG
NC_027774.1_24533*	GATCCTTCTCGAGAAACTGGC
NW_013650328.1_26640*	CTTTGCCTATCGTTTGGAAAAG
bna-miR156a	TGACAGAAGAGAGTGAGCACA
bna-miR156b>bna-miR156c>bna-miR156g	TTGACAGAAGATAGAGAGCAC
bna-miR160a>bna-miR160b>bna-miR160c>bna-miR160d	TGCCTGGCTCCCTGTATGC
bna-miR162a	TCGATAAACCTGTGCATCCAG
bna-miR166f	TCGGACCAGGCTTCATCCC
bna-miR167a>bna-miR167b	TGAAGCTGCCAGCATGATCTAA
bna-miR169m	TGAGCCAAAGATGACTTGCCG
bna-miR172d	AGAATCTTGATGATGCTGCAG
bna-miR396a	TTCCACAGCTTTCTTGAACTT
bna-miR824	TAGACCATTTGTGAGAAGGGA

照在 $P<0.01$ 水平上有极显著差异（分别是对照的 0.77、0.72、0.50、0.74、1.56、0.59、0.54、0.20、1.90 倍）；NC_027761.1_6665、NC_027772.1_21433、bna-miR156a、bna-miR160a>b>c>d 的 qRT-PCR 结果与对照在 $P<0.05$ 水平上有显著差异（分别是对照的 0.87、0.81、0.81、0.83 倍），其余与对照无显著差异。但是只有 bna-miR167a>b、bna-miR396a、bna-miR824 的 qRT-PCR 结果比测序结果差异更明显（图 2-26）。另外，13 个有显著及以上差异的 miRNA 中，有 9 个具有靶基因，分别是 NC_027760.1_5272、NW_013650328.1_26640*、bna-miR156b>bna-miR156c>bna-miR156g、bna-miR166f、bna-miR169m、bna-miR396a、bna-miR824、bna-miR156a、bna-miR160a>bna-miR160b>bna-miR160c>bna-miR160d，这可能是与油菜高油酸相关的新的 miRNA。这些结果表明，miRNA 测序分析能够成功地发现新的候选 miRNA，且具有较高的准确性和效率。

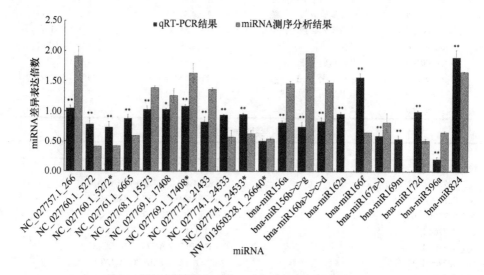

图 2-26　差异 miRNA qRT-PCR 验证结果

表达量>CK 为上调表达；表达量<CK 为下调表达

二、油酸合成微效基因在不同甘蓝型油菜中的表达研究

（一）材料与方法

1. 试验材料

油酸含量不同的甘蓝型油菜品系 30 个（表 2-13）：1~20 为甘蓝型高油酸油菜品系；21~30 为非高油酸油菜材料。

表 2-13 30 个油菜品系油酸含量

品系	油酸含量/%	品系	油酸含量/%	品系	油酸含量/%
1	84.041	11	80.883	21	51.022
2	85.163	12	84.759	22	56.399
3	83.232	13	85.688	23	59.455
4	85.215	14	85.291	24	69.937
5	85.620	15	85.724	25	63.174
6	86.683	16	86.537	26	62.396
7	78.785	17	88.210	27	74.298
8	85.505	18	86.421	28	66.246
9	81.265	19	86.969	29	72.061
10	85.460	20	85.367	30	66.017

2. RNA 提取

营养生长期取幼苗期、5~6 叶期、蕾薹期倒数第三片伸展叶，花期取花蕾、盛开的花和即将凋谢的花，角果期取授粉后 15d、25d 和 35d 的自交种子。同第二章第三节二，（一），2，1）。

3. 反转录与定量 PCR

通过 Premier 6.0 设计 Yucca 引物（表 2-14），由 Oligo7.0 检测，擎科生物技术有限公司（长沙）合成。合成的 RNA 按照试剂盒（TransScript One-Step gDNA Removal and cDNA Synthesis SuperMix）说明书进行反转录。以刘芳等[56]所设 PCR 反应程序对引物进行检测，按照试剂盒（TransScript Tip Green qRT-PCR SuperMix）说明书，使用 CFX96TM Real-Time System（BIORAD，USA）进行 qRT-PCR 反应（两步法）。UBC9 为内参基因[57]，采用 Pfaffl[58]的方法进行基因表达情况评价。实验重复三次，取平均值。测得的数据以 SPSS20.0 处理，并用 Excel 2010 作图。

表 2-14 定量 PCR 引物及内参基因序列

基因名称	基因 ID	序列 （5′→3′）
yucca	GSBRNA2T00071462001	F: CCGATGTTCCAACCTTCA R: CCTCTACCCTCCACTTGTT
UBC9	AT4G27960	F: TCCATCCGACAGCCCTTACTCT R: ACACTTTGGTCCTAAAAGCCACC

（二）结果

1. *yucca* 基因在营养生长期表达规律

对 30 个不同油菜品系的 *yucca* 基因在营养生长期不同材料中的表达量进行分

析（图 2-27），结果显示，除 7、13、14、15、16 外，其余品系的 *yucca* 表达量在幼苗期叶、5~6 叶期叶、蕾薹期叶呈逐渐递增的趋势。方差分析表明（表 2-15），高油酸材料与非高油酸材料在整个营养生长期的 *yucca* 基因表达量无显著差异。

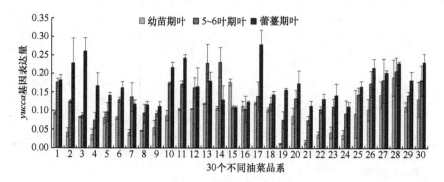

图 2-27　*yucca* 基因在营养生长期表达情况

表 2-15　*yucca* 基因在营养生长期不同材料中表达量的方差分析

变异来源	平方和	自由度	均方	*F* 值	*P* 值
幼苗期	0.0002116	1	0.0002116	0.1052572	0.7480211
5~6 叶期	0.0004431	1	0.0004431	0.2174507	0.6445970
蕾薹期	0.0000239	1	0.0000239	0.0098747	0.9215512

2. *yucca* 基因在花期表达规律

对 30 个不同油菜品系的 *yucca* 基因在花期不同材料中的表达量进行分析（图 2-28），结果显示，除 6、9、10、17 外，其余品系在盛开的花中表达量最高，在将凋零的花中表达量最低，且非高油酸材料在花期的变化幅度更大。方差分析表明（表 2-16），高油酸材料与非高油酸材料在花蕾与盛开的花中 *yucca* 基因表达量无显著差异，而在凋零的花中有显著差异，65% 以上高油酸材料基因表达量高于非高油酸材料。

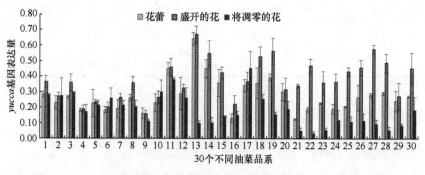

图 2-28　*yucca* 基因在花期表达情况

表 2-16　*yucca* 基因在花期不同材料中表达量的方差分析

变异来源	平方和	自由度	均方	F 值	p 值
花蕾	0.0307539	1	0.0307539	2.8006575	0.1053631
盛开的花	0.0294108	1	0.0294108	1.8764309	0.1816261
将凋谢的花	0.1227582	1	0.1227582	19.2610836	0.0001471**

注：**表示在 0.01 水平上显著差异（下同）。

3. *yucca* 基因在角果期表达规律

对 30 个不同油菜品系的 *yucca* 基因在角果期不同材料中的表达量进行分析（图 2-29），结果表明，除 14、15 外，其余品系均在整个角果期呈逐渐递减的趋势。方差分析表明（表 2-17），高油酸材料与非高油酸材料在整个角果期都有极显著差异，其中在 25d、35d 角果中，高油酸材料 *yucca* 表达量均有 80% 以上高于非高油酸材料。叶晓帆[59]在水稻中的研究表明，水稻叶片和穗子组织中都含有一定浓度的 IAA，特别是发育中的籽粒，其 IAA 含量要比其他组织高得多。本研究中，*yucca* 基因在 15d 角果、25d 角果中的表达量均比其他时期、其他组织高，从侧面验证了叶晓帆的研究结果。

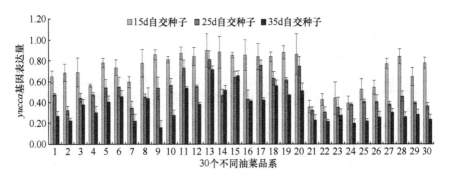

图 2-29　*yucca* 基因在角果期表达情况

表 2-17　*yucca* 基因在角果期不同材料中表达量的方差分析

变异来源	平方和	自由度	均方	F 值	p 值
15d	0.3084032	1	0.3084032	18.3078133	0.0001982**
25d	0.2076424	1	0.2076424	16.1836431	0.0003952**
35d	0.1860324	1	0.1860324	12.5324423	0.0014201**

注：**表示在 0.01 水平上显著差异（下同）。

4. *yucca* 基因表达量与油酸含量间的关系

对 30 个不同油菜品系的 *yucca* 基因在整个时期表达量与油酸含量进行相关性

分析（表 2-18）发现，营养生长期及花期的花蕾、盛开的花中 *yucca* 基因表达量与油酸含量均无显著相关性，而整个角果期及将凋谢的花中 *yucca* 基因表达量与油酸含量间均有极显著正相关性，即表达量越高油酸含量越高，表明其可能正向调控油酸合成，与主效基因 *FAD2*[60]作用相反。

表 2-18 *yucca* 基因表达量与油酸含量相关性分析

时期	材料	非线性相关系数	显著性	线性相关系数	显著性
营养生长期	幼苗叶	0.137739	0.468	0.091	0.633
	5~6 叶期叶	−0.103237	0.587	−0.020	0.915
	蕾薹期叶	−0.034049	0.858	0.055	0.774
花期	花蕾	0.324583	0.080	0.345	0.062
	盛开的花	−0.136626	0.472	−0.191	0.313
	将凋谢的花	0.534**	0.002	0.629**	0.000195
角果期	15d 种子	0.640**	0.000	0.720**	7.33×10^{-6}
	25d 种子	0.736**	0.000	0.633**	0.000173
	35d 种子	0.726**	0.000	0.597**	0.000495

注：**表示在 0.01 水平上显著差异（下同）。

（三）讨论

1. 生长素合成相关基因 *yucca* 可作为筛选高油酸油菜的指标

生长素（IAA）参与调控植物根、茎、叶、花器官的发育，以及维管组织发育、果实的生长与成熟、植株的顶端优势、衰老、离区发育、生物与非生物胁迫等几乎所有的生长过程[59]，*yucca* 基因是合成生长素的关键基因。在本研究的 20 个高油酸油菜材料及 10 个非高油酸材料中，在角果期 80% 以上高油酸油菜材料中 *yucca* 基因表达量高于非高油酸油菜，两者有极显著差异，与测序结果一致。此外，研究发现，在角果期 *yucca* 基因表达量与油酸含量之间有极显著的相关性，可用于预测油菜油酸含量，有一定应用价值。

2. 油酸合成积累过程相关基因的调控方式

油酸合成积累过程中，调控机制复杂（图 2-30）。已有的研究表明，*KAS* II 编码 16：0 ACP 到 18：0 ACP 的酰基蛋白合成基因，在油菜中已有分离和克隆的该基因家族[61,62]，且 Pidkowich[63]在拟南芥中发现，降低 *KAS* II 基因表达水平，硬脂酸比例提高，油酸比例减少；*FAB2* 参与 18：0 ACP 至 18：1 ACP 过程；*FAT* 是 ACP 转变为相应游离脂肪酸的重要水解酶，Moreno-Pérez[64]发现敲除拟南芥中 *FAT* 基因后，种子油酸含量低于野生型；*ACS* 参与游离脂肪酸转化为酰基 CoA 过程，de Azevedo Souza[65]发现该蛋白质的活性与油酸基质密切相关。

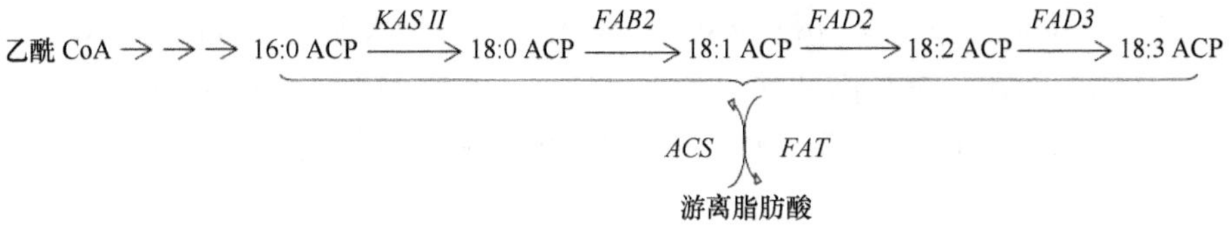

乙酰 CoA $\to$ $\to$ $\to$ 16:0 ACP $\xrightarrow{\text{KAS II}}$ 18:0 ACP $\xrightarrow{\text{FAB2}}$ 18:1 ACP $\xrightarrow{\text{FAD2}}$ 18:2 ACP $\xrightarrow{\text{FAD3}}$ 18:3 ACP

$\underset{\text{游离脂肪酸}}{ACS \Y FAT}$

图 2-30　油酸合成、代谢过程相关基因（部分）

FAD2 是影响油酸积累的关键基因[56]，实验室已克隆了甘蓝型油菜中 *FAD2* 基因不同拷贝并对其功能结构进行了分析[56]，而郎春秀等[66]在高油酸油菜中沉默内源 *BnFAD2* 基因，并获得了低亚油酸、亚麻酸的转基因株系；*FAD3* 控制亚油酸向亚麻酸转化，Schierholt[67]发现低亚麻酸性状可整合到高油酸油菜中，但不能增加油酸含量，而 Peng 等[60]同时沉默 *FAD2*、*FAE1* 基因，得到了油酸 85%以上的转基因株系。但仅仅通过抑制 *FAD2* 基因想要获得 85%以上油酸含量的油菜很困难，且一味地抑制 *FAD2* 表达可能不利于植株的生长[68]。油酸合成、积累过程复杂，通过上述研究可知各基因关联影响、共同参与油酸合成，而该研究中 *yucca* 基因作为潜在促进油酸合成的基因，可能推进高油酸油菜分子机制的研究。

（四）结论

本研究对 30 个油菜材料中 *yucca* 基因表达量及千粒重进行分析，发现营养生长期 *yucca* 基因在所有材料中表达量变化情况相似，均逐渐增加，高油酸材料与非高油酸材料间无显著差异；花期 *yucca* 基因在盛开的花中表达量最高，在将凋谢的花中表达量最低，高油酸材料与非高油酸材料间在将凋谢的花中存在显著差异，且后者在不同花材料中变幅更大；角果期 *yucca* 基因在所有材料中表达量呈现逐渐降低的趋势，高油酸材料与非高油酸材料间存在显著差异，后者整体表达量较低且变幅更大。另外，*yucca* 基因在供试材料中的表达量与油酸含量之间在将凋谢的花及整个角果期的角果中有极显著相关性，可能作为微效基因参与高油酸油菜油脂合成。

三、抗病相关基因研究

全世界目前已知的油菜病害有 100 多种，我国已发现 30 多种，包括真菌、病毒、细菌病害等[69,70]。其中菌核病［*Sclerotinia sclerotiorum*（Lib.）de Bary］、病毒病（*Turnip mosaic virus*）及霜霉病［*Peronospora parasitica*（Pers.）Fr.］是我国油菜（*Brassica napus* L.）三大主要病害，严重危害油菜产量[66,71-73]。高油酸油菜品种与常规油菜相比，其抗病性较差[74]。

本研究对高油酸油菜 miRNA 测序得到 2 个与抗病相关差异 miRNA 的靶基因，

即热激蛋白 90（heat shock proteins 90，Hsp90）与自噬相关基因 3（autophagy-related gene，ATG3）。在甘蓝型高油酸油菜中对这两个基因的表达规律及相关材料病害调查进行研究，旨在找出其内在关联，以期为高油酸油菜抗病材料筛选提供一定的理论参考。

Hsp90 蛋白基因（HSP90）在分子进化上高度保守[75]，广泛介导胁迫信号的传递、参与蛋白质和转录因子的折叠、蛋白复合体装配、拆卸和激活底物等，在植物抗逆性中起着重要作用[76,77]。ATG3 广泛参与动植物各种生物及非生物胁迫等[78-80]。

（一）材料

以 20 个（编号 1~20）甘蓝型高油酸油菜品系为试验材料，采用 7890B 型气相色谱（Agilent，USA）测定各品系脂肪酸成分（表 2-19）。气相色谱仪（Agilent 6890）的设置程序为色谱柱温 180~210℃，升温 20℃/min；210~230℃，升温 5℃/min；240℃后运行 1min。进样口温度 220℃，氮气 25 ml/min，空气 400 ml/min，氢气 40 ml/min。

表 2-19　20 个油菜品系脂肪酸成分组成　　　　　　（单位：%）

品系编号	棕榈酸	硬脂酸	油酸	亚油酸	亚麻酸	花生烯酸
1	3.122	2.485	84.041	3.826	5.001	1.155
2	3.084	2.530	85.163	3.116	4.404	0.979
3	3.273	2.672	83.232	3.538	4.437	2.232
4	3.113	2.649	85.215	3.134	4.727	0.998
5	2.964	2.589	85.620	2.923	4.624	0.998
6	3.054	2.823	86.683	2.877	3.727	0.688
7	3.458	2.587	78.785	7.572	6.135	1.034
8	3.043	2.296	85.505	3.069	4.772	1.014
9	3.426	2.360	81.265	5.721	5.784	1.007
10	3.112	2.355	85.460	3.120	5.841	0
11	3.494	1.620	80.883	9.648	7.741	0
12	3.577	1.822	84.759	3.768	5.774	0
13	3.341	2.014	85.688	3.739	5.088	0
14	3.379	1.972	85.291	4.242	4.940	0
15	3.352	2.330	85.724	3.410	5.074	0
16	3.341	1.952	86.537	3.418	4.661	0
17	3.090	1.146	88.210	3.628	4.628	0
18	3.584	1.474	86.421	3.290	5.112	0
19	3.053	1.528	86.969	3.413	4.814	0
20	3.679	1.251	85.367	4.515	5.742	0

（二）方法

1. 病害调查

在高油酸油菜授粉后 35d 对各个品系所有植株进行病害调查（菌核病和病毒病），分别统计发病株数量，并进行病情分级。0 级：整株无症状；1 级：33.33% 以下植株有病斑，受害角果低于 25%；2 级：整株 33.33%~66.67% 发病，受害角果数达 25%~50%；3 级：全株 66.67% 以上发病，受害角果数达 50%~75%；4 级：全株发病，绝收或极少角果。发病率和病情指数计算参考刘胜毅[80] 方法进行。

2. RNA 提取与 RT-qPCR 分析

分别取幼苗期、5~6 叶期、蕾薹期和盛花期倒数第三片伸展叶，盛花期花蕾、盛开的花和即将凋谢的花混合，以及角果期自交授粉后 15d、25d 和 35d 的自交种子。每次取 5 株样品，混合提取 RNA，具体同上。检测合格的 RNA，进行反转录与 RT-qPCR，具体同上。*HSP90* 和 *ATG3* 引物通过 Premier 6.0 设计（表 2-20）。

表 2-20　RT-qPCR 引物及内参基因序列

基因名称	基因 ID	序列（5′→3′）
HSP90	AT5G56030	F：GGCTTTGTCAAGGGTATT R：ACTTCTTCACCAGGTTCTT
ATG3	AT5G61500	F：TCGGCGTTCAAGGAGAAG R：TGCCAGGGTCACCAGATT
UBC9	AT4G27960	F：TCCATCCGACAGCCCTTACTCT R：ACACTTTGGTCCTAAAAGCCACC

（三）结果与分析

1. 病害调查结果

对 20 个高油酸油菜品系的病害调查结果及病情指数和发病率进行了分析，由表 2-21 可知，20 个供试品系发病率为 0.21~0.88，病情指数为 0.12~0.57。品系 1~10 的病情指数（<0.3）及发病率（<0.35）均较低，表明其抗性较强。对 20 个品系发病率与病情指数相关性分析表明，二者呈极显著正相关性（$P<0.01$），相关系数 $R^2=0.9720$（图 2-31）。

2. *HSP90* 基因表达分析及其与抗病指数间的关系

1）*HSP90* 基因表达分析

对 20 个高油酸油菜品系的 *HSP90* 基因在整个生育期中不同材料的表达量进行分析，由图 2-32 可知，除品系 4、15、16 外，其余品系在幼苗期-叶、5~6 叶期-

表 2-21 病害调查结果

品系	0 级	1 级	2 级	3 级	4 级	总数	病情指数	发病率
1	93	5	5	15	2	120	0.14	0.23
2	92	8	4	8	8	120	0.15	0.23
3	86	1	3	14	16	120	0.24	0.28
4	90	11	12	5	2	120	0.12	0.25
5	97	8	5	10	3	123	0.12	0.21
6	79	3	5	12	21	120	0.28	0.34
7	86	8	13	9	4	120	0.16	0.28
8	93	4	6	16	1	120	0.14	0.23
9	95	4	7	11	3	120	0.13	0.21
10	83	3	3	7	24	120	0.26	0.31
11	60	11	31	18	13	133	0.34	0.55
12	60	11	12	21	16	120	0.34	0.50
13	25	11	58	11	15	120	0.46	0.79
14	41	1	39	13	26	120	0.46	0.66
15	30	6	56	8	20	120	0.46	0.75
16	14	6	67	7	26	120	0.55	0.88
17	26	7	34	12	41	120	0.57	0.78
18	31	5	7	52	25	120	0.57	0.74
19	35	4	44	6	31	120	0.49	0.71
20	41	11	18	32	18	120	0.45	0.66

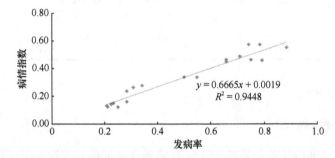

图 2-31 高油酸油菜品系病情指数与发病率相关性分析

叶、蕾薹期-叶,以及花期-叶 *HSP90* 基因的表达量呈逐渐降低的趋势。花期-花与花期-叶表达量整体无显著差异($P>0.05$)。品系 4、5、9、1、8、2、7、3、10、6、20 在角果期-15d 种子中 *HSP90* 基因的表达量较低,在 25d 自交种中表达量升高后,在 35d 自交种中表达量又降低,但仍高于 15d 自交种中的表达量;其余品系 *HSP90* 基因表达量则在整个角果期呈逐渐增加的趋势。由于角果期降雨量增加,植株密度较大,会加剧各种病害发生,尤其是菌核病[81],*HSP90* 基因作为抗胁迫相关基因,可能参与抵御菌核病侵袭的胁迫反应。

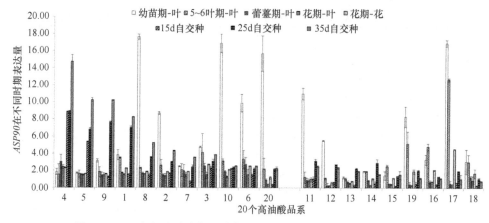

图 2-32　20 个高油酸油菜品系中 *HSP90* 基因在整个生育期的表达量

蕾薹期-叶中品系 4、5、9、1、8、7 的 *HSP90* 基因表达量是内参基因的 1.50~3.05 倍，但这 6 个品系病情指数均小于 0.16；而品系 12、15、19、17 的 *HSP90* 基因表达量仅为内参基因的 0.26~0.52 倍，而病情指数为 0.45~0.57；花期-叶中 4、1、8、7 品系基因表达量是内参基因的 1.50~2.42 倍，但病情指数均小于 0.16；而品系 12、14、15、19、17 基因表达量只有内参基因的 0.19~0.42 倍，但病情指数为 0.45~0.57。结果表明，*HSP90* 基因表达量≥1.5 倍内参时，材料抗病性较强。

2）*HSP90* 基因表达量与抗病指数间的关系

对 *HSP90* 基因表达规律与抗病指数间的关系进行研究，由表 2-22 可知，在线性分析与非线性分析[82]中，蕾薹期-叶、花期-叶以及 15d 自交种、25d 自交种、35d 自交种中均呈极显著负相关，且除花期-叶，非线性相关性较线性相关性更高。

表 2-22　*HSP90* 基因表达规律与抗病指数相关性

相关性分析	幼苗期-叶	5~6 叶期-叶	蕾薹期-叶	花期-叶	花期-花	15d 自交种	25d 自交种	35d 自交种
线性分析	0.061	0.43	−0.710**	−0.836**	0.393	−0.583**	−0.729**	−0.773**
非线性分析	0.066	0.352	−0.720**	−0.759**	0.343	−0.813**	−0.887**	−0.995**

注：*与**分别表示在 0.05 和 0.01 水平上差异显著。

对 *HSP90* 基因表达规律和抗病指数间有显著差异的材料进行相关性拟合模型分析发现，总体上非线性函数 R^2 较大，与表 2-22 结果一致，表明数据可靠[83]（表 2-23）。

3. *ATG3* 基因表达分析及其与抗病指数间的关系

1）*ATG3* 基因表达分析

对 20 个高油酸油菜品系的 *ATG3* 基因在整个生育期中不同材料表达量进行分

表 2-23　*HSP90* 基因表达规律与抗病指数间显著差异材料相关性拟合模型

材料	线性函数	指数函数	对数函数	幂函数
蕾薹期-叶	$y=-3.4403x+2.4741$	$y=2.9644e^{-3.011x}$	$y=-0.945\ln(x)+0.1528$	$y=0.3841x^{-0.837}$
	$R^2=0.5039$	$R^2=0.5466$	$R^2=0.4688$	$R^2=0.5197$
花期-叶	$y=-3.0682x+2.0031$	$y=2.5303e^{-3.547x}$	$y=-0.896\ln(x)-0.1349$	$y=0.2157x^{-1.028}$
	$R^2=0.6984$	$R^2=0.6169$	$R^2=0.7335$	$R^2=0.6391$
15d 自交种子	$y=-7.2041x+3.8831$	$y=4.2561e^{-4.801x}$	$y=-2.217\ln(x)-1.2825$	$y=0.154x^{-1.381}$
	$R^2=0.3356$	$R^2=0.6226$	$R^2=0.3914$	$R^2=0.6350$
25d 自交种子	$y=-9.7958x+6.5343$	$y=6.9726e^{-2.794x}$	$y=-3.028\ln(x)-0.5082$	$y=0.9813x^{-0.827}$
	$R^2=0.5200$	$R^2=0.6339$	$R^2=0.6124$	$R^2=0.6834$
35d 自交种子	$y=-17.633x+9.7431$	$y=12.8300e^{-4.66x}$	$y=-5.447\ln(x)-2.9289$	$y=0.5041x^{-1.352}$
	$R^2=0.5953$	$R^2=0.8583$	$R^2=0.7000$	$R^2=0.8909$

析，由图 2-33 可知，与 *HSP90* 基因在整个苗期叶的表达规律相反，大多数品系在生长前期呈逐渐升高的趋势直至花期。在花期-花与花期-叶的表达量之间无显著差异（$P>0.05$）。在角果期 *HSP90* 基因的表达规律呈两种趋势：部分品系在 15d 自交种中表达量较低，在 25d 自交种中表达量升高，然后在 35d 自交种中表达量又降低；其余品系 *ATG3* 基因则在整个角果期表现出逐渐升高的趋势，表明可能与油菜品系不同有关。

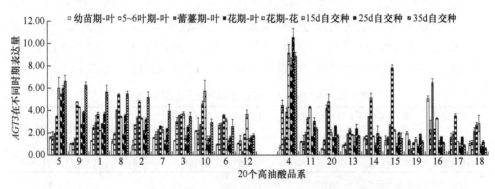

图 2-33　20 个高油酸油菜品系中 *AGT3* 基因在整个生育期的表达量

结合图 2-31 与图 2-33，对 *ATG3* 基因在生长早期表达情况与病情指数有显著差异的材料进行研究发现，5~6 叶期-叶中，品系 4、1、8、2、7 基因表达量是内参基因的 1.85~4.45 倍，但其病情指数均小于 0.16；反之，品系 12、11、19、18 基因表达量仅是内参基因的 1.11~1.28 倍，而病情指数介于 0.34~0.57；花期-叶中品系 4、5、9、1、8、2、7 病情指数介于 0.12~0.16，但基因表达量为内参基因的 2.26~9.14 倍；而品系 13、14、19、17 病情指数介于 0.46~0.57，其基因表达量只有内参基因的 1.19~1.79 倍。结果表明，*ATG3* 基因表达量≥1.8 倍内参基因时，材料抗病性较好。

2）*ATG3* 基因表达量与抗病指数间的相关性

对 *ATG3* 基因表达规律与抗病指数间的关系进行研究，由表 2-24 可知，与 *HSP90* 基因类似，在线性分析与非线性分析条件下，*ATG3* 基因在 5~6 叶期-叶、花期-花、15d 自交种、25d 自交种、35d 自交种中均达极显著负相关，且非线性相关性更高（除 5~6 叶期）。对有显著差异的材料进一步分析，由表 2-25 可知，5~6 叶期-叶、花期-花的四种拟合函数 R^2 均较小（表 2-25），与表 2-24 结果一致，表明本试验数据可靠。

表 2-24　*ATG3* 基因表达规律与抗病指数相关性

相关性分析	幼苗期-叶	5~6 叶期-叶	蕾薹期-叶	花期-叶	花期-花	15d 自交种	25d 自交种	35d 自交种
线性分析	0.205	−0.476*	0.117	−0.199	−0.572**	−0.612**	−0.597**	−0.903**
非线性分析	0.023	−0.445*	0.014	−0.341	−0.676**	−0.917**	−0.760**	−0.997**

注：*与**分别表示在 0.05 和 0.01 水平上差异显著。

表 2-25　*ATG3* 基因表达规律与抗病指数间显著差异材料相关性拟合模型

材料	线性函数	指数函数	对数函数	幂函数
5~6 叶期-叶	$y=-2.4166x+2.6809$	$y=2.5311e^{-1.138x}$	$y=-0.6940\ln(x)+1.0114$	$y=1.1622x^{-0.321}$
	$R^2=0.2264$	$R^2=0.2223$	$R^2=0.2303$	$R^2=0.2176$
花期-花	$y=-6.4757x+5.4536$	$y=5.5026e^{-1.923x}$	$y=-1.885\ln(x)+0.9479$	$y=1.4843x^{-0.538}$
	$R^2=0.3277$	$R^2=0.3920$	$R^2=0.3423$	$R^2=0.3782$
15d 自交种子	$y=-6.5564x+4.0459$	$y=3.9937e^{-2.996x}$	$y=-2.0750\ln(x)-0.7291$	$y=0.4784x^{-0.901}$
	$R^2=0.3750$	$R^2=0.6165$	$R^2=0.4627$	$R^2=0.6874$
25d 自交种子	$y=-7.573x+5.3486$	$y=5.1359e^{-2.258x}$	$y=-2.406\ln(x)-0.1805$	$y=1.0182x^{-0.694}$
	$R^2=0.3561$	$R^2=0.5089$	$R^2=0.4424$	$R^2=0.5921$
35d 自交种子	$y=-12.6000x+7.3038$	$y=10.4970e^{-4.454x}$	$y=-3.772\ln(x)-1.5963$	$y=0.494x^{-1.264}$
	$R^2=0.8154$	$R^2=0.9426$	$R^2=0.9005$	$R^2=0.9348$

3）*HSP90* 和 *ATG3* 基因表达量与病害间的关系

分别选择 *HSP90*、*ATG3* 基因与抗病指数有显著或极显著相关性的早期生育期，即 *HSP90* 基因选择蕾薹期-叶和花期-叶、*ATG3* 基因选择 5~6 叶期-叶和花期-花进行综合分析，结果表明蕾薹期-叶中有 15 个品系（除品系 3、4、6、12、18）*HSP90* 基因表达量与病情指数变化规律相符，占总品系数的 75%；花期-叶中有 19 个品系（除品系 4）相符，占总品系数的 95%，即用 *HSP90* 基因在花期-叶中表达量≥1.5 倍内参时进行抗病品系筛选，有 95% 的准确性；*ATG3* 基因在 5~6 叶期-叶与花期-花中，均有 16 个品系（前者除品系 3、4、9、16；后者除品系 1、4、

7、10）的 *ATG3* 基因表达量与病情指数变规律相符，占总品系数的 80%，即用 *ATG3* 基因在 5~6 叶期叶或花期-叶中表达量 ≥1.8 倍内参时进行抗病材料筛选，均有 80%的准确性，因油菜花较难提取 RNA，同时 5~6 叶期在油菜生长发育前期，因而可选择该时期材料进行筛选。

（四）讨论

HSP90 和 *ATG3* 基因在植物抗逆性中起着重要作用[75-79]，本研究对 *HSP90* 和 *ATG3* 基因在 20 个不同甘蓝型高油酸油菜品系不同生育期材料中的表达规律进行研究，发现二者在花期-叶与花期-花中的表达量均无显著差异，其原因可能与花期营养生长和生殖生长均较旺盛相关[84]。而在角果期，二者表达均呈两种趋势，即逐渐升高或先升高后降低，表明基因表达可能与不同材料有关，但仍需进一步验证。此外，角果期是病害高发期[81]，本研究发现整个角果期 *HSP90* 和 *ATG3* 基因表达规律与抗病指数均呈极显著负相关性，验证了其抗病功能，与前人研究一致。

利用抗病基因筛选抗病材料或进行病害防治能大大缩短时间并降低成本[85,86]。Niu 等[87]通过 RT-qPCR 验证了 9 个抗病相关基因与小麦白粉病抗性相关，且其中 8 个基因与小麦白粉病抗性呈正相关；黄启秀等[88]以 7 种海岛棉为试验材料，发现其枯萎病抗性与类黄酮代谢途径基因 *CHI* 和 *DFR* 表达量呈显著负相关性；谷晓娜等[89]以转基因大豆 N29-705-15 和 JL30-187 为试验材料，利用 RT-qPCR 技术检测了 *hrpZ_{psta}* 基因在转基因大豆不同组织中的表达量，结果表明 *hrpZ_{psta}* 基因在大豆植株中的表达量与受体植株对疫霉根腐病和灰斑病抗性存在一定的相关性。Barkley 等[90]利用 RT-qPCR 方法，对高油酸花生及其野生型种子和叶片中的差异 *ahFAD2B* 基因进行检测，快速区分了野生型和突变型，并进一步确定了 *ahFAD2A* 的不同突变类型[91]；杜建中等[92]研究 *RDVMP* 基因在转基因抗矮花叶病玉米中的遗传、表达及抗病性，结果显示该基因的表达量与转化株系的抗病性显著相关。本研究通过荧光定量 PCR，发现高油酸油菜抗病基因 *HSP90* 与 *ATG3* 分别在蕾薹期-叶、花期-叶、5~6 叶期叶、花期-花中的表达量与抗病指数呈极显著正相关，且两两间符合度均较高（60%~80%）。尤其是 *HSP90* 在花期-叶中表达量与 *ATG3* 在 5~6 叶期-叶表达量符合度最高，可用于高油酸油菜抗病材料的早期筛选。

（五）结论

HSP90 基因在整个苗期表达量逐渐降低，*ATG3* 基因则在苗期表达量逐渐升高，而角果期二者表达均呈两种趋势，即逐渐升高或先升高后降低，表明基因表达可能与不同材料有关，可增加样本量进一步检测并开展相关基因后续功能验证；发病率与病情指数相关性分析表明，油菜角果期 *HSP90* 和 *ATG3* 基因的表达规律

与抗病指数之间呈显著或极显著负相关性。通过综合两个基因表达情况并结合病情指数分析可知，*HSP90* 基因在花期-叶（95%）中表达情况与 *ATG3* 基因在 5~6 叶期-叶（80%）、花期-花（80%）中表达情况可用于高油酸油菜育种材料抗病性预测。本研究结果为高油酸油菜抗病材料的早期筛选和促进高油酸油菜育种研究奠定了一定的理论基础。

参 考 文 献

[1] 李伟, 印莉萍. 基因组学相关概念及其研究进展. 生物学通报, 2000, (11): 1-3.

[2] 赵晋平, 徐平丽, 孟静静, 等. 从结构基因组学到功能基因组学. 生命科学研究, 2006, (S1): 57-61.

[3] 韩赞平. 玉米种子活力相关性状 QTL 定位及相关基因的克隆.郑州: 河南农业大学硕士学位论文, 2014.

[4] Hurd PJ, Nelson CJ. Advantages of next generation sequencing versus the microarray in epigenetic research. Briefings in Functional Genomics, 2009, 8(3): 174-183.

[5] Malone JH, Oliver B. Microarrays, deep sequencing and the true measure of the transcriptome. BMC Biology, 2011, 9: 34.

[6] Wang Z, Gerstein M, Snyder M. RNA-seq: a revolutionary tool for transcriptomics. Nature Reviews Genetics, 2009, 10(1): 57-63.

[7] Mutz KO, Heilkenbrinker A, Lönne M, et al. Transcriptome analysis using next-generation sequencing. Current Opinion in Biotechnology, 2013, 24(1): 22-30.

[8] 贾琪, 吴名耀, 梁康迳, 等. 基因组学在作物抗逆性研究中的新进展. 中国生态农业学报, 2014, 22(4): 375-385.

[9] 林勇翔. 豆科和禾本科植物热激转录因子基因家族的分子进化研究. 合肥: 安徽农业大学博士学位论文, 2013.

[10] 晏仲元. 甘蓝型油菜花叶性状的遗传及基因定位. 武汉: 华中农业大学硕士学位论文, 2011.

[11] 韩德鹏, 周灿, 郑伟, 等. 甘蓝型油菜主花序性状全基因组关联分析. 核农学报, 2018, 32(3): 463-476.

[12] 李春宏, 付三雄, 戚存扣. 应用基因芯片分析甘蓝型油菜柱头特异表达基因. 植物学报, 2014, 49(3): 246-253.

[13] Kebede B, Rahman H. Quantitative trait loci (QTL) mapping of silique length and petal colour in *Brassica napus*. Plant Breeding, 2015, 133(5): 609-614.

[14] 邢乃林. 油菜杂交种亲本选择及含油量与角果性状 QTL 定位. 武汉: 华中农业大学博士学位论文, 2014.

[15] 洪美艳. 甘蓝型油菜种皮颜色基因的精细定位与种皮转录组分析. 武汉: 华中农业大学博士学位论文, 2017.

[16] 马爱芬, 王雯, 李加纳, 等. 甘蓝型油菜种子发芽率 QTL 定位及相关生理性状. 遗传, 2009, 31(2): 206-212.

[17] Li ZJ, Zhang PP, Lv JJY, et al. Global dynamic transcriptome programming of rapeseed (*Brassica napus* L.) anther at different development stages. PLoS One, 2016, 11(5): e0154039.

[18] 高桂珍, 应菲, 陈碧云, 等. 热胁迫过程中白菜型油菜种子 DNA 的甲基化. 作物学报, 2011,

37(9): 1597-1604.

[19] 赵娜. 甘蓝型油菜抗寒生理特性及相关性状的 QTL 定位. 杨凌: 西北农林科技大学硕士学位论文, 2017.

[20] 王丹丹. 甘蓝型油菜遗传图谱构建及苗期耐旱相关性状的 QTL 定位. 重庆: 西南大学硕士学位论文, 2014.

[21] Zou XL, Zeng L, Guang YL, et al. Comparison of transcriptomes undergoing waterlogging at the seedling stage between tolerant and sensitive varieties of *Brassica napus* L. Journal of Integrative Agriculture, 2015, 14(9): 1723-1734.

[22] Yong HY, Wang CL, Bancroft I, et al. Identification of a gene controlling variation in the salt tolerance of rapeseed (*Brassica napus* L.). Planta, 2015, 242(1): 313-326.

[23] 汪京超. 基于转录组学的油菜镉胁迫响应机制研究. 重庆: 西南大学硕士学位论文, 2016.

[24] Khavarinejad RA , Najafi F, Angaji SA, et al. Differential gene expression profiling in two cultivars of colza under aluminum stress (*Brassica napus* L.). Advances in Environmental Biology, 2013, 7(9): 2567-2572.

[25] 赵波. 甘蓝型油菜矮秆基因定位、克隆及功能分析. 武汉: 华中农业大学博士学位论文, 2017.

[26] Miller, Charlotte. The genetic control of stem mechanical properties in *Brassica napus* and wheat. University of East Anglia, 2014.

[27] 韦淑亚. 甘蓝型油菜菌核病抗性相关基因 cDNA 文库构建及评价. 武汉: 华中农业大学硕士学位论文, 2005.

[28] Li L, Luo Y, Chen B, et al. A genome-wide association study reveals new loci for resistance to clubroot disease in *Brassica napus*. Front Plant Sci, 2016, 7: 1483.

[29] Long YM, Wang ZN, Sun ZD, et al. Identification of two blackleg resistance genes and fine mapping of one of these two genes in a *Brassica napus* canola cultivar 'Surpass 400'. Theoretical and Applied Genetics, 2011, 122(6): 1223-1231.

[30] Shen YF, Sun S, Hua S, et al. Analysis of transcriptional and epigenetic changes in hybrid vigor of allopolyploid *Brassica napus* uncovers key roles for small RNAs. Plant J, 2017, 91(5): 874-893.

[31] 耿鑫鑫. 甘蓝型油菜粒重候选基因筛选及转录组分析. 北京: 中国农业科学院博士学位论文, 2016.

[32] Liu J, Hao WJ, Liu J, et al. A novel chimeric mitochondrial gene confers cytoplasmic effects on seed oil content in polyploid rapeseed (*Brassica napus* L.). Molecular Plant, 2019. 12(4): 582-596.

[33] 陈丽. 甘蓝型油菜株型及角果长度相关 miRNA 和靶基因的挖掘. 武汉: 华中农业大学博士学位论文, 2018.

[34] 汪文祥, 胡琼, 梅德圣, 等. 甘蓝型油菜分枝角度主基因+多基因混合遗传模型及遗传效应. 作物学报, 2016, 42(8): 1103-1111.

[35] 李施蒙. 甘蓝型油菜种子硫苷含量和脂肪酸组分全基因组关联分析. 重庆: 西南大学硕士学位论文, 2016.

[36] Wang ZW, Qiao Y, Zhang JJ, et al. Genome wide identification of microRNAs involved in fatty acid and lipid metabolism of *Brassica napus* by small RNA and degradome sequencing. Gene, 2017, 619: 61-70.

[37] 王书. 饲用油菜植株营养品质性状的关联分析. 重庆: 西南大学硕士学位论文, 2016.

[38] 刘茜琼. 甘蓝型油菜温敏核不育系 SP2S 细胞学观察及转录组分析. 杨凌: 西北农林科技大学硕士学位论文, 2018.

[39] 王丽侠. 拟南芥与油菜比较基因组学的初步研究与应用. 武汉: 华中农业大学硕士学位论文, 2001.

[40] 许兰珍, 何永睿, 姜国金, 等. cDNA 文库构建及其在植物抗性研究中的应用. 安徽农业科学, 2007, (3): 660-662, 664.

[41] Gubler U, Hoffman BJ. A simple and very efficient method for generating cDNA libraries. Cene, 1983, 25(2-3): 263-269.

[42] 骆蒙, 孔秀英, 贾继增. 几种 cDNA 差减文库构建方法的比较. 生物技术通报, 2000, (6): 14-17.

[43] Zhang ZQ, Xiao G, Liu RY, et al. Efficient construction of a normalized cDNA library of the high oleic acid rapeseed seed. African Journal of Agricultural Research, 2011, 6(18): 4288-4292.

[44] 肖钢, 张秀英, 张振乾, 等. 甘蓝型油菜种子不同发育期基因差异表达 cDNA 文库构建. 湖南农业大学学报(自然科学版), 2008(5): 513-518.

[45] White A, Todd J, Newman T, et al. A new set of Arabidopsis expressed sequence tags from developing seeds. The metabolic pathway from carbohydrates to seed oil. Plant Physiology, 2000, 124(4): 1582-1594.

[46] Caelles C, Ferrer A, Balcells L, et al. Isolation and structural characterization of a cDNA encoding *Arabidopsis thaliana* 3-hydroxy-3-methylglutaryl coenzyme a reductase. Plant Molecular Biology, 1989, 13(6): 627-638.

[47] 刘春, 王显生, 麻浩, 等. 大豆种子贮藏蛋白亚基含量变异种质的筛选与创制. 湖南农业大学学报(自然科学版), 2008, (3): 249-255.

[48] Breen J, Crouch M. Molecular analysis of a cruciferin storage protein gene family of *Brassica napus*. Plant Molecular Biology, 1992, 19(6): 1049-1055.

[49] Walker AR, Davison PA, Bolognesi-Winfield AC, et al. The transparent testa glabra1 locus, which regulates trichome differentiation and anthocyanin biosynthesis in *Arabidopsis*, encodes a WD40 repeat protein. Plant Cell, 1999, 11(7): 1337-1349.

[50] 张振乾, 常涛, 王晓丹, 等. 高油酸油菜成熟期种子转录组分析. 分子植物育种, 2018, 16(6): 1731-1745.

[51] Hunt MC, Alexson SEH. The role Acyl-CoA thioesterases playin mediating intracellular lipid metabolism. Prog Lipid Res, 2002, 41(2): 99-130.

[52] Guan M, LiX, Guan CY. Microarray analysis of differentially expressed genes between *Brassica napus* strains with high- and low-oleic acid contents. Plant Cell Reports, 2012, 31(5): 929-943.

[53] 刘凯, 肖刚, 张振乾, 等. 5 个与脂肪酸代谢相关基因在油菜不同生育期表达量. 生物学杂志, 2016, 33(1): 32-34, 48.

[54] 胡庆一, 肖刚, 张振乾, 等. 9 个光合作用相关基因在高油酸油菜近等基因系不同生育期中的表达研究. 作物杂志, 2015, (4): 11-15.

[55] Reinhart BJ, Weinstein EG, Rhoades MW, et al. MicroRNAs in plants. Genes Dev, 2002, 16(13): 1616-1626.

[56] 刘芳, 刘睿洋, 彭烨, 等. 甘蓝型油菜 *BnFAD2-C1* 基因全长序列的克隆、表达及转录调控元件分析. 作物学报, 2015, 41(11): 1663-1670.

[57] 王晓丹, 胡庆一, 张振乾, 等. 不同肥密条件对甘蓝型油菜叶绿素含量及脂肪酸合成相关基因表达量影响的研究. 华北农学报, 2018, 33(1): 127-134.

[58] Pfaffl MW. A new mathematical model for relative quantification in real-time RT-PCR. Nucleic Acids Research, 2001, 29(9): 45.

[59] 叶晓帆. *YUCCA* 基因的克隆及其水稻转基因研究. 金华: 浙江师范大学硕士学位论文, 2012.

[60] Peng Q, Hu Y, Wei R, et al. Simultaneous silencing of *FAD2* and *FAE1* genes affects both oleic acid and erucic acid contents in *Brassica napus* seeds. Plant Cell Rep, 2010, 29(4): 317-325.

[61] Browse J, McCourt PJ, Somerville CR. Fatty acid composition of leaf lipids determined after combined digestion and fatty acid methyl ester formation from fresh tissue. Anal Biochem, 1986, 152(1): 141-145.

[62] Carlsson AS, LaBrie ST, Kinney AJ, et al. A KAS2 cDNA complements the phenotypes of the Arabidopsis *fab1* mutant that differs in a single residue bordering the substrate binding pocket. Plant J, 2002, 29(6): 761-770.

[63] Pidkowich MS, Nguyen HT, Heilmann I, et al. Modulating seed beta-ketoacylacyl carrier protein synthase II level converts the composition of a temperate seed oil to that of a palm-like tropical oil. Proc Natl Acad Sci USA, 2007, 104(11): 4742-4747.

[64] Moreno-Pérez AJ, Venegas-Calerón M, Vaistij FE, et al. Reduced expression of *FatA* thioesterases in *Arabidopsis* affects the oil content and fatty acid composition of the seeds. Planta, 2011, 235(3): 629-639: 1-11.

[65] de Azevedo Souza C, Kim SS, Koch S, et al. A novel fatty Acyl-CoA synthetase is required for pollen development and sporopollenin biosynthesis in *Arabidopsis*. Plant Cell, 2009, 21(2): 507-525.

[66] 郎春秀, 王伏林, 吴学龙, 等. 油菜种子低亚油酸和亚麻酸含量异交稳定技术的建立. 核农学报, 2016, 30(9): 1716-1721.

[67] Schierholt A, Becker H, Ecke W. Mapping a high oleic acid mutation in winter oilseed rape (*Brassica napus* L.) . TAG Theoretical and Applied Genetics, 2000, 101(5): 897-901.

[68] 刘芳, 刘睿洋, 官春云. *BnFAD2*、*BnFAD3* 和 *BnFATB* 基因的共干扰对油菜种子脂肪酸组分的影响. 植物遗传资源学报, 2017, 18(2): 290-297.

[69] 王晓丹, 陈浩, 张振乾, 等. 2 个抗病相关基因与高油酸油菜病害关系分析. 核农学报, 2019, 33(5): 894-901.

[70] 李丽丽. 世界油菜病害研究概述. 中国油料作物学报, 1994, (1): 79-81, 88.

[71] Lydiate DJ, Pilcher RL, Higgins EE, et al. Genetic control of immunity to *Turnip mosaic virus* (TuMV) pathotype 1 in *Brassica rapa* (Chinese cabbage). Genome, 2014, 57(8): 419.

[72] Carlsson M, Von BR, Merker A. Screening and evaluation of resistance to downy mildew (*Peronospora parasitica*) and clubroot (*Plasmodiophora brassicae*) in genetic resources of *Brassica oleracea*. Hereditas, 2010, 141(3): 293-300.

[73] 官春云. 优质油菜生理生态和现代栽培技术. 北京: 中国农业出版社, 2013.

[74] 官梅, 李栒. 高油酸油菜品系农艺性状研究. 中国油料作物学报, 2008, 30(1): 25-28.

[75] Dong X, Yi H, Lee J, et al. Global gene expression analysis to identify differentially expressed genes critical for the heat stress response in *Brassica rapa*. PLoS One, 2015, 10(6): e0130451.

[76] Prodromou C. Mechanisms of Hsp90 regulation. Biochemical Journal, 2016, 473(16): 2439-2452.

[77] Wang P, Sun X, Jia X, et al. Apple autophagy related protein MdATG3s afford tolerance to multiple abiotic stresses. Plant Science, 2017, 256: 53-64.

[78] 刘洋, 张静, 王秋玲, 等. 植物细胞自噬研究进展. 植物学报, 2018, 53(1): 5-16.

[79] Rose TL, Bonneau L, Der C, et al. Starvation induced expression of autophagy-related genes in *Arabidopsis*. Biology of the Cell, 2012, 98(1): 53-67.

[80] 刘胜毅. 油菜抗菌核病草酸鉴定方法. 中国油料, 1994(增刊): 75-76.

[81] 秦虎强, 高小宁, 韩青梅, 等. 油菜菌核病发生流行与菌源量、气候因子关系分析及病情预测模型的建立. 植物保护学报, 2018, 45(3): 496-502.

[82] de Winter JC, Gosling SD, Potter J. Comparing the pearson and spearman correlation coefficients across distributions and sample sizes: a tutorial using simulations and empirical data. Psychol Methods, 2016, 21(3): 273-290.

[83] 王亚军. 相关系数与决定系数辨析. 中国科学技术期刊编辑学会//长江流域暨西北地区科技期刊协作网 2008 年学术年会论文集. 西安: 科技编辑研究, 2008: 74-77.

[84] 种康, 谭克辉, 白书农. 高等植物开花调控的分子基础. 北京: 科学出版社, 1999, 563-578.

[85] 马田田. 甘蓝型油菜抗菌核病 QTL 定位及相关基因表达分析. 南京: 南京农业大学硕士学位论文, 2012.

[86] 李冬艳. 番茄抗多种病害及耐贮种质资源的筛选. 哈尔滨: 东北农业大学硕士学位论文, 2016.

[87] Niu JS, Liu J, Ma WB, et al. The relationship of methyl jasmonate enhanced powdery mildew resistance in wheat and the expressions of 9 disease resistance related genes. Agricultural Science & Technology, 2011, 12(4): 504-508.

[88] 黄启秀, 曲延英, 姚正培, 等. 海岛棉枯萎病抗性与类黄酮代谢途径基因表达量的相关性. 作物学报, 2017, 43(12): 1791-1801.

[89] 谷晓娜, 刘振库, 王丕武, 等. hrpZ Psta 转基因大豆中定量表达与疫霉根腐病和灰斑病抗性相关研究. 中国油料作物学报, 2015, 37(1): 35-40.

[90] Barkley NA, Chamberlin KDC, Wang ML, et al. Development of a real-time PCR genotyping assay to identify high oleic acid peanuts (*Arachis hypogaea* L.). Molecular Breeding, 2010, 25(3): 541-548.

[91] Barkley NA, Wang ML, Pittman RN. A real-time PCR genotyping assay to detect *FAD2A* SNPs in peanuts (*Arachis hypogaea* L.). Electronic Journal of Biotechnology, 2011, 14(1): 9-10.

[92] 杜建中, 孙毅, 王景雪, 等. 转基因抗矮花叶病玉米的遗传、表达及抗 z 病性研究. 生物技术通讯, 2008, 19(1): 43-46.

第三章　高油酸油菜蛋白质组学研究

生物的结构和功能都是由遗传信息决定的，而遗传信息通过 DNA 转录传递给 RNA，再从 RNA 翻译给蛋白质。蛋白质产生后，又会进行一系列的化学修饰及相互作用，对于大部分的蛋白质来说，这是蛋白质生物合成的下游步骤。

1985 年，美国能源部第一次对人类基因组全序列进行了讨论，并形成了人类基因组计划（Human Genome Project，HGP）草案。1986 年，诺贝尔奖获得者 Dulbecco[1]在 *Science* 杂志上率先提出了人类基因组计划，并于 1990 年正式启动，2003 年 4 月正式完成。

随着人类基因组计划的逐步完成，科学家们又进一步提出了后基因组计划，蛋白质组（proteome）研究是其中一个很重要的内容。蛋白质组学是以蛋白质组为研究对象，研究细胞、组织或生物体蛋白质组成及其变化规律的科学，是当前研究的热点。

第一节　蛋白质组学及其在作物研究中的应用

一、蛋白质组学简介

（一）蛋白质组学定义

蛋白质组学（proteomics）一词，源于蛋白质（protein）与基因组学（genomics）两个词的组合，这个概念最早是由 Marc Wilkins 在 1995 年提出的，是指由一个基因组（genome），或一个细胞、组织表达的所有蛋白质[2]。1997 年，由 M.R. Wilkins 和 K.L. Williams 等将蛋白质组定义为：一个基因组所表达的全部蛋白质。1999 年最后一期的 *Nature* 杂志将蛋白质组进一步定义为：在一个细胞整个生命活动中由基因组表达及修饰的全部蛋白质。

蛋白质组学目前更为全面的定义为：一个基因组、一个细胞或组织、一种生物体所表达的全部蛋白质组成、存在形式、活动方式及时空动态。蛋白质组学主要研究蛋白质的表达水平、翻译后修饰、蛋白质与蛋白质相互作用等内容，以期在整体蛋白质表达水平上认识细胞发生不正常状态的机制和代谢过程[3]。

（二）蛋白质组学与其他组学的关系

Omics 是"组学"的英文称谓，目前主要包括四大组学：基因组学（genomics）、转录组学（transcriptomics）、代谢组学（metabolomics）和蛋白质组学（proteinomics）。综合多组学数据对生物过程从基因、转录、蛋白质和代谢水平进行全面、深入的阐释，包括原始通路的分析及新通路的构建，反映出组织器官功能和代谢状态，可更好地对生物系统进行全面了解。

1. 蛋白质组学与基因组学

基因组学是指对所有基因进行基因组作图（包括遗传图谱、物理图谱、转录图谱）、核苷酸序列分析、基因定位和基因功能分析的一门科学，主要包括以全基因组测序为目标的结构基因组学和以基因功能鉴定为目标的功能基因组学两方面的内容[4]。

基因虽是遗传信息的源头，但功能性蛋白是基因功能的执行体。基因组计划为生物有机体全体基因序列的确定、为未来生命科学研究奠定了坚实的基础。基因组基本上是固定不变的，一个有机体只有一个确定的基因组[5,6]；蛋白质组是动态的，且其与基因组学并非一一对应关系。蛋白质组能够在细胞和生命有机体的整体水平上阐明生命现象的本质和活动规律，在同一个机体的不同组织和不同细胞中不同；在同一机体的不同发育阶段，直至最后消亡的全过程中也在不断变化；在不同生理状态下不同；在不同外界环境下也是不同的[6,7]。

2. 蛋白质组学与转录组学

转录组学是从 RNA 水平研究基因表达的情况，转录组即一个活细胞所能转录出来的所有 RNA 的总和，是研究细胞表型和功能的一个重要手段[8]。转录组学和蛋白质组学都是研究生物体转录调控的重要工具。mRNA 翻译为蛋白质的过程中会发生很多转录后调控事件，因此，联合分析转录组和蛋白质组的表达情况，可更好地研究转录后调控机制，挖掘关键基因和蛋白质。

3. 蛋白质组学与代谢组学

代谢组学则是继转录组学和蛋白质组学之后发展起来的另一门重要的学科，是一种研究小分子代谢产物及其变化规律的科学，对生物体内所有代谢物进行定量分析，可及时而全面地分析出生物系统在某一特定阶段存在的复杂的代谢物质，并能对这些物质进行定性及定量的检测，反映内外因变化对系统代谢造成的影响[9,10]，是系统生物学的组成部分。

生物代谢产生的小分子结构与蛋白质的形成和功能的行使有着密切的联系，翻译形成的蛋白质如酶等，能够促进或抑制代谢产物的形成，从而增进或抑制代谢所需能量的产生，影响遗传信息的表达。将蛋白质组和代谢组整合分析，研究并发掘共同参与的、与研究目的相关的代谢通路，可直观地阐述代谢物发生变化的原因，有利于调控机制的阐释与生物标记物的发掘。

（三）蛋白质组学发展简介

1996 年，澳大利亚建立了世界上第一个蛋白质组研究中心——Australia Proteome Analysis Facility（APAF）。之后，丹麦、加拿大、日本也先后成立了蛋白质组研究中心。在美国，各大药厂和公司在巨大财力的支持下，也纷纷加入蛋白质组的研究阵容。在瑞士成立的 GeneProt 公司，是由以蛋白质组数据库"SWISSPROT"著称的蛋白质组研究人员成立的，以应用蛋白质组技术开发新药物靶标为目的，建立了配备有上百台质谱仪的高通量技术平台。而当年提出 Human Protein Index 的美国科学家 Normsn G. Anderson 也成立了类似的蛋白质组学公司，继续其多年未实现的梦想。2001 年 4 月，在美国成立了国际人类蛋白质组研究组织（Human Proteome Organization，HUPO），随后欧洲、亚太地区都成立了区域性蛋白质组研究组织，试图通过合作的方式，融合各方面的力量，完成人类蛋白质组计划（Human Proteome Project）[2]。随后，世界各国纷纷开展了不同生物间的蛋白质组学研究。

（四）蛋白质组学分类

蛋白质组学可分为：表达蛋白质组学、相互作用蛋白质组学和结构蛋白质组学（图3-1）。①表达蛋白质组学（expression proteomics or differential display proteomics）

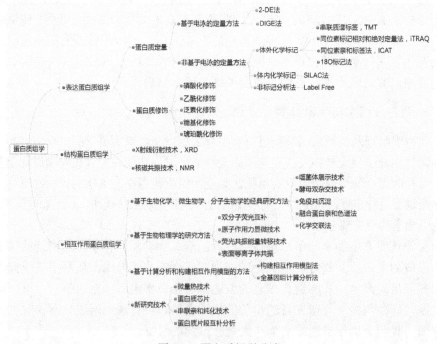

图3-1　蛋白质组学分类

是在整体水平上研究细胞蛋白质表达丰度变化的科学，包括分离复杂的蛋白质混合物、鉴定各个组分性质和系统定量分析。在蛋白质定量研究方面，其目前主要依赖于双向凝胶电泳技术和图像分析技术；在蛋白质修饰方面，主要分为磷酸化、乙酰化、泛素化和琥珀酰化等翻译后修饰。②相互作用蛋白质组学也称细胞图谱蛋白质组学（protein-protein interactions'cell-map proteomics），是研究蛋白质遗传和物理相互作用，以及蛋白质与核酸或小分子间相互作用的科学。酵母双杂交技术、噬菌体展示技术、核糖体展示技术和 RNA-肽融合技术等是研究相互作用蛋白质组的关键技术。③结构蛋白质组学（structural proteomics）是预测蛋白质三维结构的科学，主要包括蛋白质结构储存、提交、比较和预测等[3]。

二、蛋白质组学在作物中的应用情况

（一）油菜蛋白质组学研究情况

1. 不同材料

1）突变体与野生材料

刘蕊[11]以 2-DE 法研究花青素易诱导甘蓝型油菜突变体 *as* 和甘蓝型油菜幼苗叶片的蛋白表达谱，检测到 32 个达到 1.5 倍差异的蛋白点，经鉴定分析这些差异蛋白与花青素合成，以及与植物应对冷、盐、水分、重金属离子等非生物胁迫和病原菌侵染的生物胁迫响应有关。

闫桂霞[12]利用 iTRAQ 技术在甘蓝型油菜叶绿素缺失突变体中共鉴定到 5069 个蛋白质，突变体 *cde1* 和相应野生型中蛋白质含量有显著差异的共 443 个，其中 228 个上调，215 个下调。

2）近等基因系材料

Wang 等[13]用 iTRAQ 技术研究了一组高油酸油菜近等基因系材料，总共鉴定了 24 755 种肽、14 455 种独特肽和 4726 种蛋白质。

3）三系中的应用

黄飞[14]使用 2-DE 法进行了同一时期单显性核不育油菜的不育系和可育系花蕾中蛋白质表达差异分析，在不育系花蕾中检测到蛋白质点总数为 326 个，可育系中总数为 383 个，共有的点为 223 个。可育系中表达的特有蛋白质分子质量主要分布在 60kDa 以下小分子区域，30kDa 尤为丰富；不育系中表达的特有蛋白质按分子质量分布相对均匀。两者表达的特有蛋白都相对集中在 pI 6.0~7.5。

张菁雯[15]建立了 SP2S 花蕾蛋白质的双向电泳体系，并利用该体系对不育系 SP2S 和近等基因系 SP2F 的减数分裂时期及单核期的花蕾总蛋白进行双向电泳，得到重复性较好的电泳图谱。

4）病虫害

Cao 等[16]使用 TMT 标记法分析了接种核盘菌野生型菌株 1980、非致病性突变菌株 Ep-1PB 和空琼脂栓作为对照的油菜叶片蛋白质组，共 79 299 种和 173 种蛋白质在 Ep-1PB-和模拟接种的叶片、1980 和模拟接种的叶片，以及 1980 和 Ep-1PB 接种的叶片之间持续差异表达。

2. 不同部位

1）花粉

Sheoran 等[17]使用 DIGE 技术研究了甘蓝型油菜成熟花粉和体外发芽花粉在花粉萌发中的功能，检测到 344 个差异蛋白点，其中 130 个鉴定成功。

李春宏等[18]以甘蓝型油菜柱头授粉功能缺失的突变体 FS-M1 及其野生型（‘宁油 10 号’）柱头差异蛋白的表达，结合质谱（MALDI-TOF-TOF/MS）分析与蛋白质数据检索技术，获得了甘蓝型油菜野生型柱头显著上调且可鉴定的蛋白质 33 个，包括抗胁迫/防御、氧化还原反应平衡调节、碳水化合物代谢、蛋白质水解、蛋白质折叠、氨基酸和氮代谢、核苷酸代谢等 7 类功能蛋白。

2）种子

孔芳等[19]使用 SDS-PAGE 法对芸薹属 3 个基本种（白菜型油菜、甘蓝与甘蓝型油菜）和 3 个复合种（黑芥、芥菜型油菜和埃塞俄比亚芥）的种子储藏蛋白亚基组成进行分析发现，不同种间的种子储藏蛋白具有一定的差异，6 个种共有 24 条亚基带，并各自具有特征蛋白谱带。

3）种皮

万华方[20]用 SDS-PAGE 法对处在相同发育时期的近等基因系黑籽（L1）、黄籽（L2）油菜种皮蛋白进行分析发现，油菜种皮蛋白多分布于分子质量 10~105kDa。近等基因系的甘蓝型黄籽、黑籽油菜在相同的发育时期，生理代谢有很高的相似性，同时又都有各自的特异蛋白点。

4）叶

袁金海等[21]利用双向电泳技术，以 5 叶期油菜叶片为对象，在两种不同提取液中，监测到具有显著差异的蛋白点 339 个，其中表达量变化在 2 倍以上的蛋白点为 46 个。

5）根

牛银银[22]初步建立了适用于研究油菜根系分泌蛋白的无菌水培体系和根系分泌蛋白的提取方法并获取了纯度较高的根系分泌蛋白，通过双向电泳技术将其分离，得到了重复性较好的凝胶图谱。通过质谱分析，成功鉴定了 2 个蛋白点。

3. 不同处理

1）温度

蒲媛媛[23]使用 2-DE 法对经过 12h 低温处理的白菜型冬油菜叶片中的蛋白质组进行了差异分析，发现共有 56 个差异蛋白点在表达量上发生了改变，其中 34 个蛋白点表达上调，22 个蛋白点表达量下降。

王道平等[24]使用质谱非标（label-free）定量分析和平行反应监测（parallel reaction monitoring，PRM）研究用表油菜素内酯（EBR）浸泡处理并 4℃胁迫培养和 26℃正常培养水稻幼苗蛋白，最终共鉴定出 5778 个蛋白质，其中，在有定量信息的 4834 个蛋白质中，401 个上调蛋白和 220 个下调蛋白与表油菜素内酯影响水稻幼苗响应低温胁迫有关。

2）营养

余永芳等[25]及赵丹丹[26]使用 2-DE 法，以油菜品种'中油 821'为材料，对经足磷和缺磷处理 30d 的幼苗叶片进行蛋白质组差异分析发现，缺磷处理下显著差异的点有 38 个，19 个蛋白点表达量发生显著上调，19 个蛋白点下调表达，说明逆境下植物体可通过多种蛋白质的协调作用来适应外界环境的变化。

王志芳[27]用双向凝胶电泳法，以硼高效油菜品种'青油 10 号'根系为材料，得到 59 个低硼胁迫诱导差异表达蛋白，鉴定出 46 个低硼响应蛋白，分为抗氧化与解毒代谢、抗逆相关蛋白、信号转导与调控、碳水化合物与能量代谢、氨基酸与脂肪酸代谢、蛋白质翻译与降解、细胞壁结构、转运蛋白及功能未知蛋白等。

3）水分

王力敏[28]使用 DIGE 技术结合质谱技术对不同程度干旱胁迫下的油菜叶片进行比较蛋白质组学分析，共鉴定了 138 个干旱应答的差异丰度蛋白点，代表 98 种不同的蛋白质。其中，轻度干旱胁迫鉴定了 85 个蛋白质，重度干旱胁迫鉴定了 107 个蛋白质。

董小云等[29]采用差异蛋白质组学、生物信息学等方法对干旱胁迫下白菜型冬油菜进行分析，发现 343 个蛋白点表达量发生了显著变化，其中表达量变化在 8 倍以上的差异蛋白点 21 个，上调表达的蛋白点有 9 个，下调表达的蛋白点有 8 个。LC-MS/MS 液相-质谱鉴定出 21 个蛋白质，参与碳代谢、次生代谢、乙醛酸/二羟酸代谢、光合固碳过程、氨基酸生物合成、氮代谢、蛋白质合成与加工、脂肪酸代谢等细胞过程。

（二）其他作物蛋白质组学研究情况

1. 水稻

陈琳等[30]采用 TMT 标记技术分析了不同浓度铁处理下水稻韧皮部汁液的蛋

白质组学变化，共鉴定出 206 个差异蛋白，其中 54 个蛋白质表达丰度上调，152 个蛋白质表达丰度下调。

张敏娟等[31]利用 iTRAQ 技术分析生长至分蘖早期的野生型和 dlt3 突变体水稻，在 dlt3 突变体中鉴定到 330 个差异表达蛋白，其中上调表达的蛋白点有 222 个，下调表达的蛋白点 108 个。

2. 小麦

Yahata 等[32]用 2-DE 法分析了 4 个不同的日本小麦品种和 4 个不同的加拿大小麦品种面粉蛋白表达谱，发现 25 个蛋白质是小麦品种所特异表达的。张高明[33]对 K 型温敏雄性不育小麦 KTM3315A 花药进行 iTRAQ 蛋白质组的测序分析，总共获得超过 186 000 个波谱、11 292 个肽段，对不同样品中的蛋白质进行差异富集比较和分析，根据测得样品中蛋白质的富集情况，分析得到 4639 个差异蛋白。周正富等[34]建立了普通小麦成熟籽粒蛋白双向电泳体系，为小麦籽粒蛋白质组学研究和品质相关基因的分离提供了技术支撑。

3. 大豆

Hajduch 等[35]用 2-DE 法在大豆品种 Maverick 开花后 14d、21d、28d、35d 和 42d 分析了其种子蛋白，鉴定出 216 个独立的蛋白质，82 个蛋白质与代谢有关，52 个蛋白质点为种子储藏蛋白 β-伴大豆球蛋白（7S）和大豆球蛋白（11S）。曾维英等[36]以高抗材料赶泰-2-2（HR）和高感材料皖 82-178（HS）为研究对象，运用 RNA-Seq 技术和 iTRAQ 技术鉴定出豆卷叶螟幼虫取食诱导 0 h 和 48 h 时样品间的差异表达基因（DEG）和差异表达蛋白（DEP）。Okinaka 等[37]利用酵母双杂交技术对大豆 cDNA 文库中具有 97%同源性的蛋白质 P42-1 和 P42-2 进行了研究，发现 P42-2 是 P34 Syringolide 受体的第二信使的一个主要成员。

4. 玉米

张智敏等[38]利用 Nano UHPLC-MS/MS 质谱技术对玉米早期发育的花药在蛋白质组和磷酸化蛋白质组水平进行全面分析，以探究玉米花药发育过程中的蛋白调控网络和磷酸化修饰调控网络。在蛋白质组学分析中，共鉴定到了 3016 个多肽，匹配到 1032 个蛋白质上。

王秀玲等[39]采用 2-DE 法研究玉米苗期受淹后叶片的蛋白质组学差异，利用图像分析获得 12 个差异蛋白点，经鉴定得到 9 种蛋白质。

5. 棉花

侯晓梦等[40]采用 iTRAQ 技术对人工打顶和化学打顶处理的打顶后 20d 的主茎功能叶进行差异蛋白质组学分析，检测到 69 个差异表达蛋白，其中 29 个上调表达、40 个下调表达，碳水化合物和能量代谢相关的蛋白质多下调表达，降低了植株的长势；与 GA 调节正相关的蛋白质多上调表达，增强了 GA 效应。

邹甜[41]使用 iTRAQ 定量蛋白质组学技术，在'中棉所 12'和'国抗棉 1 号' 2 个不同耐涝渍能力品种中共筛选到 407 个差异表达蛋白。

6. 烟草

Rohila 等[42]应用串联亲和纯化技术（TAP）在瞬时表达系统中分离烟草叶片交联蛋白质复合物，成功分离出 Hsp70 和 Hsp90 两个互作蛋白。徐莹等[43]采用串联质量标签技术（tandem mass tag，TMT）标记，结合二维液相色谱串联质谱技术（2D LC-MS/MS）对酶解后的 3 个主栽烟草品种叶片的蛋白质组成进行分析，发现蛋白质 Group 总数为 3079，蛋白质 ID 数为 10 343。尤垂淮等[44]建立了烟草叶片蛋白质双向电泳技术体系。

第二节　高油酸油菜双向电泳分析

一、双向电泳简介

（一）定义

双向凝胶电泳由 O'Farrel、Klose 和 Scheele 等于 1975 年发明，原理是：第一向基于蛋白质的等电点不同用等电聚焦分离，具有相同等电点的蛋白质无论其分子大小，在电场的作用下都会用聚焦在某一特定位置即等电点处；第二向则按分子质量的不同用 SDS-PAGE 分离，把复杂蛋白混合物中的蛋白质在二维平面上分开。

（二）染色

1. 银染法

银染法有两种，经典银染法和与质谱兼容的银染法。经典的银染方法操作简单，重复性好，应用较为广泛，比考马斯亮蓝 R-250 染色法灵敏度高 100 倍，并且可检测到凝胶中的重要糖基化蛋白[3,45]。但因不能与质谱兼容，应用受到较大影响。

近年来，开发出一种可与质谱兼容的银染法，在该方法中，用于质谱分析的凝胶上的蛋白质必须保持未被修饰状态，因而在银染过程中通常使用的敏化试剂（如戊二醛和强氧化剂）都不能使用。这种方法缺少氧化过程，对糖基化蛋白、脂蛋白的检测没有传统银染方法灵敏[46]。

在实际应用中也有采用两种染色方法结合的方法来进行染色，如考染-银染复合染色法等都有较好的效果。另外,也有一些新的染料(如 SYPRO Ruby 和 Bio-Rad silver Stain Plus 等）与质谱有非常好的兼容性，且灵敏度高。

2. 考马斯亮蓝染色法

考马斯亮蓝染色法比传统的银染法和质谱分析的兼容性好，应用较为广泛，但传统的考马斯亮蓝染色法操作时间长、灵敏度低，因而近年来开发出不少考马斯亮蓝染色新方法。

传统的考马斯亮蓝染色，脱色时间长，因此采用加热的方法进行了改进，即快速考马斯亮蓝染色方法[47]。该方法虽灵敏度不高，但操作简单，需要的时间短，脱色液经活性炭处理后可重复使用，重复性好，适合定量分析，且与质谱的兼容性很好。

胶体考马斯亮蓝染色[48]的原理是：胶体态的染料保持在胶外，只有少量自由态染料渗入凝胶基质，且仅对胶上蛋白质染色，从而获得无背景或很低背景的染色效果。该方法染色时间较长，平均需用 1~2d 完成，灵敏度低（最低限度为 8~10ng），但因其操作简单、脱色时间短、与质谱匹配度好，一直被广泛使用。

（三）图像采集及质谱分析

蛋白样品经过双向电泳后，在凝胶上分离成一个个的蛋白点，经过扫描成像再用 PDQest 等软件对图像进行分析或比对，找出差异点，以供后续质谱鉴定。根据分析结果，确定需要研究的蛋白点，用解剖刀片或自动切胶仪切下，装在小离心管中，根据不同染色法采用不同的脱色方法脱色、胰蛋白酶酶解、质谱分析和数据库检索（NCBInr 和 Swissprot 数据库）等，确定蛋白点的名称及类别等。

质谱技术主要分为：①电子轰击质谱（EI-MS）；②场解吸附质谱（FD-MS）；③快原子轰击质谱（FAB-MS）；④基质辅助激光解吸附飞行时间质谱（MALDI-TOFMS）；⑤电子喷雾质谱（ESI-MS）等。

二、普通 2-DE 法与 DIGE 技术

（一）普通 2-DE 法

普通 2-DE 法可一次从细胞、组织或其他生物样本中分离上千个蛋白质，凝胶上的斑点都对应着样品中的蛋白质，且各个蛋白质的等电点、分子质量和含量的信息都能通过质谱鉴定和软件分析获得，在蛋白质组学研究初期应用最广泛。

该方法的优点：①对未处理样本耐受性好；②与后续分析技术兼容性好；③可大规模筛选和分析多个样本。不足之处：①重复性差；②检测到的蛋白质点较少；③分子质量过大或过小的蛋白质、疏水性蛋白质及等电点极酸或极碱蛋白质的分离性不好；④操作步骤繁琐，不能进行自动化操作[45,49,50]。

（二）DIGE 技术

DIGE（difference gel electrophoresis）技术利用荧光染料（Cy2、Cy3、Cy5）能与蛋白质赖氨酸的氨基反应而使蛋白质被标记，标记后蛋白质的等电点和分子质量基本不受影响，等量混合标记好蛋白质后进行双向电泳，蛋白质表达量的变化则通过不同的荧光强度来体现。

该方法的优点：①在同一块凝胶上可以电泳两个样品，减轻了工作量；②比普通双向电泳的灵敏度高；③检测动态范围更大；④采用统计学分析降低了操作者之间的偏差。不足之处是：①该方法对等电点极酸或极碱的蛋白质、分子质量过大或过小（小于 10 kDa 或大于 200 kDa）的蛋白质、低丰度蛋白质及疏水性蛋白质的分离效果不好；②通量低、耗时；荧光标签的灵敏度低于 SYPRO 染料和银染；③只有当 1%~2% 的蛋白质的赖氨酸残基在荧光标记时修饰，才可以维持被标记蛋白质在电泳时的溶解性；④荧光物质在激发、发射过程中会出现信号相互干扰[45,49,50]。

三、用 DIGE 电泳法分析不同油酸含量油菜材料幼苗差异

（一）试验材料

本研究[51]以'湘油 15'品种和高油酸突变体（'湘油 15'经 60Co 诱变，多代定向筛选而来）为试验材料。用 SP-6890 型气相色谱仪、FID 检测器、N3000 色谱工作站、DB-23 毛细管色谱柱进行脂肪酸成分分析（表 3-1）；然后将材料种植在盆中，取 15d 幼苗（图 3-2）。发现在幼苗期，高油酸材料和'湘油 15'品种无明显差异，这与本实验室研究发现的高油酸材料与常规油菜并无明显的农艺性状差异[52]的结果一致。

表 3-1　不同材料的脂肪酸组分

成分/%	软脂酸	硬脂酸	油酸	亚油酸	亚麻酸	花生烯酸	芥酸
高油酸材料	2.802	1.697	78.931	10.243	4.386	1.026	1.0
湘油 15	5.771	1.718	62.837	19.719	8.112	1.259	0.584

图 3-2　15d 幼苗（彩图请扫封底二维码）

左为高油酸材料；右为'湘油 15'品种

（二）试验方法

1. 双向电泳

1）蛋白质提取

以 TCA-丙酮沉淀方法提取蛋白质：①将样品用液氮预冷的砸碎器砸碎，将砸碎的粉末用液氮研磨。研磨的粉末按照 $1：10$（m/V）加入样品缓冲液，涡旋；②样品放在烧杯中超声（冰水混合物保温），振幅设置为 21%。超声顺序：累计超声 60s，超 0.1s，停 1s；③室温涡旋提取 30min。离心，13 000 r/min，1 h，4℃离心后取出上清；④用预冷的 TCA 丙酮按体积比 4：1 加入蛋白提取液中，置于–20℃冰箱中过夜；⑤将丙酮沉淀出的蛋白用预冷丙酮洗 3 次，去除色素等杂质，待蛋白沉淀中的丙酮快挥发完时加入适量样品缓冲液溶解蛋白；⑥用 Bradford 法测量出蛋白质浓度后，分装并保存在–80℃冰箱。

2）等点聚焦

从冰箱取出 IPG 预制胶条，室温放置 10min。①每组样本各取 1mg，分别加入 4.5µl pH 3~10 的两性电解质和 4.5µg DTT，用水化液补足体积至 450µl。在聚焦盘中将上面样品连续、线性加样。槽两端各空 1cm。②去除 IPG 预制胶条的保护层。放入聚焦盘，注意正反（胶面与样品完全接触）和正负极（正极对正极）。室温放置 30~60min。③在胶条背面均匀、连续覆盖矿物油，设置等点聚焦程序（表 3-2）。使用 24cm 胶条，注意正负极（正极对正极）。

表 3-2　等电聚焦程序

步骤	电压/V	增压模式	时间
S1 主动水化	50	快速	12 h
S2 除盐	100	快速	30 min
S3 除盐	250	快速	30 min
S4 除盐	500	快速	30 min
S5 升压	1 000	快速	30 min
S6 升压	4 000	线性	2 h
S7 升压	10 000	线性	3 h
S8 聚焦	10 000	线性	7 h
S9 保持	500	快速	任何时间

3）第二向电泳

①配置 12% SDS 凝胶（不带梳子）。用 ddH_2O 或电泳液冲洗，用滤纸吸干。②将 IPG 胶条取出，用 ddH_2O 冲洗掉大部分的油，再把胶条有塑料板的一面放在滤纸上吸干。然后放入平衡缓冲液 I（母液 10ml），现加 0.1g DTT，平衡

15min。③取出胶条，用 ddH₂O 冲洗并用滤纸吸干后，放入平衡缓冲液 II（母液 10 ml），现加 0.4g 碘乙酰胺，平衡 15min。④取出 IPG 胶条，用 ddH₂O 冲洗，用滤纸吸干，将胶条上塑料板一面紧贴放置在 SDS 凝胶的长玻璃板上，短玻璃板向上。⑤将熔好的低熔点琼脂糖封胶液快速地倒在 SDS 胶的封口处，迅速地将 IPG 胶条插入未凝固的琼脂糖封胶液中，避免气泡。⑥待凝固，放入 SDS 凝胶电泳槽中，短玻璃板面朝里。倒上电泳液，接好电泳仪的正负极，设置好电泳仪程序。开始设置：用 Protein II 低电流（10mA/gel），待样品完全走出 IPG 胶条浓缩成一条线后，再加大电流（20mA/gel/24cm），溴酚蓝指示剂达到底部边缘时即可停止电泳。

4）染色

①电泳结束后，取凝胶放入适量考马斯亮蓝染色液中，确保染色液可以充分覆盖凝胶。②置于水平摇床或侧摆摇床上缓慢摇动，室温染色 1h 或更长时间。③倒出染色液。染色液可以回收重复使用至少 2~3 次。④加入适量考马斯亮蓝染色脱色液，确保脱色液可以充分覆盖凝胶。⑤置于水平摇床或侧摆摇床上缓慢摇动，室温脱色 4~24h。期间更换脱色液 2~4 次，直至蓝色背景基本上全部被脱去，并且蛋白条带染色效果达到预期。通常蛋白条带在脱色 1~2h 后即可出现。⑥完成脱色后，可以把凝胶保存在水中，用于后续的拍照等。保存在水中的凝胶会发生溶胀。如需避免溶胀，可以把胶保存在含 20% 甘油的水中。长期保存可以制备干胶。

5）图像分析

用扫描仪扫描胶条，然后用 PDQest8.0 图像分析软件对图像进行分析和差异点寻找。

2. 质谱

1）蛋白点切取

将 0.2ml 的枪头前端剪去 0.5cm，旋转枪头直至将胶点取下，转入装有去离子水的 0.5ml 离心管里，用枪头反复吸打溶液至枪头内胶粒进入离心管，吸干去离子水后封盖保存并做好标记。

2）蛋白质酶解

参考考马斯亮蓝染色蛋白点的酶解方法进行[53]。

3）质谱操作及数据库检索

①将干粉重新溶解于 5μl 含 0.1% TFA 的溶液中，然后按照 1:1 的比例与含 50% ACN 和 1% TFA 的 α-氰基-4-羟基肉桂酸饱和溶液混合。②取 1μl 样品进行质谱点靶鉴定。③采用正离子模式和自动获取数据模式进行数据采集；PMF 的质谱扫描范围为 800~3500Da，选择强度最大的 10 个峰进行二级质谱。

④将一级和二级质谱数据整合并对质谱数据进行分析和蛋白鉴定。⑤搜索参数如下：数据库为 NCBInr 和 Swissprot 数据库及相关的软件；酶为胰蛋白酶；允许最大漏切位点为 1；固定修饰为 Carbamidomethyl（C）；可变修饰为 Oxidation（M）；MS tolerance 为 0.15 Da，MS/MS tolerance 为 0.25 Da，Protein score C.I.% 大于 95 为鉴定成功。

（三）实验结果

1. 电泳条件优化

提取蛋白质，测定浓度后取 1.0mg 蛋白质进行预实验，结果如图 3-3 所示。

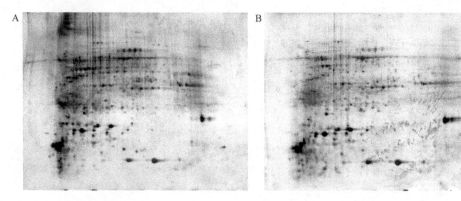

图 3-3　高油酸材料（A）和'湘油 15'幼苗蛋白（B）的预实验双向电泳图谱

从图 3-3 和图 3-4 可以看出，采用该方法提取的蛋白质进行双向电泳分析可以得到清晰的图谱。

（1）蛋白质提取方法为：液氮研磨油菜幼苗，将研磨的粉末按照 1∶10（m/V）加入水化液（2mol/L 硫脲，7mol/L 尿素，2% CHAPS，0.7% DTT，0.01% Bio-Lyte）进行超声（冰水混合物保温），振幅设置为 21%（超声顺序：累计超声 60s，超 0.1s，停 1s）。离心后取出上清液，用 4 倍体积预冷的 TCA 丙酮处理，然后用预冷丙酮洗 3 次，即可得到符合要求的蛋白质。

（2）双向电泳方法为：上样量取 1mg，分别加入 4.5μl pH3~10 的两性电解质和 4.5μg DTT，体积为 450μl，24 cm 胶条，采用表 2-1 程序进行电泳。然后将胶条放入平衡缓冲液Ⅰ 10ml（6mol/L 尿素，50mmol/L Tris-HCl，20%甘油，2% SDS，0.1 g DTT）、平衡缓冲液Ⅱ 10ml（6mol/L 尿素，50mmol/L Tris-HCl，20%甘油，2% SDS，0.4g 碘乙酰胺）先后处理 15min。再将 IPG 胶条放入 12% SDS 凝胶中，待溴酚蓝指示剂达到底部边缘即可。取凝胶放入适量考马斯亮蓝染色液中，室温染色 1h 后脱色，即可得到清晰的图谱。

2. 双向电泳图谱

按照预实验所述的方法提取蛋白质，取 1.0mg 上样量，24cm 胶条，12% SDS 胶条，考马斯亮蓝方法染色，结果如图 3-4 所示。

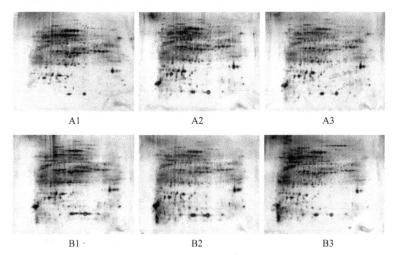

图 3-4　高油酸材料和'湘油 15'幼苗蛋白的双向电泳图谱
24cm pH 3~10 胶条，12% SDS 胶，考马斯亮蓝染色

由图 3-4 可以看出，电泳图谱比较清晰，且三次图谱重复性好，可以进行图谱分析。

3. 图像分析结果

使用 PDQest8.0 图像分析软件对图像进行分析，结果如图 3-5 所示。再对差异点的变化情况进行分析，共得到 277 个差异较大的点，其分布情况如表 3-3 所示。

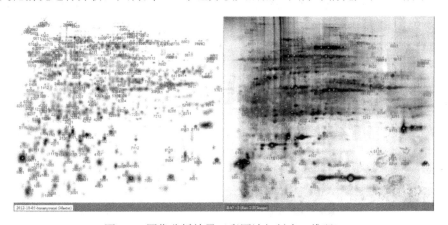

图 3-5　图像分析结果（彩图请扫封底二维码）

表 3-3　差异蛋白点的差异情况分布

PI 范围	差别数	百分比/%
0.5 以下	86	31.0
0.5~1	6	2.2
2~3	95	34.3
3~4	31	11.2
4~5	19	6.9
5~10	20	7.2
10 以上	20	7.2
合计	277	100

4. 质谱分析结果

质谱分析结果见表 3-4。

表 3-4　质谱分析结果

差异点	蛋白质名称	蛋白质编号	分子质量	等电点
8510	磷酸羧化酶	gi|1346967	52 922.5	5.88
7513	核酮糖-1,5-二磷酸羧化酶/加氧酶大亚基	gi|27752813	47 433.9	6.13
9701	芥子酶	gi|127733	62 695.9	6.62
8706	β-葡萄糖苷酶	gi|1732572	50 676	6.27
2115	核酮糖-1,5-二磷酸羧化酶/加氧酶大亚基	gi|21634119	49 905.1	6.71
3111	核酮糖-5-二磷酸羧化酶,大亚基	gi|11990183	51 527.9	5.96
8613	核酮糖-1,5-二磷酸羧化酶/加氧酶大亚基	gi|52001695	50 582.4	6
6815	OSJNBa0042N22.23	gi|32492228	84 497	9.17
8408	核酮糖-1,5-二磷酸羧化酶/加氧酶大亚基	gi|34015063	44 167.2	6.12
1106	核酮糖-二磷酸羧化酶大亚基	gi|17154704	49 200.7	6.34
609	二磷酸核酮糖	gi|266893	45 681.2	7.57
3204	叶绿素 a/b 结合蛋白	gi|18266039	28 184.1	5.17
3205	核酮糖-1,5-二磷酸羧化酶/加氧酶	gi|12274881	49 929.2	6.73
596	未知蛋白质	gi|55168344	12 3805.3	7.02
4002	二磷酸核酮糖羧化酶四前体	gi|17855	20 301.1	7.63
1205	叶绿素 a/b 结合蛋白 I 型	gi|7271945	18 689.6	5.6
9019	核酮糖-1,5-二磷酸羧化酶/加氧酶大亚基	gi|13548758	47 995.2	6.6
4107	核酮糖二磷酸羧化酶大亚基	gi|1079594	53 300.7	6.22
1111	核酮糖二磷酸羧化酶	gi|1346967	52 922.5	5.88
1003	二磷酸核酮糖羧化酶四前体	gi|17855	20 301.1	7.63
809	ATP 合成酶 CF1α 亚基	gi|7525018	55 294	5.19

续表

差异点	蛋白质名称	蛋白质编号	分子质量	等电点
3802	ATP 合酶亚基 β-1	gi|26391487	59 634	6.18
9702	核酮糖二磷酸羧化酶	gi|1346967	52 922.5	5.88
4304	核酮糖二磷酸羧化酶	gi|1346967	52 922.5	5.88
4313	核酮糖 1,5-二磷酸羧化酶	gi|14670019	43 687	6.25
8706	β-葡萄糖苷酶	gi|1732572	50 676	6.27
6516	核酮糖-1,5-二磷酸羧化酶	gi|1050738	51 722	6.04
2403	HCF136（高叶绿素荧光 136）	gi|15237225	44 076.4	6.79
6002	二磷酸核酮糖羧化酶四前体	gi|17855	20 301.1	7.63
4003	二磷酸核酮糖羧化酶四前体	gi|17855	20 301.1	7.63
3816	黑芥子酶	gi|56130949	62 926	6.65
5806	芥子酶	gi|127733	62 695.9	6.62
1710	ATP 合成酶亚基 β	gi|75336517	53 682.9	5.21
1610	ATP 合成酶亚基 β	gi|75336517	53 682.9	5.21
5305	核酮糖二磷酸羧化酶	gi|1346967	52 922.5	5.88
9405	核酮糖-1,5-二磷酸羧化酶/加氧酶大亚基	gi|34015063	44 167.2	6.12
6709	核酮糖二磷酸羧化酶	gi|1346967	52 922.5	5.88
7808	芥子酶（备用名：左旋甘油酶）	gi|127733	62 695.9	6.62
1511	谷氨酰胺合成酶	gi|12643761	47 314.9	6.16
1617	二磷酸核酮糖活化酶	gi|23320705	29 999.2	5.63
5504	二磷酸核酮糖	gi|266893	45 681.2	7.57
2605	肌动蛋白	gi|32186916	41 700.9	5.31
8608	推定的叶绿体翻译延伸因子 EF-Tu	gi|23397095	51 623.6	5.84
8414	核酮糖二磷酸羧化酶	gi|1346967	52 922.5	5.88
7403	核酮糖二磷酸羧化酶	gi|1346967	52 922.5	5.88
7201	核酮糖二磷酸羧化酶	gi|1346967	52 922.5	5.88
3113	果糖二磷酸醛缩酶 2，推定	gi|42573227	41 318.5	9.07
10	核酮糖二磷酸羧化酶	gi|1346967	52 922.5	5.88

（四）讨论

本研究发现大量差异蛋白为核酮糖-1,5-二磷酸羧化酶及 ATP 合酶等涉及碳代谢或光合作用的蛋白质，表明在油菜幼苗期主要的生命活动为个体生长，可对这些差异蛋白进行进一步分析，从中找出影响脂肪酸合成的蛋白质，在幼苗期对其对应基因进行分析，以便较早地鉴定出高油酸材料，减少大量不必要的工作，加快高油酸育种进程，同时也可以促进高油酸油菜分子育种研究。

但该方法重复性差，检测到的蛋白点较少，通量低，操作繁琐，不能进行自动化操作，且研究中发现的多个差异蛋白点为一种蛋白质，后期测序成本高。

（五）结论

1. 蛋白质提取

采用液氮研磨油菜幼苗，将研磨的粉末按照 $1:10$（m/V）加入水化液（2mol/L 硫脲，7mol/L 尿素，2% CHAPS，0.7% DTT，0.01% Bio-Lyte），超声振幅设置为 21%（超声顺序：累计超声 60s，超 0.1s，停 1s）。用 4 倍体积预冷的 TCA 丙酮处理，然后用预冷丙酮洗 3 次，即可得到符合要求的蛋白质。

2. 双向电泳分析

上样量取 1mg，分别加入 4.5μl 3~10 的两性电解质和 4.5 μg DTT，体积为 450μl，24cm 胶条（pH 3~10），主动上样，进行电泳。然后将胶条放入平衡缓冲液 Ⅰ 10ml（6mol/L 尿素，50 mmol/L Tris-HCl，20%甘油，2% SDS，0.1 g DTT）、平衡缓冲液 Ⅱ 10ml（6mol/L 尿素，50 mmol/L Tris-HCl，20%甘油，2% SDS，0.4g 碘乙酰胺）先后处理 15min。再将 IPG 胶条放入 12% SDS 凝胶中，用 Protein Ⅱ 低电流（10mA/gel），再加大电流（20mA/gel/24cm），待溴酚蓝指示剂达到底部边缘即可。用适量考马斯亮蓝染色液室温染色 1h 后脱色，即可得到清晰的图谱。

3. 电泳图谱及质谱分析

将得到的电泳图谱利用 PDQest 8.0 图像分析软件进行分析，得到 277 个差异较大的点，选取 50 个差异在 3~5 之间（正向、反向）的蛋白点，进行质谱分析及生物信息学分析，得到差异蛋白的名称及种类。大多数差异蛋白为核酮糖-1,5-二磷酸羧化酶及 ATP 合酶等涉及碳代谢或光合作用的蛋白质。

第三节　高油酸油菜非电泳定量分析

一、非电泳定量分析方法介绍

蛋白质的定量还有一类非电泳的方法，如体外化学标记法[包括同位素标记相对和绝对定量法（isobaric tag for relative and absolute quantitation，iTRAQ）、同位素标签亲和法（isotope-coded affinity tag，ICAT）和 ^{18}O 标记技术]、体内化学标记法[包括细胞培养条件下稳定同位素标记技术（stable isotope labeling with amino acids in cell culture，SILAC）]。非标定量分析法（label free）。上述方法中 ^{18}O 标记和非标定量分析方法应用较少。

（一）体外化学标记法

1. iTRAQ 法

iTRAQ 试剂是可与氨基酸末端氨基及赖氨酸侧链氨基连接的氨基标记同重元素。在串联质谱中，信号离子表现为不同质荷比的峰，根据波峰的高度及面积，可以鉴定出蛋白质并分析出同一蛋白质不同处理的定量信息。

该方法的优点是：①灵敏度高，可检测出低丰度蛋白；②分离能力强，分析范围广；③标记过程简单，反应快，标记效率高；④实验通量高，可同时对 8 个样本进行分析，减少了不同次试验间的系统误差；⑤液相与质谱连用，自动化操作，分析速度快，分离效果好。

该方法的不足之处：①iTRAQ 试剂几乎对所有肽段进行标记，带来很大的工作量；②iTRAQ 试剂进行标记时需要体系中的有机相在 60% 以上，很容易使蛋白质沉淀，从而使样品损失[3,45,49,50]。

2. TMT 标记法

串联质谱标签（tandem mass tag，TMT）是利用化学标签，通过串联质谱对不同样品中的蛋白质进行同时鉴定和定量的研究方法，已广泛应用于蛋白质组学研究[54]。TMT 与 iTRAQ 技术相类似，主要优点有：①灵敏度高，适用范围广，可用于所有类型的蛋白质样品；②通过氨基标记反应，标记率高，可以用于相对定量，且定量结果重复性高；③样品通量高，目前 TMT 标记最多可以用于 10 组样本的同时相对定量，既加快了检测速度，也使得实验过程中的技术误差显著降低[55]。

3. ICAT

ICAT 方法使用了一种称为 ICAT 的化学试剂，标记后等量混合，胰蛋白酶酶切，亲和纯化得到 ICAT 标记的多肽，质谱分析，依据 MS 质谱峰图强度进行定量，MS/MS 鉴定肽段。

该方法的优点是：①可兼容分析任何条件下体液、细胞、组织中绝大部分蛋白质；②烷化反应即使在盐、去垢剂、稳定剂存在下亦可进行；③降低了质谱分析的复杂性；④能直接测量和鉴定低丰度蛋白；⑤与任何类型的免疫、物理分离方法兼容，能很好地定量分析微量蛋白质。

该方法的不足之处：①它只能用于标记含半胱氨酸的蛋白质，存在一部分蛋白质信息丢失；②当标记的多肽有两个半胱氨酸残基时，在单电荷情况下，与肽段的氧化修饰难以区分开，给定量和鉴定带来困难；③这种方法要获得完整的信息，最重要的是标记必须是特异、完全的，但当前标记的效率是时间依赖性的，很少能达到 80% 以上；④ICAT 试剂对高丰度蛋白质标记有倾向性，会导致低丰度蛋白质标记效率低，影响后续的鉴定和定量分析[45,49,50]。

4. ^{18}O 法

^{18}O 法是通过蛋白酶（如胰蛋白酶）在酶解过程中完成对肽段的 C 端标记。进行质谱分析，通过比较 ^{18}O 或 ^{16}O 标记肽段的峰强度来对蛋白质进行相对定量。

该技术有许多优点：①^{18}O 可以标记所有酶解的肽段，有着同 iTRAQ 和 SILAC 一样高的标记效率，比 ICAT 标记效率更高；②可以标记多种不同类型的样品，如组织、细胞溶解物、血清、尿样等，无体内稳定同位素对样品类型的局限性；③试验操作简单，在蛋白质酶解的过程中就实现了酶解肽段的标记；④与其他标记方法相比，费用较低。

该方法的不足之处：①被 ^{18}O 标记的蛋白质肽段采用 IC-MS/MS 进行分离和质谱鉴定的过程较长，期间用来进行 LC 梯度洗脱的溶液体系中 $H_2^{16}O$ 中的 ^{16}O 原子肽段 COOH 端的两个氧原子中的羟基 ^{18}O 会发生交换反应，导致一部分 ^{18}O 标记的蛋白质肽段被置换成 ^{16}O 标记的蛋白质肽段，同时也有少部分 ^{16}O 标记的蛋白质肽段被置换成 ^{18}O 标记的蛋白质肽段，导致肽段的定量信息不准确；②酶解过程需要在一个相对干燥的环境下进行，因为空气中的水也将与 ^{18}O 标记的蛋白质肽段发生交换反应；③酶解时，蛋白质样品也需要充分干燥；④H_2O 中的 O 原子与肽段 COOH 端的 O 原子发生交换反应时，COOH 末端结合 1 个还是 2 个 ^{18}O 原子是随机的，导致定量分析时的复杂性。因此，^{18}O 标记技术还不是一种主流的定量蛋白质组学分析方法，目前还有些问题需要解决[3,45,49,50]。

（二）体内化学标记法

SILAC 是在细胞培养时，采用含有轻、中、重同位素型必需氨基酸的培养基进行细胞培养 5~6 代后，细胞的所有蛋白质将被同位素标记，然后经过 SDS-PAGE 分离和质谱分析，通过比较一级质谱图中三个同位素型肽段的面积大小进行相对定量，同时通过二级谱图对肽段进行序列测定从而鉴定蛋白质[3,45,49,50]。

该方法的独特优势：①稳定同位素标记的氨基酸与天然氨基酸化学性质基本相同，可降低由于样品制备不同而造成的实验内差异；②利用细胞生长过程中新蛋白质合成的过程对蛋白质进行标记，标记效率可高达 100%；③每一个蛋白质酶解肽段均被标记，提高了蛋白质鉴定的覆盖率；④可同时鉴定并定量数百至数千种蛋白质，并检测到纳克级水平；⑤可以对多种在 DMEM 或 RPMI 1640 培养基中生长的细胞或细菌中表达的蛋白质进行标记；⑥SILAC 标记的混合后的蛋白质一般需要经过 SDS-PAGE 技术进行反分离，可以分成更多的组分，有助于鉴定低丰度的蛋白质。

该方法的不足之处：①不能直接用于组织样品的分析；②不能直接用于组织和体液蛋白质的定量蛋白质组学研究；③精氨酸在精氨酸酶作用下可以转化为脯

氨酸，导致一部分脯氨酸也会被同位素标记，对含有脯氨酸蛋白的定量产生一定误差；④某些情况下富含同位素的培养基可能会改变细胞生长中的某些过程，使蛋白质的表达发生改变，不能够真实地反映出细胞内蛋白质的表达情况；⑤对原代培养细胞标记效果不是很理想；⑥只能对已知序列的肽段进行定量分析；⑦同位素试剂需要量较大，成本高。该方法仅能用于标记培养细胞的蛋白质，而不能用于标记从组织中获取的细胞，限制了其应用[3,45,49,50]。

（三）非化学标记法

非标定量技术是最近才提出的应用于定量蛋白质组学研究的新技术。它是一种不需要标记辅助的定量蛋白质组学分析方法，每一个蛋白质酶解肽段分别单独进行一次 LC-MS/MS 分析，定量主要基于 MS/MS 分析后某蛋白质被鉴定到的谱峰数[56]。

蛋白质丰度越高，鉴定的蛋白质的独特（unique）肽段也越多，蛋白质的序列覆盖率也越高，在 MS/MS 分析中鉴定的谱峰数也越多[57]。在序列覆盖率、肽段数目和谱峰数目这些因素中，仅有谱峰数的多少与蛋白质丰度呈非常高的相关性，相关系数高达 0.9997[58]。因此，基于谱峰数的非标定量方法比基于峰强度的非标定量方法具有更高的可信度[59]。然而，由于目前质谱技术水平的限制，非标定量法的灵敏度和准确性都比不上标记定量法，有如下问题需要解决：①LC 的稳定性问题；②不同批次 LC-MS/MS 产生的结果需进行标准化处理；③急需一个非常强大的、定量非常准确的自动化软件对产生的海量数据进行分析处理。因此，非标定量还是一个在发展中的、有待成熟的定量分析技术[45,49,50]。

二、利用 iTRAQ 分析未成熟的高油酸油菜近等基因系油菜籽

（一）iTRAQ 分析

1. 试验材料

在本研究中，以国家油料作物改良中心湖南分中心提供的两种性状稳定的油菜籽近等基因系高油酸和低油酸油菜（分别含油酸 81.4% 和 56.2%）为对象，在相同的生长条件下，从 10 株植物中选取自花授粉的油菜籽（授粉后 20~35d）并立即在液氮中冷冻，储存在−80℃下保存备用[13]。

2. 蛋白质提取及检测

取适量样本，在液氮低温条件下研磨成粉末状，转入 50ml 离心管；加入适量 Lysis Buffer 3，加入终浓度 1mmol/L PMSF、2mmol/L EDTA 混匀，冰上放置 5min 后加入终浓度 10mmol/L DTT，冰浴超声 5min（2s 或 3s）；4℃条件下 18 000g 离

心 15min，取上清；上清液中加入 5 倍体积的 10%TCA 冷丙酮，加入终浓度 10mmol/L DTT，混匀，–20℃沉淀蛋白液过夜；4℃条件下 12 000g 离心 25min，去上清。沉淀中加入适量冷丙酮、终浓度为 10mmol/L DTT，捣碎沉淀，–20℃沉淀 30min，4℃条件下 30 000g 离心 15min，去上清；重复步骤三次，至上清澄清；风干沉淀中残余丙酮后，加入适量 Lysis Buffer 3，加入终浓度 10mmol/L DTT，冰浴超声 5min（2s 或 3s）；4℃条件下 30 000g 离心 15min，取上清；往上清中加入终浓度 10mmol/L 的 DTT，56℃水浴 1h；加入终浓度 55mmol/L 的 IAM，暗室放置 45min；加入 5 倍体积的冷丙酮，–20℃沉淀蛋白液过夜；4℃条件下 30 000g 离心 15min 除上清；风干沉淀中残余丙酮，加入适量无 SDS 的 Lysis Buffer 3 复溶，冰浴超声 5min（2s 或 3s）；4℃条件下 30 000g 离心 15min，取上清。

对提取的蛋白质进行分析，首先确定考马斯亮蓝法工作范围（图 3-6），然后采用琼脂糖凝胶电泳检查蛋白质质量（图 3-7）。Bradford 工作液（考马斯亮蓝 G-250）和蛋白质在酸性条件下结合时，在一定的范围内，蛋白质含量与 595nm 的吸光度呈正线性相关关系（表 3-5）。由表 3-5 和图 3-7 可知，蛋白质的质量及总量合格，可以进行后续实验。

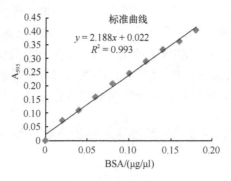

图 3-6　蛋白质定量标准曲线

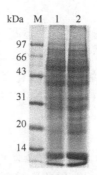

图 3-7　蛋白质电泳检测

分离胶的浓度 10%，Marker 上样量 12μg，每个样品上样量 20μg；
M: Marker，1: P1303460001（A），2: P1303460002（B）

表 3-5 蛋白质定量信息

样品 ID	样品名	蛋白质浓度/（μg/μl）	体积/μl	蛋白质总量/μg
P1303460001	A	26.188	200	5237.6
P1303460002	B	29.753	200	5950.6

3. 数据库的选择

目前使用到的数据库主要可以分为两类：一类是由 NCBI 负责维护的，另外一类是由 EBI 负责维护的。本研究使用数据库为油菜基因组数据库与甘蓝数据库，合并后去冗余，共 83 771 条序列。

4. 蛋白质鉴定

提取两个材料的蛋白质，经胰蛋白酶消化、iTRAQ 标记和 SCX 分馏，基于 Triple TOF 5600 的 LC-ESI-MS/MS 分析后，使用 Proteome Discoverer 1.2（PD 1.2，Thermo）和 5600 ms 转换器将从 Orbitrap 获取的原始数据文件转换为 MGF 文件，并搜索 MGF 文件。使用 Mascot 搜索引擎（Matrix Science，London，UK；版本 2.3.02）针对 NCBI 非冗余序列数据库的"植物"子集（2013 年 4 月发布，1 495 260 个条目）进行蛋白质鉴定（表 3-6）。

表 3-6 蛋白质鉴定结果统计

类别	二级谱图总数	匹配到的谱图数量	特有肽段的谱图数量	鉴定到的肽段的数量	鉴定到特有肽段序列的数量	鉴定到的蛋白质数量
数量	340 528	67 334	33 968	24 755	14 455	4 726

5. 鉴定质量评估

质谱仪器采用 Triple TOF 5600，该仪器具有很高的分辨能力和很高的质量精确度，一级质谱和二级质谱质量精确度都小于 2ppm（$1ppm=1\times10^{-6}$）。为了防止遗漏鉴定结果，基于数据库搜索策略的肽段匹配误差控制在 0.05Da 以下。

6. 差异蛋白标准

在相对定量时，如果同一个蛋白质的量在两个样品间没有显著变化，那么其蛋白质丰度比接近于 1。当蛋白质的丰度比即差异倍数达到 1.5 倍以上，且经统计检验其 P 值小于 0.05 时，视该蛋白质为不同样品间的差异蛋白。

7. GO 注释

通过 GO（gene ontology，GO）分析推断和分类鉴定蛋白质，并将其分为生物过程、细胞组分、分子功能。在"生物过程"组中，许多蛋白质被分配到"细胞过程"（13.94%）、"代谢过程"（13.89%）和"单一生物过程"（10.31%），而最少的分配在"运动"子类别（0.04%）。在"细胞成分"组中，代表性最高的亚类是"细胞"（21.25%）、"细胞部分"（21.25%）和"细胞器"（17.70%），而"细胞外区域部分"（0.03%）和"细胞外基质"（0.03%）子类别的分配很少。在"分子功能"组中，大多数蛋白质具有与"催化活性"（42.54%）和"结合"（42.02%）相关的潜在功能，而只有少数蛋白被分配到"通道调节活性"（0.03%）和"蛋白质标签"（0.03%）子类别。

8. COG 注释

COG（cluster of orthologous group of protein，蛋白质相邻类的聚簇）是对蛋白质进行直系同源分类的数据库。将功能注释和分类与 COG/KOG 数据库进行比对，并将鉴定的蛋白质注释分为 25 个类别（图 3-8）。其中三个最大类别为：一般功能预测（694 种蛋白质）；翻译后修饰、蛋白质翻转、伴侣蛋白（522 种蛋白质）；碳水化合物的转运和代谢（376 种蛋白质）。只有一种鉴定的蛋白质属于细胞运动类别，另一种被分为核结构类别。

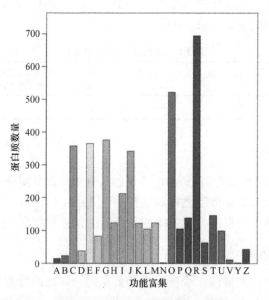

图 3-8 COG 功能注释（彩图请扫封底二维码）

A.RNA 加工和修饰；B.染色质的结构和动力学；C.能源生产与转化；D.细胞周期控制、细胞分裂、染色体分区；E.氨基酸转运和代谢；F.核苷酸转运和代谢；G.碳水化合物的运输和代谢；H.辅酶运输和代谢；I.脂质运输和代谢；J.翻译、核糖体结构和生物发生；K.转录；L.复制、重组和修复；M.细胞壁/膜/包膜生物发生；N.细胞运动；O.翻译后修饰、蛋白质更新、伴侣；P.无机离子的运输与代谢；Q.次生代谢产物的生物合成、转运和分解代谢；R.仅通用功能预测；S.功能未知；T.信号转导机制；U.细胞内运输、分泌和囊泡运输；V.防御机制；Y.核结构；Z.细胞骨架

9. GO 富集分析

137 个差异表达的蛋白质被分配到 74 个通路中，占总蛋白质（3568）的约 3.84%。使用 KEGG 注释进行的通路富集分析表明，共有 74 个通路涉及 137 个不同的蛋白质（表 3-7）。如表 3-7 所示，这些蛋白质具有通路注释，包括亚油酸代谢、不饱和脂肪酸的生物合成、脂肪酸生物合成和 α-亚麻酸代谢，所有这些都涉及脂肪酸代谢。其他差异表达的蛋白质具有光合生物中光合作用和碳固定的通路注释。

表 3-7　差异富集蛋白在通路中的注释

序号	通路	具有通路注释的差异表达蛋白数量及占比	所有带有通路注释的蛋白数量及占比	通路 ID
1	Phenylpropanoid biosynthesis	16 （11.68%）	99 （2.77%）	ko00940
2	Flavonoid biosynthesis	11 （8.03%）	56 （1.57%）	ko00941
3	Phenylalanine metabolism	11 （8.03%）	71 （1.99%）	ko00360
4	Ribosome	18 （13.14%）	179 （5.02%）	ko03010
5	Carotenoid biosynthesis	6 （4.38%）	28 （0.78%）	ko00906
6	Base excision repair	4 （2.92%）	14 （0.39%）	ko03410
7	Biosynthesis of secondary metabolites	45 （32.85%）	798 （22.37%）	ko01110
8	Glutathione metabolism	9 （6.57%）	88 （2.47%）	ko00480
9	Starch and sucrose metabolism	10 （7.3%）	120 （3.36%）	ko00500
10	Circadian rhythm - plant	2 （1.46%）	6 （0.17%）	ko04712
11	Tryptophan metabolism	4 （2.92%）	30 （0.84%）	ko00380
12	Lipoic acid metabolism	1 （0.73%）	1 （0.03%）	ko00785
13	Metabolic pathways	60 （43.8%）	1319 （36.97%）	ko01100
14	Stilbenoid，diarylheptanoid and gingerol biosynthesis	3 （2.19%）	25 （0.7%）	ko00945
15	β-Alanine metabolism	3 （2.19%）	25 （0.7%）	ko00410
16	Pentose and glucuronate interconversions	4 （2.92%）	44 （1.23%）	ko00040
17	Lysine degradation	2 （1.46%）	17 （0.48%）	ko00310
18	Linoleic acid metabolism	1 （0.73%）	6 （0.17%）	ko00591
19	Taurine and hypotaurine metabolism	1 （0.73%）	6 （0.17%）	ko00430
20	Galactose metabolism	4 （2.92%）	62 （1.74%）	ko00052
21	Other glycan degradation	3 （2.19%）	42 （1.18%）	ko00511

序号	通路	具有通路注释的差异表达蛋白数量及占比		所有带有通路注释的蛋白数量及占比		通路 ID
22	Butanoate metabolism	2	（1.46%）	26	（0.73%）	ko00650
23	Cyanoamino acid metabolism	3	（2.19%）	47	（1.32%）	ko00460
24	DNA replication	2	（1.46%）	27	（0.76%）	ko03030
25	Sulfur metabolism	2	（1.46%）	27	（0.76%）	ko00920
26	Propanoate metabolism	3	（2.19%）	48	（1.35%）	ko00640
27	Cysteine and methionine metabolism	4	（2.92%）	71	（1.99%）	ko00270
28	Glucosinolate biosynthesis	1	（0.73%）	9	（0.25%）	ko00966
29	Pyrimidine metabolism	3	（2.19%）	51	（1.43%）	ko00240
30	Biosynthesis of unsaturated fatty acids	2	（1.46%）	30	（0.84%）	ko01040
31	Vitamin B6 metabolism	1	（0.73%）	12	（0.34%）	ko00750
32	Peroxisome	3	（2.19%）	57	（1.6%）	ko04146
33	Alanine, aspartate and glutamate metabolism	3	（2.19%）	59	（1.65%）	ko00250
34	Glycosphingolipid biosynthesis - ganglio series	1	（0.73%）	13	（0.36%）	ko00604
35	Porphyrin and chlorophyll metabolism	2	（1.46%）	37	（1.04%）	ko00860
36	RNA polymerase	1	（0.73%）	15	（0.42%）	ko03020
37	Arginine and proline metabolism	3	（2.19%）	64	（1.79%）	ko00330
38	Aminoacyl-tRNA biosynthesis	3	（2.19%）	67	（1.88%）	ko00970
39	Valine, leucine and isoleucine degradation	2	（1.46%）	43	（1.21%）	ko00280
40	Amino sugar and nucleotide sugar metabolism	4	（2.92%）	95	（2.66%）	ko00520
41	Glycosaminoglycan degradation	1	（0.73%）	18	（0.5%）	ko00531
42	Plant hormone signal transduction	2	（1.46%）	45	（1.26%）	ko04075
43	Fatty acid biosynthesis	2	（1.46%）	46	（1.29%）	ko00061
44	Nitrogen metabolism	2	（1.46%）	46	（1.29%）	ko00910
45	Ubiquinone and other terpenoid-quinone biosynthesis	1	（0.73%）	20	（0.56%）	ko00130
46	Citrate cycle （TCA cycle）	3	（2.19%）	75	（2.1%）	ko00020
47	Limonene and pinene degradation	1	（0.73%）	21	（0.59%）	ko00903
48	Sphingolipid metabolism	1	（0.73%）	22	（0.62%）	ko00600

续表

序号	通路	具有通路注释的差异表达蛋白数量及占比		所有带有通路注释的蛋白数量及占比		通路 ID
49	Photosynthesis	2	（1.46%）	53	（1.49%）	ko00195
50	Ubiquitin mediated proteolysis	2	（1.46%）	53	（1.49%）	ko04120
51	Isoquinoline alkaloid biosynthesis	1	（0.73%）	27	（0.76%）	ko00950
52	Nucleotide excision repair	1	（0.73%）	28	（0.78%）	ko03420
53	Tropane，piperidine and pyridine alkaloid biosynthesis	1	（0.73%）	30	（0.84%）	ko00960
54	Glycerophospholipid metabolism	1	（0.73%）	32	（0.9%）	ko00564
55	Valine，leucine and isoleucine biosynthesis	1	（0.73%）	34	（0.95%）	ko00290
56	Glyoxylate and dicarboxylate metabolism	2	（1.46%）	71	（1.99%）	ko00630
57	α-Linolenic acid metabolism	1	（0.73%）	38	（1.07%）	ko00592
58	Spliceosome	3	（2.19%）	110	（3.08%）	ko03040
59	Ascorbate and aldarate metabolism	1	（0.73%）	42	（1.18%）	ko00053
60	Pyruvate metabolism	3	（2.19%）	115	（3.22%）	ko00620
61	Tyrosine metabolism	1	（0.73%）	46	（1.29%）	ko00350
62	Oxidative phosphorylation	2	（1.46%）	92	（2.58%）	ko00190
63	Phenylalanine，tyrosine and tryptophan biosynthesis	1	（0.73%）	53	（1.49%）	ko00400
64	Purine metabolism	2	（1.46%）	94	（2.63%）	ko00230
65	Protein processing in endoplasmic reticulum	4	（2.92%）	164	（4.6%）	ko04141
66	Pentose phosphate pathway	1	（0.73%）	60	（1.68%）	ko00030
67	RNA degradation	1	（0.73%）	61	（1.71%）	ko03018
68	Plant-pathogen interaction	1	（0.73%）	62	（1.74%）	ko04626
69	Fructose and mannose metabolism	1	（0.73%）	64	（1.79%）	ko00051
70	Phagosome	1	（0.73%）	64	（1.79%）	ko04145
71	mRNA surveillance pathway	1	（0.73%）	73	（2.05%）	ko03015
72	RNA transport	2	（1.46%）	130	（3.64%）	ko03013
73	Carbon fixation in photosynthetic organisms	1	（0.73%）	98	（2.75%）	ko00710
74	Glycolysis/Gluconeogenesis	1	（0.73%）	131	（3.67%）	ko00010
	总计	137		3568		

10. 差异表达的蛋白质参与脂肪酸代谢

对富集的差异蛋白进行分析，发现有 5 个差异蛋白参与脂肪酸代谢，其对应基因是油菜籽脂肪酸代谢的关键酶，在脂肪酸代谢通路中的作用如图 3-9 所示。

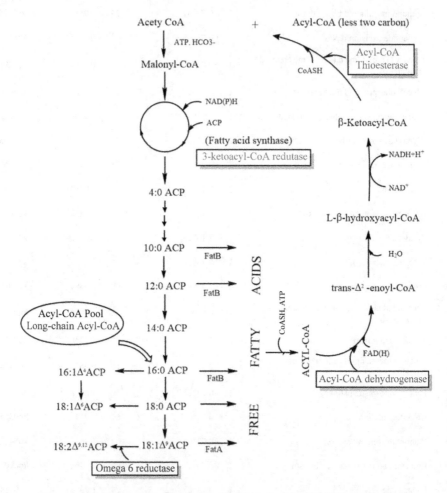

图 3-9　参与植物生理学和种子油脂肪酸生物合成生物化学的关键酶的功能

（二）通过蛋白质印迹与荧光定量法验证 iTRAQ 分析结果

1. Bradford 法测定蛋白质含量

1）实验步骤

①根据样品重量（1g 样品加 3.5ml 提取液），准备提取液放在冰上。②把样品

放在研钵中用液氮研磨，研磨后加入提取液中在冰上静置（3~4h）。③用离心机离心（鑫奥公司，EXPERT 16K-R）4℃、11 100r/min 离心 20min，提取上清液，样品制备完成。④稀释 BSA 标准品：用与待测蛋白样品相一致的稀释液稀释 BSA 标准品。⑤将稀释好的 A~G BSA 标准品和待测蛋白样品（或稀释后样品）各 5μl 分别加到做好标记的 96 孔板微孔中。⑥每孔加入 250μl Bradford Protein Assay Reagent，充分混匀，盖上 96 孔板盖，室温放置 10min。⑦用酶标仪（Thermo 公司，Multiskan MK3）测定 595nm 处的吸光值。⑧根据酶标仪自动绘制出标准曲线，同时计算得到待测蛋白样品（或稀释后样品）中的蛋白浓度。⑨如果所得到的蛋白浓度不在检测范围内，则重新稀释样品后再次测定。

2）计算方法

样品蛋白浓度=检测结果×稀释倍数

2. SDS-PAGE 凝胶电泳

1）灌胶与上样

①玻璃板对齐后放入夹中卡紧，然后垂直卡在架子上准备灌胶。②配 6ml 浓度为 12%分离胶（30% Acrylamide 2.4ml，1.5mol/L Tris-HCl 1.5ml，10% SDS 0.06ml，10%过硫酸铵 0.06ml，TEMED 0.003ml），加入 TEMED 后立即摇匀即可灌胶。灌胶时，用 1ml 枪吸取 6ml 胶沿玻璃灌入，待胶面升到绿带中间线高度时，加一层异丙醇，液封后的胶凝得更快，可观察到明显分界线时，说明胶已凝了，再等 3min 使胶充分凝固就可倒去胶上层异丙醇并用吸水纸将异丙醇吸干。③配 3ml 浓度为 5%的浓缩胶（去离子水 2.07ml，30% Acrylamide 0.495ml，1mol/L Tris-HCl 0.375ml，10%SDS 0.03ml，10%过硫酸铵 0.03ml，TEMED 0.003ml），加入 TEMED 后立即摇匀即可灌胶，将剩余空间灌满浓缩胶，然后将梳子插入浓缩胶中，灌胶时也要使胶沿玻璃板流下以免胶中有气泡产生，插梳子时要使梳子保持水平。由于胶凝固时体积会收缩减小，从而使加样孔的上样体积减小，所以在浓缩胶凝固的过程中要经常在两边补胶。待到浓缩胶凝固后，两手分别捏住梳子的两边竖直向上轻轻将其拔出，用去离子水冲洗一下浓缩胶，将其放入电泳槽中。④测完蛋白浓度后，根据每个样品蛋白浓度，将上样样品转至 200μl 的 EP 管中，加入 2×SDS 上样缓冲液至终浓度为 1×SDS。上样前将样品于沸水中煮 5~10min 使蛋白质变性。⑤加足够的电泳液后开始准备上样（电泳液至少要漫过内侧的小玻璃板），用微量进样器吸取样品，将样品吸出（不要吸进气泡），将加样器针头插至加样孔中缓慢加入样品。

2）电泳

电泳开始时的电压为 80V，溴酚蓝进入分离胶时提高电压为 100V，至溴酚蓝刚跑出玻璃板即可终止电泳。

3）转膜

①切取 6 张大小一样的滤纸，其大小与转印区域一样。然后，把它们浸泡在转移缓冲液中。切取同样大小的一张 PVDF 膜，在甲醇中浸泡 2min 至半透明，用清水冲洗干净后，放入转移缓冲液中，平衡 10min。②在 PVDF 膜下垫 3 张滤纸，然后将凝胶平铺于 PVDF 膜上，再放上 3 张滤纸，用玻棒在滤纸面上滚动除去各层气泡，然后放入转移槽内，倒入电转移缓冲液，胶面向阴极、膜面向阳极，4℃，380mA 转移 2h。

4）目的抗体孵育和显色

①把滤膜放入杂交袋中，加入 3ml 封闭液（TBST 配制 5%蛋白封闭液），然后用热合机密封塑料袋口，在室温下摇动孵育 2h。②剪开杂交袋，倾去封闭液，将滤膜转移到新的杂交袋中，立刻加入 3ml 用 TBST 稀释的一抗（PSaB、Lhcb6 稀释比为 1∶1000；ALD 稀释比为 1∶5000），4℃缓慢摇动过夜。③剪开杂交袋，倾去一抗，用 TBST 漂洗三次，每次 10min。再次将滤膜转移到新的杂交袋中，加入羊抗兔第二抗体（Jackson 公司，111-035-003）3ml，同样用 TBST 稀释，稀释比为 1∶8000，37℃孵育 1h。④倾去二抗，用 TBST 漂洗三次，每次 10min。⑤X 射线胶片显影定影：用镊子夹住膜，根据已标好的记号，使正面朝上，置于保鲜膜上，用吸水纸在膜周围吸干洗涤液，再盖上一层保鲜膜，尽量去掉皱痕，立即关上显影夹，入暗室显影。按试剂盒说明将 ECL 液 SolA 与 SolB 按 1∶1 混匀，滴于膜上反应。曝光 1min，然后显影、定影、晾干。

3. 内参抗体 β-actin 孵育和显色

①膜再生：将膜在 TBST 中快速漂洗 5min，加入适量再生液，室温孵育 15min，弃再生液，用 TBST 漂洗三次，每次 5min。②膜封闭：把滤膜放入杂交袋中，加入 3ml 封闭液（TBST 配制 5%蛋白封闭液），然后用热合机密封塑料袋口，在室温下孵育 1h。③内参抗体 β-actin（Abzoom 公司，BM0272）孵育：剪开杂交袋，倾去封闭液，立即按照 3ml 加入用封闭液稀释的一抗 β-actin（稀释比例 1∶2000），孵育 4℃过夜。剪开杂交袋，倾去一抗，用 TBST 漂洗三次，每次 10min。再次将滤膜转移到新的杂交袋中，加入羊抗鼠的第二抗体（Jackson 公司，111-035-008）3ml，同样用封闭液稀释（稀释比为 1∶4000），37℃孵育 1h。④倾去二抗，用 TBST 漂洗三次，每次 10min。⑤X 光胶片显影定影：用镊子夹住膜，根据已标好的记号，使正面朝上，置于保鲜膜上，用吸水纸在膜周围吸干洗涤液，再盖上一层保鲜膜，尽量去掉皱痕，立即关上显影夹，入暗室显影。按试剂盒说明将 ECL 液 SolA 与 SolB 按 1∶1 混匀，滴于膜上反应。曝光 1min，然后显影、定影、晾干。

4. 凝胶图像分析与结果

将胶片进行扫描，用图像分析软件 IPP6.0 对图像进行灰度分析（图 3-10）。

使用蛋白质印迹法验证在 iTRAQ 分析中鉴定为差异表达的蛋白质 [PSaB（gi|383930478）、Lhcb6（gi|50313237）和 ALD（gi|15227981）]，使用和 iTRAQ 分析相同的蛋白质样品。使用 geNorm 和 Microcal Origin 6.0 软件分析这些蛋白质表达的稳定性。PSaB、Lhcb6 和 ALD 的 Western 印迹结果（表 3-8）与 iTRAQ 数据一致（见表 3-6），证明了 iTRAQ 实验程序和数据是有意义的。在该研究中，gi|50313237（叶绿素 a-b 结合蛋白）的表达上调，与 15d 幼苗的 2-DE 数据一致[60]。

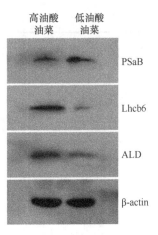

图 3-10　Western Blot 检测

表 3-8　Western 印迹灰度数据

样品	PSaB/β-actin（IOD）		Lhcb6/β-actin（IOD）		ALD/β-actin（IOD）	
	平均值	标准差	平均值	标准差	平均值	标准差
高油酸油菜	0.21	0.04	0.73	0.01	0.70	0.02
低油酸油菜	0.49	0.01	0.08	0.02	0.12	0.03

（三）实时 PCR（qRT-PCR）分析验证 iTRAQ 分析结果

在授粉后 20~35d 菜籽种子中使用 Plant RNA Midi 试剂盒（Omega, Norcross, GA，USA）提取用于 qPCR 分析的总 RNA。选用 *UBC21* 作为参照基因，引物序列为：5′-CCTCTGCAGCCTCCTCAAGT-3′（F）和 5′-CATATCTCCCCTGTCTTGAAATGC-3′（R）。qPCR 分析参照前人[60]的方法。使用比较循环阈值法[61]评估每个基因的相对表达水平。通过 ANOVA 和事后检验对数据进行统计学分析，$P<0.05$ 达到显著水平。

通过比对甘蓝型油菜籽油基因组的 BLAST 获得[62]编码参与脂肪酸代谢和光合作用的蛋白质对应的基因序列，获得了 7 个涉及脂肪酸代谢的基因序列和 12 个涉及光合作用的基因序列（表 3-9）。

然后对 19 个基因进行 qPCR 分析（图 3-11）。与低油酸油菜籽相比，高油酸油菜籽转录水平上调的基因为 gi|312282897（1.46 倍）、gi|28565601（1.30 倍）、gi|297825149（1.06 倍）和 gi|110743913（1.01 倍），其他 12 个基因的转录水平下调。与高油酸系相比，gi|383930478（4.21 倍）、gi|79475768（2.86 倍）、gi|15227981（1.93 倍）、gi|297853098（1.82 倍）和 gi|42571703（1.59 倍）在低油酸系显示出更高的转录水平。

表 3-9　19 个差异表达蛋白质对应的基因

	基因号		
脂肪酸代谢相关基因	gi|312282201	gi|12655935	gi|297800886
	gi|297833332	gi|30680020	
	gi|28565601	gi|122720978	
光合作用相关基因	gi|15227981	gi|79475768	gi|297853098	gi|515616
	gi|383930478	gi|297825149	gi|312282897	gi|6006279
	gi|110743913	gi|312282567	gi|50313237	gi|42571703

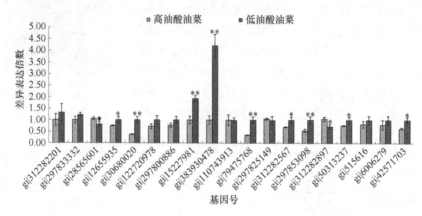

图 3-11　编码差异表达蛋白的 19 个基因的转录水平实时 PCR 分析

最后，在编码参与脂肪酸代谢和光合作用的蛋白质的 19 个基因的 qPCR 分析中，10 个基因显示出与蛋白质丰度相当的转录水平，而 9 个基因显示出与其相应蛋白质相反的趋势。5 个差异表达的蛋白质与脂肪酸合成有关（酰基辅酶 A 硫酯酶、3-酮酰基辅酶 A 还原酶、ω6 还原酶、酰基辅酶 A 脱氢酶和长链酰基辅酶 A 合成酶）。

（四）结论

使用 iTRAQ 技术对高油酸油菜近等基因系材料授粉后 20~35d 种子进行分析，鉴定出 24 755 种肽、14 455 种独特肽和 4726 个蛋白质。共 137 个差异表达的蛋白质拥有通路注释，约占总蛋白质（3568）的 3.84%。研究发现了 12 个与光合作用相关的差异蛋白和 7 个与脂肪酸合成相关的差异蛋白。

在本研究中发现有 5 个差异蛋白（酰基辅酶 A 硫酯酶、3-酮酰基-CoA 还原酶、ω-6 还原酶、酰基辅酶 A 脱氢酶和长链酰基辅酶 A 合成酶）参与脂肪酸代谢。本研究可用于研究油酸合成的分子机制，尤其是酰基辅酶 A 硫酯酶和 ω-6 还原酶是油酸生物合成途径中的关键酶。

采用 Western 印迹和 qPCR 技术，对 PSaB（gi\|383930478）、Lhcb6（gi\|50313237）和 ALD（gi\|15227981）进行验证，结果发现其蛋白质印迹分析结果与 iTRAQ 数据一致，表明 iTRAQ 分析结果可靠。

同时还采用 qPCR 技术对参与脂肪酸代谢和光合作用的蛋白质的 19 个基因进行分析，其中 10 个基因显示出与蛋白质丰度相当的转录水平，而 9 个基因显示出与其相应蛋白质相反的趋势。

三、高油酸油菜脂肪酸代谢的蛋白质组学与转录组学关联分析

（一）数据选择

对同时期高油酸油菜近等基因系材料授粉后 20~35d 种子 iTRAQ 分析和转录组学分析结果进行关联分析[63]，以低油酸油菜材料为对照。蛋白表达差异倍数≥1.5，$P \leqslant 0.05$；基因表达差异倍数≥2，$P \leqslant 0.001$ 为标准，筛选差异表达的基因和蛋白质，进行关联分析，计算 Person 相关系数。

（二）蛋白质组学与转录组学分析

在蛋白质组学与转录组学分析中，通过 iTRAQ 技术共得到谱图 340 528 张，Mascot 2.3.02 分析匹配到 67 334 张，共鉴定到 4726 个蛋白质。按 1.4 倍筛选差异表达蛋白的标准，共得到 334 个差异蛋白，其中 148 个上调表达、186 个下调表达（表 3-10）。通过 Illumina Hiseq TM2000 测序及除杂处理后。高、低油酸材料间，有 24 345 个基因被注释，有 2 043 个基因表达量发生了改变，按照筛选差异基因的标准，发现有 256 个上调表达，53 个下调表达（表 3-10）。

表 3-10　蛋白质组与转录组数据

类型	差异数量	上调表达	下调表达
蛋白质组数据	334	148	186
转录组数据	2043	256	53

（三）蛋白质组与转录组关联数量关系

将经鉴定的蛋白质与转录组结果进行关联（当某一个蛋白质在转录组水平有表达量时，被认为两者相关联），得到在鉴定、定量、显著差异 3 个范围中，能关联到的蛋白质和基因数量关系如表 3-11 所示。有 2604 个基因在 mRNA 和蛋白质水平被鉴定，其中在 mRNA 和蛋白质水平均有表达的基因 2019 个，而在 334 个显著差异表达蛋白中与基因关联的有 87 个。

表 3-11　关联到的蛋白质组和转录组数量

类型	蛋白质数量	基因数量	关联数量
鉴定	4 726	52 161	2 604
定量	3 518	52 161	2 019
显著差异	334	12 866	87

（四）蛋白质组与转录组的相关性

本研究中依据 mRNA 水平和蛋白质水平的表达结果，从所有定量蛋白和基因的关联表达、蛋白质与基因变化趋势相同的关联表达、蛋白质和基因变化趋势相反的关联表达三个方面，分别对蛋白质组与转录组的相关性进行分析，结果如图 3-12 所示。定量蛋白和基因关联系数为–0.3269；变化趋势相同差异蛋白和基因的表达关联系数为 0.7143；变化趋势相反差异蛋白和基因的表达关联系数为–0.7358，蛋白质组和转录组相关性并不高。

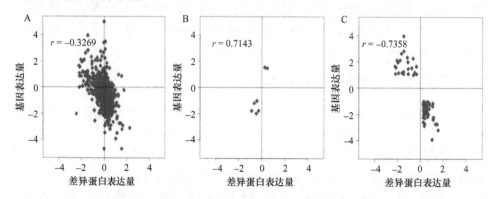

图 3-12   蛋白质与基因的表达关联
A. 所有定量蛋白质和基因的关联表达；B.蛋白和基因变化趋势相同的关联表达；
C.蛋白和基因变化趋势相反的关联表达

（五）脂肪酸代谢相关蛋白与基因的关联分析

分别对与差异蛋白变化趋势相同、mRNA 显著差异表达而蛋白无显著变化、蛋白显著差异表达而 mRNA 无显著变化这三类基因，进行转录组与蛋白质组数据关联分析，得到与差异蛋白变化趋势相同的基因（表 3-12）、mRNA 显著差异表达而蛋白无显著变化（表 3-13）、蛋白显著差异表达而 mRNA 无显著变化（表 3-14）的结果。

表 3-12   与差异蛋白变化趋势相同的脂肪酸代谢相关的差异基因

代谢途径	基因 ID	基因注释	上调（+）、下调（—）表达
脂肪酸合成	gi|656650963	半胱氨酸蛋白酶	+
	gi|297330358	推定蛋白：庚二酰 ACP 甲基酯的羧酸酯酶	+
	gi|297321940	推定蛋白：磷酸化酶	+
	gi|297314818	推定蛋白：乙酰胺、甲酰胺酶家族	+
	gi|125987775	羧化酶 C	+
	gi|297330388	长链酰基辅酶 A 合成酶	+
	gi|297310225	脂质转移蛋白家族蛋白	—
	gi|297328095	IAA 酰胺水解酶	—

续表

代谢途径	基因 ID	基因注释	上调（+）、下调（-）表达
膜与转导	gi|297310372	推定蛋白 ARALYDRAFT_332082	+
	gi|332660668	早期结瘤素样蛋白	+
	gi|297321362	溶血磷脂酰胆碱酰基转移酶家族蛋白	+
	gi|75100575	转运蛋白	—
糖代谢	gi|297313095	半乳糖转移酶	+
	gi|330254162	果糖-二磷酸醛缩酶	+
	gi|332196387	果糖激酶	+
	gi|297315627	糖苷水解酶家族 64	+
能量代谢	gi|26397723	过氧化物酶	+
	gi|18206255	硫氧还蛋白 M3	+
	gi|297313232	Ⅰ型磷酸二酯酶、核苷酸焦磷酸酶家族蛋白	+
	gi|545829767	谷氨酸脱氢酶	—
	gi|321173856	脱氢酶还原酶	—
	gi|297335384	过氧化物酶	—
	gi|297339542	推定蛋白-ARALYDRAFT_473393	—

表 3-13 蛋白显著差异表达而 mRNA 无显著变化的基因

代谢途径	基因 ID	基因注释	上调（+）、下调（-）表达
脂肪酸合成	gi|297328259	延伸因子家族蛋白	+
	gi|332645524	谷氨酸-氨连接酶	+
	gi|297328259	延伸因子家族蛋白	+
	gi|457631	脂肪酸去饱和酶	+
	gi|10177908	乙酰辅酶 A	—
	gi|332640940	酰基辅酶 A 脱氢酶	—
	gi|75169664	GDSL 酯酶、脂肪酶	—
	gi|7573470	GDSL 酯酶、脂肪酶	—
	gi|75172677	GDSL 酯酶、脂肪酶	—
	gi|297328713	GDSL 基序脂肪酶、水解酶家族蛋白	—
	gi|30678667	双功能抑制剂、脂质转移蛋白	—
	gi|194307194	细胞溶质谷氨酰胺合成酶	—
膜与转导	gi|500843	非特异性脂质转移蛋白	—
糖代谢	gi|297328065	6-磷酸葡萄糖酸脱氢酶家族蛋白	+
	gi|297340272	线粒体苹果酸脱氢酶	+
	gi|297337654	β-呋喃果糖苷酶 5	+
	gi|222424574	丙酮酸磷酸二激酶 1	—
	gi|297322456	糖苷水解酶家族 28 蛋白	—
	gi|297316326	糖基水解酶家族 1 蛋白	—

续表

代谢途径	基因 ID	基因注释	上调（+）、下调（一）表达
能量代谢	gi|75199415	铁氧还蛋白-NADP⁺还原酶	+
	gi|297335163	氧化还原酶家族蛋白	+
	gi|12229807	谷氨酸脱氢酶 1	+
	gi|297335591	ATP-柠檬酸裂合酶 A-3	—
	gi|297309226	ARF-GAP 结构域	—
	gi|297326296	过氧化物酶体 NAD-苹果酸脱氢酶 1	—

表 3-14 mRNA 显著差异表达而蛋白无显著变化

代谢途径	基因 ID	基因注释	上调（+）、下调（一）表达
脂肪酸合成	gi|21554372	脂肪酶、硫酯酶家族蛋白	+
	gi|75309198	丙酮酸激酶	+
	gi|297336596	吡哆醛依赖性脱羧酶家族蛋白	+
	gi|297329092	甘油磷酸二酯磷酸二酯酶家族蛋白	+
	gi|75297963	酰基活化酶 18	+
	gi|222424030	N-氨基甲酰胞嘧啶酰胺酶	+
	gi|297310225	种子储存、脂质转移蛋白家族蛋白	+
	gi|297312000	丝氨酸-乙酰转移酶	+
	gi|196122062	油质蛋白 S2-2	+
	gi|84778466	脂质转移蛋白、种子储存 2S 白蛋白	+
	gi|297312428	种子储存、脂质转移蛋白家族蛋白	+
膜与转导	gi|1065015002	液泡蛋白分选相关蛋白	+
	gi|20140011	信号肽酶复合亚单位	+
	gi|297829298	2Fe-2S 铁氧还蛋白	—
糖代谢	gi|297313033	赖氨酸-酮戊二酸还原酶、蔗糖脱氢酶双功能酶	+
	gi|10178280	α-半乳糖苷酶 1	+
	gi|75335028	糖基转移酶，35 族蛋白	+
	gi|297313095	半乳糖基转移酶	+
能量代谢	gi|297315698	ATP 结合家族蛋白	+
	gi|297320654	腺苷、AMP 脱氨酶家族蛋白	+
	gi|3334123	ATP 合酶亚基 γ	+
	gi|415733	线粒体伴侣蛋白	+
	gi|37591102	ATP 酶亚单位 1	—
	gi|89145408	NADH 脱氢酶亚单位 1	—

（六）讨论

本研究利用蛋白质组与转录组关联分析，挖掘高油酸材料参与脂肪酸代谢的相关基因，发现有 23 个基因在蛋白质组与转录组均有显著差异，这些基因可能为解释高油酸高脂肪酸代谢机制做出解答，其中 gi\|297330358（庚二酰 ACP 甲基酯

的羧酸酯酶)、gi|297321940(磷酸化酶)、gi|297314818(乙酰胺/甲酰胺酶家族)
3 个推定蛋白有待于后续研究。

(七)结论

通过对高、低油酸材料进行蛋白质组与转录组分析,得到定量蛋白和基因关联系数为–0.3269;变化趋势相同差异蛋白与基因的表达关联系数为 0.7143;变化趋势相反差异蛋白与基因的表达关联系数为–0.7358,蛋白质组和转录组相关性不高。

将转录组与蛋白质组数据关联分析,发现有 80 个与差异蛋白变化趋势相同的差异基因,GO 注释表明这些基因涉及代谢、信号转导、防御与胁迫应答、氧化还原、转录等方面功能,与脂肪酸代谢过程相关的有 23 个,其中 16 个上调表达,7 个下调表达。蛋白水平有表达变化而转录水平无显著变化的 247 个基因中,与脂肪酸代谢过程相关的有 25 个,其中 10 个上调表达,15 个下调表达。在 mRNA 水平有表达变化而蛋白水平无显著变化的 231 个基因中,与脂肪酸代谢过程相关的有 24 个,其中 18 个上调表达,6 个下调表达。

第四节　高油酸油菜乙酰化修饰分析

一、乙酰化分析方法简介

赖氨酸乙酰化(Kac)是一种动态的、可逆的、在基因转录调控中很重要的修饰[64]。它由赖氨酸乙酰转移酶和赖氨酸脱乙酰酶催化[65]。Kac 的早期研究于 1963 年在组蛋白中首次报道[66],主要集中在细胞核中的调节[67]。Kac 几乎存在于每个细胞区室,并参与许多细胞过程[68-70]。Kac 鉴定的蛋白质组学技术的最新进展促进了全球乙酰分析。因此,已经通过基于高通量质谱的方法鉴定了大量参与各种生物体中的不同生物学功能的乙酰化组蛋白和非组蛋白质。例如,在人类肝脏组织中,在 1047 种蛋白质中鉴定出超过 1300 个 Kac 位点[71],在马铃薯中鉴定出 31 个蛋白质中的 35 个 Kac 位点[71],Wang 等研究表明,组蛋白乙酰化与拟南芥种子中的脂肪酸(FA)生物合成有关,可能通过表观遗传工程有助于优化食用油的营养结构[72]。这些结果表明乙酰化参与各种代谢过程,包括 TCA、尿素循环和糖异生,并调节多种细胞过程,如蛋白质翻译、蛋白质折叠、DNA 包装和线粒体代谢。

二、对高油酸油菜近等基因系未成熟种子进行赖氨酸乙酰化蛋白质组学分析

在对近等基因系材料进行 iTRAQ 分析中,发现 5 个关键差异蛋白为乙酰化相

关蛋白，推测脂肪酸组分不同可能与乙酰化相关。为验证该推断，利用同时期材料进行乙酰化分析。

（一）蛋白质提取消化和标记以及数据库搜索

植物蛋白经提取、肽段消化、TMT 标记和 LC-MS/MS 分析后，使用 Maxquant 搜索引擎(v.1.5.2.8)处理得到 MS/MS 数据。针对与反向诱饵数据库连接的 *B. rapa* 和 *B.oleracea* 数据库搜索串联质谱。

在 1610 个蛋白质上共鉴定出 2903 个乙酰化位点，其中 1409 个蛋白质的 2473 个位点含有定量信息（表 3-15）。在量化的乙酰化位点，高油酸油菜（HOCR）与低油酸油菜（LOCR）比较组中 80 个位点的修饰水平被上调，并且 21 个位点的修饰水平被下调（表 3-16）。这些乙酰化蛋白质分布在几个细胞区室中。

表 3-15　修饰鉴定和定量的统计信息

	鉴定	定量
位点	2903	2473
蛋白质	1610	1409

表 3-16　修饰水平差异表达统计信息

蛋白质	位置	HOCR/LOCR 比值	调控类型	氨基酸
GSBRNA2T00127393001	81	2.5	上调	K
GSBRNA2T00089745001	271	2.17	上调	K
GSBRNA2T00051965001	6	2.16	上调	K
GSBRNA2T00058897001	6	2.15	上调	K
GSBRNA2T00074896001	6	2.14	上调	K
GSBRNA2T00062099001	177	2.07	上调	K
GSBRNA2T00000155001	7	1.95	上调	K
GSBRNA2T00148619001	4	1.91	上调	K
GSBRNA2T00085782001	6	1.91	上调	K
GSBRNA2T00069057001	7	1.87	上调	K
GSBRNA2T00036659001	497	1.82	上调	K
GSBRNA2T00139663001	318	1.79	上调	K
GSBRNA2T00004891001	282	1.79	上调	K
GSBRNA2T00122687001	513	1.77	上调	K
GSBRNA2T00106951001	559	1.75	上调	K
GSBRNA2T00059549001	275	1.74	上调	K
GSBRNA2T00036659001	491	1.72	上调	K
GSBRNA2T00141752001	406	1.71	上调	K

蛋白质	位置	HOCR/LOCR 比值	调控类型	氨基酸
GSBRNA2T00079098001	7	1.71	上调	K
GSBRNA2T00124588001	4	1.66	上调	K
GSBRNA2T00001928001	317	1.65	上调	K
GSBRNA2T00124588001	7	1.65	上调	K
GSBRNA2T00046328001	24	1.65	上调	K
GSBRNA2T00053746001	120	1.64	上调	K
GSBRNA2T00122109001	593	1.63	上调	K
GSBRNA2T00134684001	172	1.63	上调	K
GSBRNA2T00129577001	4	1.62	上调	K
GSBRNA2T00141935001	568	1.6	上调	K
GSBRNA2T00110523001	461	1.58	上调	K
GSBRNA2T00129577001	7	1.57	上调	K
GSBRNA2T00071212001	592	1.57	上调	K
GSBRNA2T00145147001	659	1.56	上调	K
GSBRNA2T00124588001	13	1.56	上调	K
GSBRNA2T00143731001	19	1.55	上调	K
GSBRNA2T00051965001	14	1.53	上调	K
GSBRNA2T00136673001	682	1.51	上调	K
GSBRNA2T00005435001	162	1.51	上调	K
GSBRNA2T00156313001	17	1.51	上调	K
GSBRNA2T00067330001	617	1.5	上调	K
GSBRNA2T00149645001	323	1.49	上调	K
GSBRNA2T00012250001	72	1.49	上调	K
GSBRNA2T00143731001	24	1.49	上调	K
GSBRNA2T00033886001	119	1.48	上调	K
GSBRNA2T00069057001	4	1.48	上调	K
GSBRNA2T00094095001	152	1.47	上调	K
GSBRNA2T00098344001	1230	1.45	上调	K
GSBRNA2T00108116001	251	1.45	上调	K
GSBRNA2T00100854001	63	1.43	上调	K
GSBRNA2T00009340001	260	1.43	上调	K
GSBRNA2T00135897001	28	1.42	上调	K
GSBRNA2T00125571001	187	1.42	上调	K
GSBRNA2T00156313001	6	1.42	上调	K
GSBRNA2T00156313001	9	1.41	上调	K
GSBRNA2T00156313001	13	1.41	上调	K
GSBRNA2T00066952001	661	1.4	上调	K
GSBRNA2T00069603001	343	1.4	上调	K
GSBRNA2T00076479001	203	1.39	上调	K
GSBRNA2T00038956001	19	1.39	上调	K
GSBRNA2T00143731001	10	1.39	上调	K
GSBRNA2T00125446001	545	1.39	上调	K

蛋白质	位置	HOCR/LOCR 比值	调控类型	氨基酸
GSBRNA2T00143731001	15	1.39	上调	K
GSBRNA2T00076633001	294	1.38	上调	K
GSBRNA2T00145855001	68	1.38	上调	K
GSBRNA2T00125531001	119	1.38	上调	K
GSBRNA2T00031907001	312	1.38	上调	K
GSBRNA2T00062102001	1264	1.37	上调	K
GSBRNA2T00129577001	13	1.37	上调	K
GSBRNA2T00065481001	15	1.37	上调	K
GSBRNA2T00037469001	40	1.37	上调	K
GSBRNA2T00113784001	139	1.35	上调	K
GSBRNA2T00113784001	145	1.35	上调	K
GSBRNA2T00113784001	142	1.35	上调	K
GSBRNA2T00137016001	585	1.34	上调	K
GSBRNA2T00063312001	97	1.34	上调	K
GSBRNA2T00005645001	292	1.34	上调	K
GSBRNA2T00155357001	31	1.33	上调	K
GSBRNA2T00020677001	183	1.33	上调	K
GSBRNA2T00004382001	59	1.32	上调	K
GSBRNA2T00134966001	272	1.32	上调	K
GSBRNA2T00003531001	122	1.31	上调	K
GSBRNA2T00102770001	364	0.76	下调	K
GSBRNA2T00143079001	185	0.76	下调	K
GSBRNA2T00066053001	6	0.76	下调	K
GSBRNA2T00024656001	126	0.75	下调	K
GSBRNA2T00067818001	135	0.75	下调	K
GSBRNA2T00038885001	51	0.74	下调	K
GSBRNA2T00141918001	37	0.73	下调	K
GSBRNA2T00030155001	140	0.72	下调	K
GSBRNA2T00120664001	51	0.72	下调	K
GSBRNA2T00076887001	52	0.71	下调	K
GSBRNA2T00119261001	667	0.7	下调	K
GSBRNA2T00067818001	162	0.69	下调	K
GSBRNA2T00028653001	252	0.68	下调	K
GSBRNA2T00142846001	409	0.68	下调	K
GSBRNA2T00156098001	53	0.67	下调	K
GSBRNA2T00017534001	418	0.66	下调	K
GSBRNA2T00033628001	176	0.65	下调	K
GSBRNA2T00129427001	320	0.63	下调	K
GSBRNA2T00150321001	146	0.6	下调	K
GSBRNA2T00153577001	745	0.58	下调	K
GSBRNA2T00065804001	145	0.52	下调	K

（二）乙酰化肽序列基序发现

为了确定乙酰化的序列基序，在鉴定的乙酰化位点的上游和下游 10 个氨基酸内提取乙酰化肽。基于网络的 motif-x 程序用于从翻译后修饰肽序列中提取统计学上显著的基序。多聚体长度窗口设置为 21，显著性阈值设置为 0.00001。将来自甘蓝型油菜的所有蛋白质序列设定为分析背景（图 3-13）。

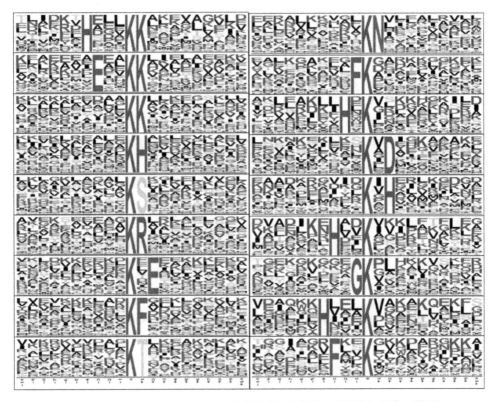

图 3-13　乙酰化修饰位点上下游氨基酸的基序富集图（彩图请扫封底二维码）

本研究鉴定了 10 个潜在的乙酰化基序，在乙酰化赖氨酸周围的乙酰化赖氨酸基序中发现了两类残基模型。第一类是 Kac 位点下游的赖氨酸（K）、组氨酸（H）、丝氨酸（S）、精氨酸（R）、谷氨酸（E）、苯丙氨酸（F）、苏氨酸（T）、天冬酰胺（N）或天冬氨酸（D），第二类是 Kac 位点上游的 H、E、F 或甘氨酸（G）。H、E或 F 是 Kac 位点周围的保守氨基酸，并在乙酰化赖氨酸的上游和下游检测到。

大多数保守残基位于 Kac 位点的 ±1 或 ±2 位置。相比之下，Nallamilli 等发现水稻 Kac 位点 –2 至 +2 位置的首选氨基酸是丙氨酸（A）、甘氨酸（G）、亮氨酸（L）、谷氨酸（E）、丝氨酸（S）和精氨酸（R）[73]。其中，E、S、R 和 G 也可以在我们的研究中找到。R、H、Y 和 K 是玫瑰孢链霉菌基序中最常见的氨基酸[70]，在油菜中也是高度保守的，尽管位置不同。Choudhary 等还发现具有庞大侧链（主要是 Y 和 F）的氨基酸富集在人类细胞的–2 和+1 位置[74]。上述结果表明，这些基序和氨基酸可能是保守的，对植物、细菌和动物中的赖氨酸乙酰化很重要。

（三）GO 二级注释分类

对具有定量信息的蛋白质在 GO 二级注释中的分布进行了统计。在生物进程中，有 29% 的蛋白质存在于新陈代谢过程中，有 26% 存在于单一生物进程中；在细胞组分中，有 35% 的蛋白质存在于细胞中，有 29% 存在于细胞器中；而在分子功能板块中，有 72% 的蛋白质具有结合作用，有 31% 具有催化作用。

（四）蛋白结构域富集

蛋白结构域是蛋白质进化的单元，长度通常在 25 个氨基酸和 500 个氨基酸长度之间。本研究分别对上调和下调差异蛋白进行结构域富集（图 3-14，图 3-15）。在上调差异蛋白中，大部结构域集中在组蛋白折叠上；在下调差异蛋白中，大部分结构域集中在 Cupin 1（蛋白质超家族）和硫氧还蛋白样折叠中。

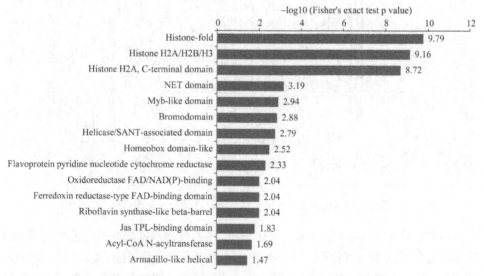

图 3-14 修饰水平上调蛋白的结构域富集（HOCR/LOCR）

横轴数值为显著 P 值（$P<0.05$）的负对数转换

（五）亚细胞结构定位分类

使用 Wolfpsort 软件对差异修饰蛋白进行了亚细胞结构的预测和分类统计（图 3-16，图 3-17）。

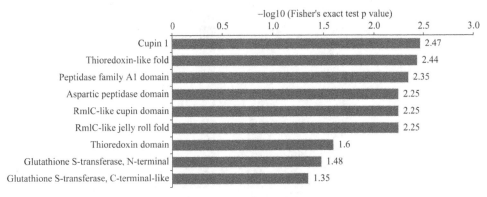

图 3-15　修饰水平下调蛋白的结构域富集（HOCR/LOCR）

横轴数值为显著 P 值（$P<0.05$）的负对数转换

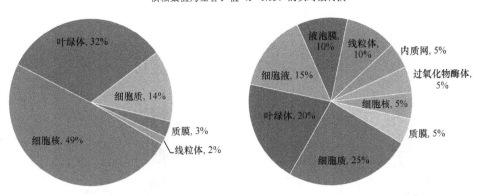

图 3-16　上调修饰蛋白亚细胞结构定位分布　　图 3-17　下调修饰蛋白亚细胞结构定位分布

在上调修饰蛋白的亚细胞结构定位分布图中，有 49% 的蛋白分布在细胞核中，32% 的分布在叶绿体内；在下调修饰蛋白的亚细胞结构定位分布图中，分布最多的在细胞质中，达到 25%，其次有 20% 的下调修饰蛋白分布在叶绿体中。对蛋白质的亚细胞定位有助于我们了解蛋白行使功能的位置，为今后进一步研究蛋白质的功能奠定了基础。

（六）聚类分析

对于修饰水平差异变化的蛋白质，我们根据其差异表达倍数将其分成了 4 个部分，称为 Q1~Q4（图 3-18）：Q1（0<Ratio≤1/1.5），Q2（1/1.5<Ratio≤1/1.3），Q3（1.3<Ratio≤1.5）和 Q4（Ratio>1.5）。然后，我们对于每一个 Q 组分别进行 GO、KEGG 及蛋白结构域的富集，并进行聚类分析，旨在找到不同差异表达倍数的蛋白功能的相关性。

根据富集分析得到的富集检验（Fisher's exact test）的 P 值使用分层聚类的方法将不同组中的相关功能聚到一起（图 3-19），绘制为热图（heatmap）。

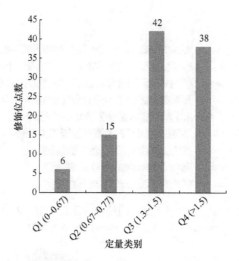

图 3-18　差异修饰蛋白根据倍数分为 Q1~Q4 的个数分布

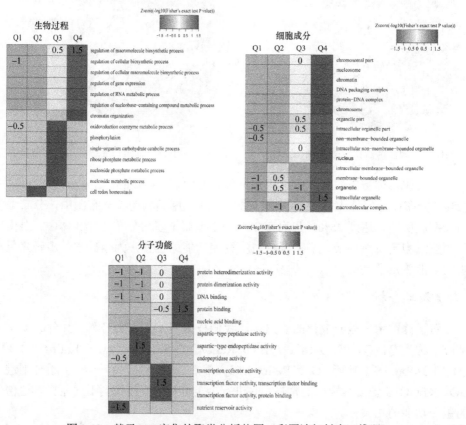

图 3-19　基于 GO 富集的聚类分析热图（彩图请扫封底二维码）

热图的横轴代表不同组的富集检验结果，纵轴为差异表达富集相关功能（GO）的描述。不同组的差异修饰蛋白与功能描述对应的色块表示富集程度强弱。红色代表富集程度强，蓝色代表富集程度弱

三、光合作用与脂肪酸相关差异蛋白对应基因表达规律研究

（一）总 RNA 提取

对乙酰化分析中得到的与光合作用、脂肪酸合成相关的差异蛋白，在 http：//www.genoscope.cns.fr/brassicanapus/cgi-bin/gbrowse/colza/中找出对应基因，之后参照前文方法，提取乙酰化分析同时期材料总 RNA。

（二）定量 PCR 研究

逆转录、引物合成及定量 PCR 研究参照文献[75]。试验进行了 3 次，取平均值。需要进行研究的基因及其引物情况如表 3-17 所示。

表 3-17　乙酰化相关差异蛋白对应基因表达量研究

差异蛋白	对应蛋白编号	对应的油菜基因	引物序列（5'→3'）
酰基-[酰基-载体-蛋白]去饱和酶 5	GSBRNA2T00153661001	*BnaC03g33080D*	F：TTCGTGGTGCTTGTTGGT R：GGGTTGTTCTCAGTTTTAGG
3-氧代酰基-[酰基-载体-蛋白]合酶 I	GSBRNA2T00054708001	*BnaA06g36060D*	F：GGACTGGTATGGGTGGTTT R：GGTAGCACAAGCGGTAGAG
酰基载体蛋白 3	GSBRNA2T00100854001	*BnaC09g16320D*	F：GTTCTTCACCCTCCTCTCTTTG R：GCTTTTTGACCACTTCACACACT
光系统氧气增进蛋白	GSBRNA2T00134966001	*BnaC09g07990D*	F：GGAAGTGAAGGGAACTGGAAC R：AAGAGTGTAGGTGAGACGGGT
磷酸甘油酸激酶 1	GSBRNA2T00076479001	*BnaA01g30320D*	F：ACAATCACTGACGATACGAGG R：TGGACAGGATGACTTTAGCAC
果糖二磷酸醛缩酶	GSBRNA2T00069603001	*BnaA02g27140D*	F：CTTTCGTCTGGCGGAGTCTTC R：GCAATCGTTTTGGCGGTTT
磷酸丙糖异构酶	GSBRNA2T00108116001	*BnaC04g33690D*	F：TCATCTATCCGTCTCGTTTC R：GAGTCCTTAGTCCCGTTACA
丙酮酸激酶	GSBRNA2T00009340001	*BnaC09g29010D*	F：ATGGCTCAGGTGGTTGCT R：CCTCTTCGCTTCGTTTCC

（三）结果

利用高油酸油菜近等基因系材料，对乙酰化分析得到的 8 个与光合作用和脂肪酸合成相关差异蛋白对应基因在不同材料中的表达进行研究（图 3-20），结果如下。

高油酸油菜中的 8 个基因中的相对表达量都高于低油酸油菜：丙酮酸激酶的相对表达量最高，达到 48.54；光系统氧气增进蛋白的相对表达量较低，只达到 1.57，与乙酰化分析得到的蛋白表达结果一致。

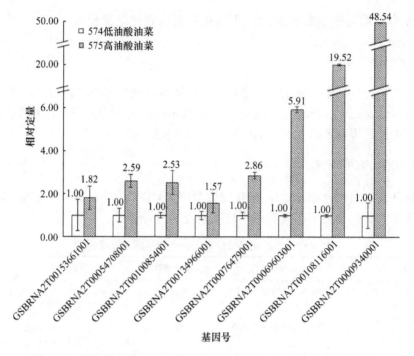

图 3-20　相关差异蛋白对应基因在自交套袋 20~35d 种子中表达研究

（四）讨论

乙酰化分析得到的与光合作用和脂肪酸合成相关差异蛋白对应基因酰基-[酰基-载体-蛋白]去饱和酶 5 基因（*Fab2*）、3-氧代酰基-[酰基-载体-蛋白]合酶 I 基因（*FabF*）、酰基载体蛋白 3 基因（*ACP3*）、光系统氧气增进蛋白基因（*PsbO*）、磷酸甘油酸激酶 1 基因（*PGK*）、果糖二磷酸醛缩酶基因（*ALDO*）、磷酸丙糖异构酶基因（*TPI*）、丙酮酸激酶基因（*PK*）在授粉 20~35d 时，相对表达量高于低油酸油菜。

在后续研究中可进行进一步研究，在近等基因系不同发育时期确定其是否具有同样的表达情况，如与本研究一致，则可利用实时荧光定量 PCR 的方法测定该基因，对高油酸油菜育种材料进行早期筛选，加快育种进程。

（五）结论

对乙酰化分析报告同期材料中的差异蛋白对应基因进行荧光定量分析，发现与报告结果一致，为理论研究提供了依据。

四、对乙酰化分析结果与 iTRAQ 进行关联分析

在本研究中，我们进行了乙酰化（TP）和 iTRAQ（iQ）之间的关联分析。在高油酸与低油酸菜籽的 TP 研究中，鉴定了 2903 个位点，其中 2473 个位点被量化。定量比高于 1.3 或低于 0.769 且 t 检验 $P<0.05$ 的修饰位点被认为显著差异表达。在量化位点中，80 个位点上调，21 个位点下调。在 B116vsA113 的 iQ 研究中，鉴定了 6774 个蛋白质。比值大于 1.3 或低于 0.769 时，331 个蛋白质上调，351 个蛋白质下调。

比较 TP 和 iQ 的数据集，在 TP 和 iQ 研究中鉴定了 2628 个位点或蛋白质（图 3-21）。分析结果表明，修饰位点和蛋白质的表达具有正相关关系（图 3-22）。在 KEGG 通路中对 TP 和 iQ 进行关联分析发现，在黄酮类生物合成，以及戊糖和葡萄糖醛酸的相互转化中，乙酰化修饰下调，而 iTRAQ 不发生变化；在糖酵解/糖异生中，乙酰化修饰没有发生变化，iTRAQ 发生上调表达（图 3-23）。

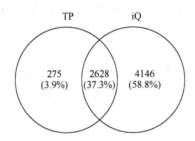

图 3-21　TP 和 iQ 关系维恩图

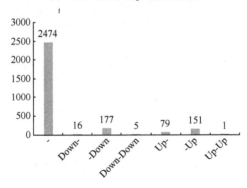

图 3-22　TP 和 iQ 显著差异表达的位点或蛋白质比较条形图

"-"表示有 2474 个修饰和蛋白组都没有变化，"Down-"表示有 16 个修饰下调、蛋白组没有变化，"-Down"表示有 177 个修饰没有变化、蛋白组下调，"Down-Down"表示有 5 个修饰和蛋白组都发生下调，"Up-"表示有 79 个修饰上调、蛋白组没有变化，"-Up"表示 151 个修饰没有变化、蛋白组上调，"Up-Up"表示只有 1 个修饰和蛋白组发生上调

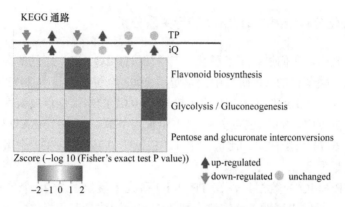

图 3-23　TP 与 iQ 的通路关联分析（彩图请扫封底二维码）

第五节　差异蛋白对应基因表达规律研究

光合作用是植物同化太阳能，将太阳能转化为活跃的化学能储存在 ATP 中，再将 ATP 中活跃的化学能转化为糖类等有机物中稳定的化学能的过程。光合作用除了供给自身用外，也为人类营养和活动提供能量来源。本实验室对转录组分析得到的光合作用相关差异基因在不同生育期及不同器官中的表达情况研究发现，一些基因的表达有规律，可用于高油酸油菜育种材料早期筛选研究[77]。光合作用是生物界赖以存在的基础，也是农作物产量形成的基础[78]，作物中 90%以上的干物质直接来源于光合作用[79]，光合作用能力强有助于积累更多的干物质，获得更高的产量[80]。

脂肪酸广泛存在于菜籽油中。高油酸油菜一般是指种子在低芥酸基础上进一步提高油酸的含量至 75%以上[81]。高油酸油可降低人体血液中有害的低密度脂蛋白，同时可减少血浆中脂蛋白胆固醇含量[82]，有效预防及治疗动脉硬化[83]；避免有害的反式脂肪酸的产生[84]；在高温加热下不冒烟，可用于煎炸行业[85]等，同时还可用于生物柴油的生产[86]，因而近年来研究较多，但分子机制仍未明晰，需进行蛋白质组学[18,87-90]和基因组学[90-92]等方面的深入研究，因而需要稳定的近等基因系作为研究材料。

一、基于 iTRAQ 分析的差异蛋白对应基因表达规律研究

（一）光合作用相关差异蛋白对应基因表达规律研究

1. 材料与方法

1）材料、总 RNA 提取

同第三章第三节二，（一），2，1）。

2）定量 PCR 研究

逆转录、引物合成及定量 PCR 研究参照文献[77]。试验进行 3 次，取平均值[94]。需要进行研究的基因及其引物情况如表 3-18 所示。

表 3-18　与光合作用相关蛋白对应基因及其引物

差异蛋白	对应基因 gi 号	对应的油菜基因	引物序列
酮酸磷酸激酶 1	gi|79475768	—	F：ATAATGGCGGTGACAACA R：GAAGCGGAGGGTCTAACA
芜菁线粒体脱氢酶	gi|297825149	BnaA04g13850D	F：GCCTTCTCCAGTCCCATCC R：GCTTCCCTTCTTCGCATC
芜菁甘油醛-3-磷酸脱氢酶	gi|312282567	BnaC07g23750D	F：ACATCGTTCCCACATCCA R：GGCTCATCGCAGACTTCA
甘蓝型油菜 mRNA 线粒体苹果酸脱氢酶	gi|297853098	BnaC03g78200D	F：TGACCTCGTTATCATTCC R：TTAGCCTTTCCAGCGTAG
芜菁甘油醛-3-磷酸脱氢酶	gi|312282897	BnaC08g46180D	F：GGGGACCAAGTAAATACCA R：AGCAGGAACCCAAACTACC
芜菁叶绿素 a-b 结合蛋白 CP24	gi|50313237	BnaA09g56570D	F：TTCGCAAACTACACTGGC R：CCCTATCTGGCTCATAAACA
甘蓝型油菜正捕光色素蛋白复合物 II 类型 III 叶绿素 a-b 结合蛋白	gi|515616	BnaA10g07350D	F：TATCTGATTCTCCCGTGTC R：TCTTTGCTGTTTGGTGG
芜菁光合作用 II 22 kDa 蛋白	gi|6006279	BnaA08g04420D	F：TGTTGAGTTGAGCCAGTG R：ATCCGTAAATGCTTGTTG
芜菁铁-氧还蛋白-NADP 还原酶	gi|42571703	BnaA09g26030D	F：ACAGAGTTACGGTGTCATCC R：ACCAATGTAATGGCACGA

注：—表示无对应油菜基因。

2. 结果

利用高油酸油菜近等基因系材料，对 iTRAQ 分析得到的 9 个与光合作用相关差异蛋白对应基因在不同生育期表达规律进行研究，得到如下结果。

（1）由图 3-24 可知，gi\|515616 基因在高油酸油菜中不表达，gi\|312282897 基

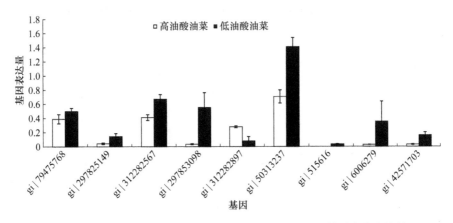

图 3-24　与光合作用相关差异蛋白对应基因在出苗后 7d 材料中的表达情况

因在高油酸油菜中上调表达（3.544 倍），其余基因在高油酸油菜中下调表达，其中 gi|297853098 基因（15.743 倍）、gi|6006279 基因（13.0 倍）差别较大，其次是 gi|42571703 基因（5.367 倍）和 gi|297825149 基因（3.326 倍）。在出苗后 7d，7 个基因在高油酸油菜材料中下调表达，表明此时期高油酸油菜的光合作用能力低于低油酸油菜。

（2）从图 3-25 可看出，gi|515616 基因在低油酸油菜叶片中不表达，gi|297853098 基因（2.837 倍）、gi|312282897 基因（3.950 倍）在高油酸油菜叶片中下调表达，其余基因在高油酸油菜叶片中上调表达，其中 gi|42571703 基因（35.438 倍）差别较大，其次是 gi|297825149 基因（4.754 倍）和 gi|79475768 基因（3.377 倍）。6 个基因在高油酸油菜叶片中上调表达，表明在此时期高油酸油菜的光合作用能力强于低油酸油菜。

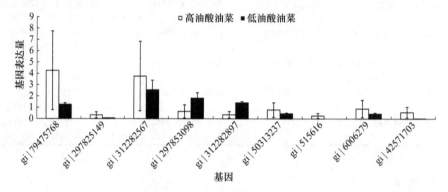

图 3-25　与光合作用相关差异蛋白对应基因在 5~6 叶期不同材料叶片中表达情况

（3）由图 3-26 所示，gi|515616 基因在低油酸油菜叶片中不表达，gi|79475768 基因（3.607 倍）、gi|312282567 基因（3.198 倍）和 gi|50313237 基因（1.245 倍）在高油酸油菜叶片中下调表达，其余的基因在高油酸油菜中上调表达，其中

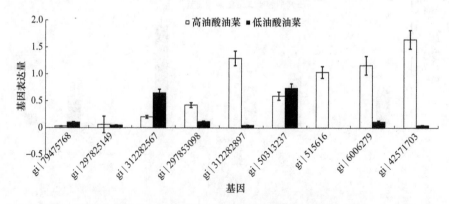

图 3-26　与光合作用相关差异蛋白对应基因在越冬期不同材料叶片中表达情况

gi|42571703 基因（36.350 倍）、gi|312282897 基因（27.511 倍）、gi|6006279 基因（10.375 倍）和 gi|297853098 基因（3.198 倍）差别较大。5 个基因在高油酸油菜叶片中上调表达，表明在此时期高油酸油菜的光合作用能力强于低油酸油菜。

（4）如图 3-27 所示，gi|42571703 基因（840 倍）、gi|312282897 基因（8 081 倍）在高油酸油菜花中上调表达，gi|515616 基因在两种油菜花中均不表达，其余的基因在高油酸油菜花中下调表达，其中 gi|297853098 基因（25 714 倍）和 gi|312282567 基因（14 944 倍）差别较大，其次是 gi|79475768 基因（5239 倍）、gi|50313237 基因（3949 倍）和 gi|297825149 基因（2309 倍）。6 个基因在高油酸油菜花中下调表达，表明在油菜花中高油酸油菜的光合作用能力低于低油酸油菜，也可能与采用的材料有关，光合作用主要发生在叶片中。

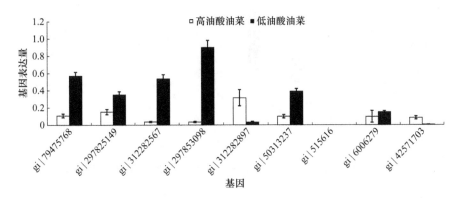

图 3-27　与光合作用相关差异蛋白对应基因在不同材料花中的表达情况

（5）如图 3-28 所示，gi|515616 基因在高油酸油菜授粉后 20~35d 种子中不表达，gi|42571703 基因（261 333 倍）、gi|312282897 基因（7840 倍）、gi|6006279 基因（30 745

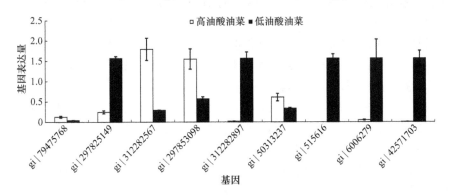

图 3-28　与光合作用相关差异蛋白对应基因在授粉后 20~35d 种子中的表达情况

倍）和 gi|297825149 基因（6426 倍）在高油酸油菜授粉后 20~35d 种子中下调表达，gi|312282567 基因（6144 倍）、gi|79475768 基因（2953 倍）、gi|297853098 基因（2716 倍）和 gi|50313237 基因（1807 倍）在高油酸油菜授粉后 20~35d 种子中上调表达。

（6）从图 3-29 可看出，gi|515616 基因在低油酸油菜角果皮中不表达，gi|297825149 基因（1.150 倍）在高油酸油菜角果皮中上调表达，其余基因在高油酸油菜角果皮中下调表达，其中仅 gi|6006279 基因（3.13 倍）和 gi|312282567 基因（2.4 倍）差别在 2 倍以上。7 个基因在高油酸油菜角果皮中下调表达，表明在此时期高油酸油菜的光合能力低于低油酸油菜，成熟期产量形成的重要时期，光合作用能力低可能是导致高油酸油菜与普通油菜产量存在一定差异的原因。

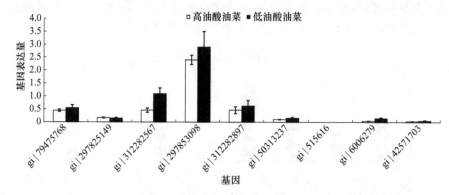

图 3-29　与光合作用相关差异蛋白对应基因在授粉后 20~35d 角果皮中的表达情况

3. 讨论

gi|312282897 基因和 gi|312282567 基因为芜菁甘油醛-3-磷酸脱氢酶基因，表达的蛋白质有 2 个；而甘蓝型油菜正捕光色素蛋白复合物 II 类型 III 叶绿素 a-b 结合蛋白在授粉后 20~35d 的种子中存在，而 gi|515616 基因在授粉后 20~35d 的种子中不表达，可能是由于其他基因的表达产物随时间、地点和环境条件发生改变或经过翻译后修饰和剪接，产生改变形成该蛋白质，与甘蓝型油菜正捕光色素蛋白复合物 II 类型 III 叶绿素 a-b 结合蛋白对应基因并非是导致该蛋白质表达的基因，因而在该时期种子中没有表达。

发现 gi|515616 基因在不同生育期的表达情况不同，可以此作为某个时期油菜高油酸材料筛选的指示基因，根据其是否表达来初步判断该材料是否为需要的高油酸材料。同时，gi|297825149 基因（高油酸油菜角果皮中唯一上调表达基因）和 gi|312282897 基因（高油酸油菜出苗后 7d 去根材料中为唯一上调表达基因）也可作为某个时期选择育种材料的基因；另外，gi|312282567 基因、gi|50313237 基因、gi|79475768 基因、gi|297853098 基因和 gi|297825149 基因有相同的表达规律，

这些基因的表达规律均可用于高油酸油菜育种材料早期筛选研究，减少大量繁琐的田间工作，加快育种进程。

4. 结论

在出苗后 7d 材料中，有 7 个基因在高油酸油菜中下调表达；在花中，有 6 个基因在高油酸油菜花中下调表达；授粉后 20~35d 角果皮中，有 7 个基因在高油酸油菜材料中下调表达；表明在出苗后 7d、花期和授粉后 20~35d 高油酸油菜的光合作用能力低于低油酸油菜。5~6 叶期叶片中，6 个基因在高油酸油菜中上调表达；越冬期叶片中 5 个基因在高油酸油菜中上调表达；表明在 5~6 叶期、越冬期高油酸油菜的光合作用能力高于低油酸油菜。

（二）脂肪酸代谢相关差异蛋白对应基因的表达规律研究

1. 材料与方法

实验材料同第三章第五节一，（一），1。

逆转录、引物合成及定量 PCR 研究参照文献[77]。试验进行 3 次，取平均值[94]。需要进行研究的基因及其引物情况如表 3-19 所示。

表 3-19　与脂肪酸代谢相关基因及其引物

差异蛋白	对应基因 gi 编号	对应的油菜基因	引物序列
甘蓝型油菜 3-酮脂酰-CoA 还原酶	gi|28565601	BnaA02g13310D	F: TCTATGACCACTCCGAAC R: CTGCTGCTCTTATCCCTT
甘蓝型油菜脂肪酸脱饱和酶	gi|12655935	BnaA01g06190D	F: TGCTTCCTTTGGCTTGGG R: GTGGTGACGGTCGTGCTT
芸薹属植物乙酰辅酶 A 脱氢酶	gi|30680020	BnaC05g45090D	F: TTCCCAAGCGTGGACAGT R: GCGAAGGCAAACCCGTAA
芸薹属植物乙酰辅酶 A 转乙酰酶	gi|122720978	BnaC09g20370D	F: GAGAACGCCTATGGGAGAC R: GTGCGGCTATGAGTGGAG
芸薹属植物丝氨酸羟甲基转移酶 4	gi|297800886	—	F: CAGCATTGGCTTTCACCT R: GTCCAAGGGCTGGTATGA

注：—表示无对应油菜基因。

2. 结果

利用高油酸油菜近等基因系材料，对 iTRAQ 分析得到的 5 个与脂肪酸合成相关差异蛋白对应基因在不同生育期表达规律进行研究，结果见图 3-30~图 3-34。

以上结果表明，出苗 7d 后的叶片中，甘蓝型油菜 3-酮脂酰-CoA 还原酶、芸薹属植物丝氨酸羟甲基转移酶 4 对应基因在高油酸油菜材料中的表达量高于低油酸油菜中的表达量。5~6 叶期和越冬期叶片中，除芸薹属植物丝氨酸羟甲基转移酶对应基因外，其余 4 个基因在高油酸油菜材料中的表达量均高于低油酸油菜中的表达量。花中甘蓝型油菜脂肪酸脱饱和酶、芸薹属植物乙酰辅酶 A 乙酰转移酶对应基因在高油酸油菜中的表达量高于低油酸油菜中。在授粉后 20~35d 的种子中，除芸薹属植物丝氨酸羟甲基转移酶 4 对应基因外，其余 4 个基因在高油酸油菜材料中的表达量均低于低油酸油菜中表达量。

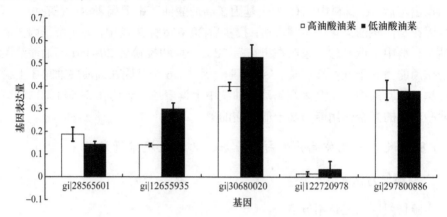

图 3-30   与脂肪酸代谢相关差异蛋白对应基因在出苗后 7d 材料中的表达情况

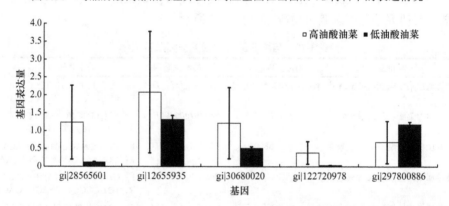

图 3-31   与脂肪酸代谢相关差异蛋白对应基因在 5~6 叶期不同材料叶片中表达情况

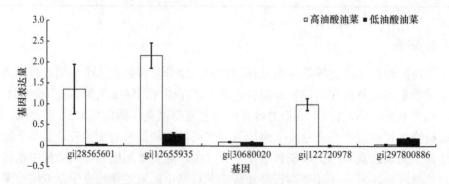

图 3-32   与脂肪酸代谢相关差异蛋白对应基因在越冬期不同材料叶片中表达情况

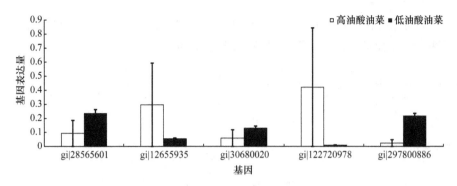

图3-33 与脂肪酸代谢相关差异蛋白对应基因在不同材料花中的表达情况

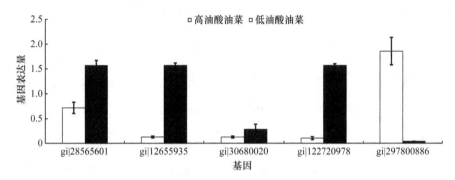

图3-34 与脂肪酸代谢相关差异蛋白对应基因在授粉后20~35d种子中的表达情况

3. 讨论

iTRAQ 分析得到的与脂肪酸合成相关差异蛋白对应基因 Brassica napus putative 3-ketoacyl-CoA reductase 2 mRNA（gi|28565601）在营养生长期上调表达，生殖生长期下调表达。该基因在酵母 ybr159Δ 突变体中及体外反应试验中均提高了超长链脂肪酸的含量[92,95]，且 Juliette 等[96]研究也证明该基因在不同芥酸含量油菜种子中的表达不同。

二、基于乙酰化分析的差异蛋白对应基因表达规律研究

（一）定量 PCR 研究

逆转录、引物合成及定量 PCR 研究参照文献[77]。试验进行 3 次，取平均值。需要进行研究的基因及其引物情况如表 3-20 所示。

（二）结果

利用高油酸油菜近等基因系材料，对乙酰化分析得到的 3 个与脂肪酸代谢相

关、7 个与光合作用代谢相关和 1 个与植物逆境相关的差异蛋白对应基因在不同生育期表达规律进行研究，结果见图 3-35~图 3-40。

表 3-20　乙酰化相关差异蛋白对应基因表达量研究

差异蛋白	对应蛋白编号	对应的油菜基因	引物序列（5′→3′）
酰基-[酰基-载体-蛋白] 去饱和酶 5	GSBRNA2T00153661001	*BnaC03g33080D*	F: TTCGTGGTGCTTGTTGGT R: GGGTTGTTCTCAGTTTTAGG
3-氧代酰基-[酰基-载体-蛋白] 合酶 I	GSBRNA2T00054708001	*BnaA06g36060D*	F: GGACTGGTATGGGTGGTTT R: GGTAGCACAAGCGGTAGAG
酰基载体蛋白 3	GSBRNA2T00100854001	*BnaC09g16320D*	F: GTTCTTCACCCTCCTCTCTTTG R: GCTTTTTGACCACTTCACACACT
单脱氢抗坏血酸还原酶 1	GSBRNA2T00129427001	*BnaA09g33250D*	F: CACAAACCAACTTCAGCCA R: CGTTCATAAGGAGCCACC
果糖二磷酸醛缩酶	GSBRNA2T00069603001	*BnaA02g27140D*	F: CTTTCGTCTGGCGGAGTCTTC R: GCAATCGTTTTGGCGGTTT
叶绿素 a-b 结合蛋白 1	GSBRNA2T00141918001	*BnaA03g15830D*	F: GCTCAAAGCATCTTAGCCATT R: TCCAGCGACTCTGTAACCCT
光系统氧气增进蛋白	GSBRNA2T00134966001	*BnaC09g07990D*	F: GGAAGTGAAGGGAACTGGAAC R: AAGAGTGTAGGTGAGACGGGT
磷酸丙糖异构酶	GSBRNA2T00108116001	*BnaC04g33690D*	F: TCATCTATCCGTCTCGTTTC R: GAGTCCTTAGTCCCGTTACA
磷酸甘油酸激酶 1	GSBRNA2T00076479001	*BnaA01g30320D*	F: ACAATCACTGACGATACGAGG R: TGGACAGGATGACTTTAGCAC
苹果酸脱氢酶 1	GSBRNA2T00024656001	*BnaA06g01050D*	F: AGGCTAATGTCCCTGTTGC R: TTGGTGAGAGCGGTGAGT
丙酮酸激酶	GSBRNA2T00009340001	*BnaC09g29010D*	F: ATGGCTCAGGTGGTTGCT R: CCTCTTCGCTTCGTTTCC

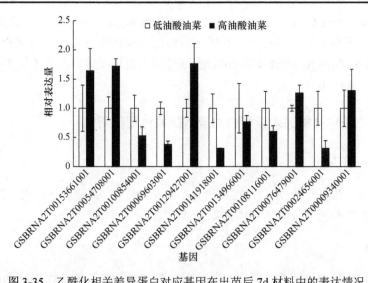

图 3-35　乙酰化相关差异蛋白对应基因在出苗后 7d 材料中的表达情况

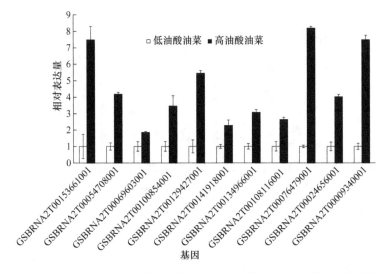

图3-36　乙酰化相关差异蛋白对应基因在5~6叶期不同材料叶片中表达情况

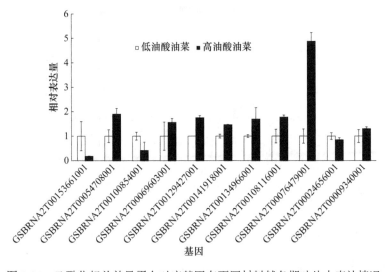

图3-37　乙酰化相关差异蛋白对应基因在不同材料越冬期叶片中表达情况

相关差异蛋白对应基因在油菜不同发育时期表达都不一样：在高油酸油菜中，GSBRNA2T00069603001、GSBRNA2T00108116001 和 GSBRNA2T00134966001 对应基因在出苗后 7d 中下调表达，在 5~6 叶期、越冬期、花期、授粉后 20~35d 种子和角果皮中均上调表达；GSBRNA2T00076479001、GSBRNA2T00054708001 和 GSBRNA2T00009340001 对应基因在授粉后 20~35d 角果皮中均下调表达，在苗期、5~6 叶期、越冬期、花期和授粉后 20~35d 种子中均上调表达；GSBRNA2T00100854001 和 GSBRNA2T00024656001 对应基因在授粉后 20~35d

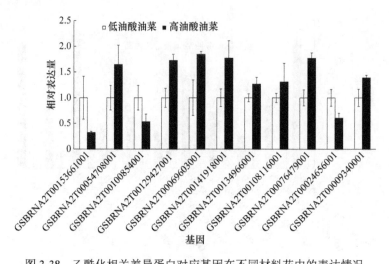

图 3-38　乙酰化相关差异蛋白对应基因在不同材料花中的表达情况

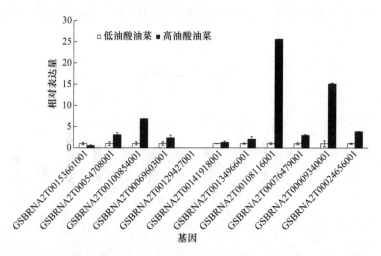

图 3-39　乙酰化相关差异蛋白对应基因在授粉后 20~35d 种子中的表达情况

种子中上调表达，而在苗期、5~6 叶期、越冬期、花期和角果皮中均下调表达；GSBRNA2T00153661001 对应基因在苗期上调表达，在其他时期均下调表达；GSBRNA2T00129427001 对应基因在高、低油酸油菜授粉后 20~35d 种子中均不表达，在其他时期均上调表达；GSBRNA2T00141918001 对应基因在苗期和授粉 20~35d 角果皮中下调表达，在其他时期均上调表达。

　　在出苗后 7d 材料中，有 6 个基因在高油酸油菜中下调表达，5 个上调表达；在 5~6 叶期材料中，11 个基因在高油酸油菜中均上调表达；在越冬期和花期材料中，有 8 个基因上调表达；授粉后 20~35d 种子中，有 9 个基因在高油酸油菜材料中上调表达；授粉后 20~35d 角果皮中，有 7 个基因下调表达。

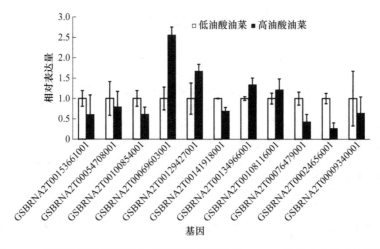

图 3-40 乙酰化相关差异蛋白对应基因在授粉后 20~35d 角果皮中的表达情况

（三）讨论

乙酰化分析得到的与脂肪酸合成相关差异蛋白对应基因有酰基-[酰基-载体-蛋白]去饱和酶 5 基因（*Fab2*）、3-氧代酰基-[酰基-载体-蛋白]合酶 I 基因（*FabF*）和酰基载体蛋白 3 基因。*Fab2* 能催化 18 个碳原子的硬脂酸生成一个不饱和键，产生油酸；*FabF* 将顺-9-十六烯脂酰 ACP 延伸为顺-11-十八烯脂酰 ACP，具有延长碳链的作用；ACP 携带酰基链完成缩合、还原和脱氢等酶促反应，它是不同酰基链长度脂肪酸的 acyl-ACP 去饱和反应和质体类酰基转移酶作用的辅助因子。在高油酸油菜 5~6 叶期中，11 个差异蛋白对应基因上调表达；在授粉 20~35d 种子中，除单脱氢抗坏血酸基因不表达、*Fab2* 下调表达外，其余基因均上调表达。

（四）结论

确定了高油酸油菜籽（甘蓝型油菜）整个蛋白质组中的 Kac 位点，使用低油酸油菜作为对照，对油菜进行了首次全面的乙酰化分析。共获得 2903 个乙酰化位点，鉴定出 1610 个蛋白质，其中 1409 个蛋白质的 2473 个位点包含定量信息，有 80 个位点的修饰水平上调并下调了 21 个位点的修饰水平。Kac 的亚细胞定位和分子功能分析表明，Kac 位点位于不同的细胞器中，并且 Kac 参与了不同的过程，尤其是光合作用。TP 与 IQ 之间的相关性分析表明，油菜中修饰位点和蛋白质的表达呈正相关。

在通过实时 PCR（qRT-PCR）分析验证 Western 印迹和基因表达的过程中，验证结果与测序结果一致。可用于了解 Kac 在油菜的生长发育和对胁迫反应中的功能。

参 考 文 献

[1] Dulbecco R. A turning point in cancer research: sequencing the human genome. Science, 1986, 231(4742): 1055-1056.

[2] Pandey A , Mann M.Proteomics to study genes and genomics. Nature, 2000, 405(6788): 837-846.

[3] 陈捷, 徐书法, 刘力行, 等. 农业生物蛋白质组学. 北京: 科学出版社, 2009.

[4] 王关林, 方宏筠. 植物基因工程. 北京: 科学出版社, 2009: 11-13.

[5] 何大澄, 赵和平. 从基因组学到蛋白质组学. 生物学通报, 2002, 37(9): 9-12.

[6] Wilkins MR. Proteome Research: New Frontiers in Functional Genomics. New York: Springer-Verlag Berlin Heidelburg, 1997.

[7] 王志珍, 邹承鲁. 后基因组——蛋白质组研究. 生物化学与生物物理学报, 1998, 30(6): 533-539.

[8] 王斌. 基于 RNA-Seq 技术的米曲霉 RIB40 转录组学研究. 广州: 华南理工大学博士学位论文, 2010.

[9] de Raad M, Fischer CR, Northen TR. High-throughput platforms for metabolomics . Curr Opin Chem Biol, 2016, 30: 7-13.

[10] Tweeddale H, Notley-McRobb L, Ferenci T. Effect of slow growth on metabolism of *Escherichia coli*, as revealed by global metabolite pool (metabolome) analysis . J Bacteriol, 1998, 180(19): 5109-5116.

[11] 刘蕊. 甘蓝型油菜花青素易诱导突变体 *as* 的鉴定及对逆境胁迫的响应. 镇江: 江苏大学硕士学位论文, 2018.

[12] 闫桂霞. 一个甘蓝型油菜叶绿素缺失突变体的蛋白质组学和生理学分析. 南京: 南京农业大学硕士学位论文, 2016.

[13] Wang Y, Yang Q, Xiao G, et al. iTRAQ-based quantitative proteomics analysis of an immature high-oleic acid near-isogenic line of rapeseed. Molecular Breeding, 2018, 38(1): 2.

[14] 黄飞. 油菜单显性核不育两用系小孢子发育及花蕾中蛋白质表达差异比较分析. 杨凌:西北农林科技大学硕士学位论文, 2006.

[15] 张署雯. 甘蓝型油菜温敏核不育系 SP2S 花蕾蛋白质双向电泳体系的建立及差异蛋白质组学分析. 杨凌: 西北农林科技大学硕士学位论文, 2015.

[16] Cao JY, Xu YP, Cai XZ. TMT-based quantitative proteomics analyses reveal novel defense mechanisms of *Brassica napus* against the devastating necrotrophic pathogen *Sclerotinia sclerotiorum*. Journal of Proteomics, 2016: S1874391916300628.

[17] Sheoran IS, Pedersen EJ, Ross ARS, et al. Dynamics of protein expression during pollen germination in canola (*Brassica napus*). Planta, 2009, 230(4): 779-793.

[18] 李春宏, 付三雄, 戚存扣. 甘蓝型油菜授粉功能缺失突变体及其野生型柱头差异蛋白研究. 中国农业科学, 2012, 45(22): 4728-4737.

[19] 孔芳, 蒋金金, 吴磊, 等. 芸薹属种子贮藏蛋白质组分的比较研究. 中国油料作物学报, 2010, 32(1): 20-24.

[20] 万华方. 甘蓝型黑、黄籽油菜种皮蛋白质差异表达研究. 重庆: 西南农业大学硕士学位论文, 2005.

[21] 袁金海, 刘自刚, 孙万仓, 等. 白菜型冬油菜叶片质外体蛋白提取及响应低温胁迫的蛋白表达分析. 华北农学报, 2016, 31(4): 44-50.

[22] 牛银银. 磷胁迫下油菜子叶、茎及其根系分泌蛋白的双向电泳分析. 郑州: 郑州大学硕士学位论文, 2013.

[23] 蒲媛媛. 白菜型冬油菜抗寒性的生理特性与蛋白质组的电泳分析. 兰州: 甘肃农业大学硕士学位论文, 2010.

[24] 王道平, 徐江, 牟永莹, 等. 表油菜素内酯影响水稻幼苗响应低温胁迫的蛋白质组学分析. 作物学报, 2018, 44(6): 897-908.

[25] 余永芳, 赵丹丹, 李玉琴, 等. 磷胁迫下油菜幼苗叶片差异蛋白表达的初步分析. 河南农业科学, 2011, 40(8): 89-91, 112.

[26] 赵丹丹. 磷胁迫下油菜幼苗叶片的蛋白质组学初步研究. 郑州: 郑州大学硕士学位论文, 2010.

[27] 王志芳. 甘蓝型油菜低硼胁迫下的根系蛋白质组学研究. 武汉: 华中农业大学硕士学位论文, 2010.

[28] 王力敏. 甘蓝型油菜应答干旱胁迫的组学研究. 武汉: 华中农业大学博士学位论文, 2017.

[29] 董小云, 米超, 陈其鲜, 等. 干旱胁迫下白菜型冬油菜差异蛋白组学及光合特征分析. 分子植物育种, 2019, 17(18): 5899-5909.

[30] 陈琳, 林焱, 陈鹏飞, 等. 水稻响应缺铁的韧皮部汁液蛋白质组学分析. 植物学报, 2019, 54(2): 194-207.

[31] 张敏娟, 李帅军, 陈琼琼, 等. 水稻矮化少蘖突变体 *dlt3* 的基因定位和蛋白质组学分析. 中国水稻科学, 2018, 32(6): 529-537.

[32] Yahata E, Maruyama-funatsuki W, Nishio Z, et al. Wheat cultivar specific proteins in grain revealed by 2-DE and their application to cuhivar identification of flour. Proteomics, 2005, 5(15): 3942-3953.

[33] 张高明. 基于 iTRAQ 蛋白质组学方法研究 K 型温敏雄性不育小麦 KTM3315A 的育性转换分子机理. 杨凌: 西北农林科技大学硕士学位论文, 2018.

[34] 周正富, 江雪, 杨攀, 等. 普通小麦成熟籽粒蛋白双向电泳体系的建立. 分子植物育种, 1-7.

[35] Hajduch M, Ganapathy A, Stein JW, et al. A systematic proteomic study of seed filling in soybean. Establishmentofhigh-resolution two-dimensional reference maps, expression profiles, and an interactive proteome database. Plant Physiology, 2005, 137(4): 1397-1419.

[36] 曾维英, 孙祖东, 赖振光, 等. 大豆抗豆卷叶螟的转录组和蛋白质组关联分析. 中国农业科学, 2018, 51(7): 1244-1260.

[37] Okinaka Y, Yang CH, Herman E, et al. The P34 syringolide elicitor receptor interacts with a soybean photorespiration enzyme, NADH-dependent hydroxypyruvate reductase. Mol Plant Microbe Interact, 2002, 15(12): 1213-1218.

[38] 张智敏, 叶娟英, 龙海飞, 等. 玉米早期花药蛋白质组和磷酸化蛋白质组分析. 生物工程学报, 2016, 32(7): 937-955.

[39] 王秀玲, 董朋飞, 王群, 等. 淹水胁迫条件下玉米苗期叶片蛋白质组学分析. 河南农业大学学报, 2015, 49(5): 608-615.

[40] 侯晓梦, 刘连涛, 李梦, 等. 基于 iTRAQ 技术对棉花叶片响应化学打顶的差异蛋白质组学分析. 中国农业科学, 2017, 50(19): 3665-3677.

[41] 邹甜. 棉花耐涝渍关键基因的鉴定及表达验证. 长沙: 湖南农业大学硕士学位论文, 2017.

[42] Rohila JS, Chen M, Cerny R, et al. Improved tandem affinity purification tag and methods for

isolation of protein heterocomplexes from plants. Plant J, 2004, 38(1): 172-181.

[43] 徐莹, 晏国全, 张扬, 等. 中国 3 个主栽烟草品种的差异蛋白质组学研究. 中国农业科学, 2016, 49(16): 3084-3097.

[44] 尤垂淮, 唐莉娜, 王海斌, 等. 烟草叶片蛋白质双向电泳技术体系的建立. 中国烟草学报, 2012, 18(5): 96-102.

[45] 何庆瑜. 功能蛋白质研究. 北京: 科学出版社, 2012.

[46] 魏开华, 应天翼. 蛋白质组学实验技术精编. 北京: 化学工业出版社, 2010.

[47] Westermeier R. Sensitive, quantitative, and fast modifications for Coomassie Blue staining of polyacrylamide gels. Proteomics, 2006, 6(suppl2): 61-64.

[48] Neuhoff V, Arold N, Taube D, et al. Improved staining of proteins in polyacrylamide gels including isoelectric focusing gels with clear background at nanogram sensitivity using Coomassie Brilliant Blue G-250 and R-250. Electrophoresis.1988, 9(6): 255-262.

[49] Putz S, Reinders J, Reinders Y, et al. Mass spectrometry-based peptide quantification: applications and limitations. Expert Rev Proteomics, 2005, 2(3): 381-392.

[50] Thelen JJ, Peck SC. Quantitative proteomics in plants: choices in abundance. Plant Cell, 2007, 19(11): 3339-3346.

[51] 解伟. 双向电泳方法研究不同油菜材料幼苗差异蛋白. 长沙: 湖南农业大学硕士学位论文, 2013.

[52] 官梅, 李栒. 高油酸油菜品系农艺性状研究. 中国油料作物学报, 2008, 30(1): 25-28.

[53] Katayama H, Nagasu T, Oda Y. Improvement of in-gel digestion protocol for peptide mass fingerprinting bymatrix-assisted laser desorption/ionization time-of-flight mass spectrometry. Rapid Communications in Mass Spectrometry, 2001, 15(16): 1416-1421.

[54] Duarte TT, Spencer CT. Personalized proteomics: the future of precision medicine. Proteomes, 2016, 4(4): 29.

[55] 韩岳. 基于 TMT 技术的关于弥漫性特发性骨肥厚症的血清蛋白质组学研究. 天津: 天津医科大学博士学位论文, 2016.

[56] Zhu W, Smith JW, Huang CM. Mass spectrometry-based label-free quantitative proteomics. J Biomed Biotechnol, 2010, 2010: 840518.

[57] Washburn MP, Wolters D, Yates JR. Large-scale analysis of the yeast proteome by multidimensional protein identification technology. Nature Biotechnology, 2001, 19: 242-247.

[58] Liu H, Sadygov RG, Yates JR. A Model for random sampling and estimation of relative protein abundance in shotgun proteomics. Anal Chem, 2004, 76 (14): 4193-4201.

[59] Zybailov B, Coleman MK, Florens L, et al. Correlation of relative abundance ratios derived from peptide ion chromatograms and spectrum counting for quantitative proteomic analysis using stable isotope labeling. Anal Chem, 2005, 77 (19): 6218-6224.

[60] Zhang ZQ, Xiao G, Liu RY, et al. Proteomic analysis of differentially expressed proteins between Xiangyou 15 variety and the mutant M15.Front Biol, 2014, 9(3): 234-243.

[61] Livak KJ, Schmittgen TD. Analysis of relative gene expression data using real-time quantitative PCR and the 2(-Delta Delta C(T)) method. Methods, 2001, 25(4): 402-408.

[62] Chalhoub B, Denoeud F, Liu S, et al. Early allopolyploid evolution in the post-Neolithic *Brassica napus* oilseed genome. Plant Genetics, 2014, 345(6199): 950-953.

[63] 王晓丹, 肖钢, 常涛, 等. 高油酸油菜脂肪酸代谢的蛋白质组学与转录组学关联分析. 华北农学报, 2017, 32(6): 31-36.

[64] Martin C, Zhang Y. The diverse functions of histone lysine methylation. Nature Reviews

Molecular Cell Biology, 2005, 6(11): 838-849.

[65] Liu F, Yang M, Wang X, et al. Acetylome analysis reveals diverse functions of lysine acetylation in mycobacterium tuberculosis. Molecular & Cellular Proteomics, 2014, 13(12): 3352.

[66] Phillips DM. The presence of acetyl groups of histones. Biochem J, 1963, 87(2): 258-263.

[67] Yang XJ, Seto E. Lysine acetylation: codified crosstalk with other posttranslational modifications. Mol Cell, 2008, 31(4): 449-461.

[68] Kim SC, Sprung R, Chen Y, et al. Substrate and functional diversity of lysine acetylation revealed by a proteomics survey. Mol Cell, 2006, 23(4): 607-618.

[69] Choudhary C, Kumar C, Gnad F, et al. Lysine acetylation targets protein complexes and co-regulates major cellular functions. Science, 2009, 325(5942): 834-840.

[70] Zhao S, Xu W, Jiang W, et al. Regulation of cellular metabolism by protein lysine acetylation. Science, 2010, 327(5968): 1000-1004.

[71] Xing S, Poirier Y. The protein acetylome and the regulation of metabolism. Trends Plant Sci, 2012, 17(7): 423-430.

[72] Wang TY, Xing JW, Liu XY, et al. Histone acetyltransferase general control non-repressed protein 5 (GCN5) affects the fatty acid composition of *Arabidopsis thaliana* seeds by acetylating fatty acid desaturase3 (FAD3).Plant Journal, 2016, 88(5): 794-808.

[73] Nallamilli BR, Edelmann MJ, Zhong X, et al. Global analysis of lysine acetylation suggests the involvement of protein acetylation in diverse biological processes in rice (*Oryza sativa*). PLoS One, 2014, 9(2): e89283.

[74] Liao G, Xie L, Li X, et al. Unexpected extensive lysine acetylation in the trump-card antibiotic producer *Streptomyces roseosporus* revealed by proteome-wide profiling. Journal of Proteomics, 2014, 106: 260-269.

[75] 刘凯, 肖刚, 张振乾, 等. 5 个与脂肪酸代谢相关基因在油菜不同生育期表达量. 生物学杂志, 2016, 33(01): 32-34, 48.

[76] 王晓丹, 陈浩, 张振乾, 等. 2 个抗病相关基因与高油酸菜病害关系分析. 核农学报, 2019, 33(05): 894-901.

[77] 胡庆一, 肖刚, 张振乾, 等. 9 个与光合作用相关的基因在油菜不同生育期表达量的研究. 作物杂志, 2015, (4): 11-15.

[78] 王庆成, 王忠孝. 作物高产高效生理学研究进展. 北京: 科学出版社, 1994.

[79] 马为民, 施定基, 王全喜. 用基因工程提高光合同化 CO_2 效率的一个关键酶-果糖-1, 6-二磷酸酶. 生物化学与生物物理进展, 2003, 30(3): 446.

[80] Yang XH, Chen XY, Ge QY, et al. Characterization of photosynthesis of flag leaves in a wheat hybrid and its parents grown underfield conditions. Journal of Plant Physiology, 2007, 164: 318-326.

[81] 钦洁. 甘蓝型油菜种子油酸和亚麻酸含量的遗传及其基因定位. 武汉: 华中农业大学硕士学位论文, 2009.

[82] Grundy SM. Composition of monounsaturated fatty acids and carbohydrates for lowering plasma cholesterol. N Eng J Med, 1986, 314(12): 745-748.

[83] Robert JN, Benjamin W, Thomas AW, et al. Decreased aortic early atherosclerosis and associated risk factors in hyper-cholesteromemic hamsters fed a high-or mid-oleic acid oil compared to a high-linoleic acid oil. Journal of Nutritional Biochemistry, 2004, 15(9): 540-547.

[84] Nelson GJ. Dietary fat, trans fatty acids, and risk of coronary heart disease. NutrReV, 1998 ,

56(8): 250-252.

[85] Miller JF, Zimmermann DC, Vick BA. Genetic control of high oleic acid content in sunflower oil. Crop Sci, 1987, 27(5): 923-926.

[86] Harald Kab. Markt Annalyse: Industrielle Einsatzm Glichkeiten von High Oleic Pflanzenolen. in: Steffens H. Narocon Inno-Vations Beratung. Dortmund: University Dortmund, 2001, 68-74.

[87] 皇甫海燕, 官春云. 甘蓝型油菜抗菌核病近等基因系和感病亲本蛋白差异的初步研究. 中国农业科学, 2010, 43(10): 2000-2007.

[88] Devouge V, Rogniaux H, Nesi N, et al. Differential proteomic analysis of four near-isogenic *Brassica napus* varieties bred for their erucic acid and glucosinolate contents. Journal of Proteome Research, 2007, 6(4): 1342-1353.

[89] 周云涛, 王茂林, 蔡雪飞, 等. 甘蓝型油菜 Scu 无花瓣突变体可溶性蛋白及过氧化物酶同工酶分析. 兰州大学学报(自然科学版), 2007, 43(3): 64-66.

[90] Guan M, Li X, Guan CY. Microarray analysis of differentially expressed genes between *Brassica napus* strains with high- and low-oleic acid contents. Plant Cell Reports, 2012, 31(5): 929-943.

[91] 刘阳, 王茂林, 邱峰, 等. 甘蓝型油菜突变体 Cr3529 抑制性消减文库的构建. 四川大学学报(自然科学版), 2005, 42(5): 1029-1032.

[92] Xiao G, Wu XM, Guan CY. Identification of differentially expressed genes in seeds of two *Brassica napus* mutant lines with different oleic acid content. African Journal of Biotechnology, 2009, 8(20): 5155-5162.

[93] 王晓丹, 肖钢, 张振乾, 等. 光合作用合成相关差异蛋白对应基因在高油酸油菜近等基因系中表达规律研究. 西南农业学报, 2017, 30(7): 1483-1487.

[94] 徐扬帆, 周炎, 张振乾, 等. 脂肪酸代谢相关蛋白对应基因表达规律研究. 园艺与种苗, 2016, (8): 59-62.

[95] 王慧. 甘蓝型油菜(*Brassica napus* L.)/蜀杂九号 *BnKCR2* 基因的克隆载体构建与油菜转基因的初步研究. 四川: 四川大学硕士学位论文, 2007.

[96] Juliette P, Wilfrid D, Patrieia C, et al.Temporal gene expression of 3-Ketoaeyl-CoA reduetase is different in high and in low erueie acid *Brassiea napus* cultivars during seed development. Biochimica & Biophysica Acta, 2005, 1687(1-3): 152-163.

第四章　脂肪酸合成相关基因功能验证

基于基因组学、蛋白质组学等获得的基因，除了基础的 RT-qPCR 技术验证之外，随着生物学研究在分子水平上的不断深入和推进，越来越多得以成功克隆，对基因功能的研究显得日益重要，这也是后基因组时代功能基因组学的重要研究内容[1]。

基因功能研究主要包括功能基因鉴定、基因表达规律、基因产物生化功能与基因表达的生理功能。提高利用常规方法培育新品种及利用基因工程手段改良植物品种的能力，能更有效地利用植物资源生产人类所需产品。

植物基因功能研究的策略分为两种：正向遗传学策略（图 4-1）和反向遗传学策略（图 4-2）。采用正向遗传学方法对突变体基因进行定位已成为日益强大的工具[2,3]，该方法的基本原则是通过物理或化学诱变的方式随机产生各类突变体，从中选择感兴趣的突变表型，通过杂交构建重组作图群体，然后利用遗传作图的方法将目标基因定位到一个较大的染色体区间，随后在此区间内利用突变位点和遗传标记之间的重组关系精细定位候选基因。例如，遗传病基因的克隆即为正向遗传学策略[4]。反向遗传学是相对于正向（经典）遗传学而提出的，反向遗传学是直接从生物的遗传物质入手，利用现代生物理论与技术，通过核苷酸序列的突变、缺失、插入等手段创造突变体并研究突变所造成的表型效应，进而阐述生物生命发生的本质现象，与之相关的各种技术统称为反向遗传学技术（reverse genetic manipulation），主要包括 RNA 干扰（RNA interference，RNAi）技术、基因沉默技术、基因体外转录技术等，是 DNA 重组技术应用范围的扩展与延伸[5]。简单地说，正向遗传学是从表型变化研究基因变化，反向遗传学则是从基因变化研究表型变化。

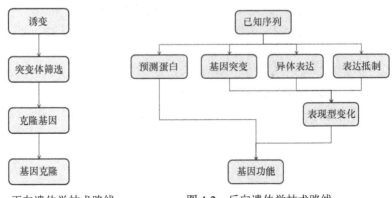

图 4-1　正向遗传学技术路线　　　　图 4-2　反向遗传学技术路线

第一节　功能研究相关技术及其应用

高通量测序技术的飞速发展，使得基因数据量直线飙升，随之而来的就是对基因功能研究的新挑战。测序完成后，基于所需的目的基因或 ncRNA，对它们的功能、作用机制等进行生物信息学分析后，依靠分子实验手段研究筛选到的目的基因或 ncRNA 的功能及作用机制。

一、功能研究相关技术

目前基因功能研究方法主要有基因转导、反义基因技术、RNAi 技术、基因敲除和敲入、基因互作、基因与蛋白质互作等。

（一）基因转导

将目的基因转入某一细胞中，然后观察该细胞生物学行为的变化，从而了解该基因的功能，这是目前应用最多、技术最成熟的研究基因功能的方法之一。若受体细胞不具备该外源基因，则其获得新的功能；若受体细胞具有该基因，则该基因在受体细胞内得到过度的表达，即基因诱导超表达技术。

（二）反义基因技术

反义基因技术的基础是根据核酸杂交原理设计针对特定靶序列的反义核酸，从而抑制特定基因的表达，包括反义 RNA、反义 DNA 及核酶（ribozyme），它们通过人工合成和生物合成获得，包括反义寡核苷酸技术（ASON）、反义 RNA 技术与核酶技术[6]。

反义 DNA 是指一段能与特定的 DNA 或 RNA 以碱基互补配对的方式结合，并阻止其转录和翻译的短核酸片段，主要指反义寡核苷酸，因更具药用价值而备受重视。根据反义 RNA 的作用机制可将其分为 3 类：I类反义 RNA 直接作用于靶 mRNA 的 SD 序列或部分编码区，直接抑制翻译，或与靶 mRNA 结合形成双链 RNA，从而易被 RNA 酶III降解；II类反义 RNA 与 mRNA 的非编码区结合，引起 mRNA 构象变化，抑制翻译；III类反义 RNA 则直接抑制靶 mRNA 的转录。核酶是具有酶活性的 RNA，主要参加 RNA 的加工与成熟。天然核酶可分为 4 类：①异体催化剪切型，如 RNaseP；②自体催化剪切型，如植物类病毒、拟病毒和卫星 RNA；③第一组内含子自我剪接型，如四膜虫人核 26S rRNA；④第二组内含子自我剪接型[6]。

（三）RNAi 技术

狭义的 RNA 干扰是指由长双链 RNA（double- stranded RNA，dsRNA）产生

的小 RNA 介导序列特异性 mRNA 降解，进而引发基因沉默的现象。广义的 RNAi 是指由小非编码 RNA（small non-coding RNA，sncRNA）诱导 mRNA 降解、抑制翻译或促使异染色质形成等，进而引发基因沉默的现象[7-9]。RNAi 由长度为 20~30nt 的 sncRNA 触发，根据 sncRNA 生物合成和作用机制的不同，可将其分为 siRNA（small interfering RNA）、miRNA（microRNA）和 piRNA（PIWI-interacting RNA）3 种[10]。

（四）基因敲除和敲入

基因敲除（gene knock out）又称基因打靶，是指用外源的与受体细胞基因组中顺序相同或（和）非常相近的基因发生同源重组，整合至受体细胞基因组中并得以表达的一种外源导入技术。该技术整合位点确定、精确，转移基因频率较高，既可以用正常基因敲除突变基因，也可以用突变基因敲除正常基因[11]。基因敲入（gene knock in）是指将特定的外源核酸序列转入细胞或个体基因组中的特定位点，以实现条件性基因敲除、单碱基或序列替换、细胞或基因标记等多种精确和（或）复杂的基因组靶向修饰。通过长同源臂介导的同源重组（HR）和微同源序列介导的同源修复两种途径可实现精确的靶向敲入，非同源末端连接（NHEJ）途径则可介导非精确的靶向敲入，或称靶向插入[12]。

（五）基因互作

基因互作是指非等位基因之间通过相互作用影响同一性状表现的现象。广义上，基因互作可分为基因内互作和基因间互作。基因内互作是指等位基因间的显隐性作用。基因间互作是指不同位点非等位基因之间的相互作用，表现为互补、抑制、上位性等[13]，可以分为互补效应（complementary effect）、累加效应（additive effect）、叠加效应[又叫重叠效应（duplicate effect）]、显性上位作用（epistatic dominance）、隐性上位作用（epistatic recessiveness）、抑制作用（inhibiting effect）。

（六）基因与蛋白质互作

1. 凝胶迁移或电泳迁移率实验

凝胶迁移（electrophoretic mobility shift assay，EMSA）用于检测 DNA 与蛋白质是否结合，是在体外研究 DNA 或 RNA 与蛋白质相互作用的一种特殊的凝胶电泳技术[14-16]。其基本原理是：在凝胶电泳中，由于电场的作用，裸露的 DNA 分子向正电极移动距离的大小与其分子质量的对数成反比。如果该 DNA 分子可以和目标蛋白结合，那么由于分子质量的加大，它在凝胶中的迁移作用便会受到阻滞，于是朝正极移动的距离也就相应缩短，因而在凝胶中出现滞后的条带。

2. 酵母单杂交

酵母单杂交（yeast one-hybrid method）根据 DNA 结合蛋白（即转录因子）与 DNA 顺式作用元件结合调控报道基因表达的原理来克隆编码目的转录因子的基因（cDNA）[17]。该方法也是在细胞内（in vivo）分析鉴定转录因子与顺式作用元件结合的有效方法。

3. 足迹实验

足迹实验（foot-printing assay）用于检测转录因子蛋白质与 DNA 结合的精确序列部位。当 DNA 分子中的某一区段与特异的转录因子结合之后便可以得到保护而免受 DNase I 酶的切割作用，不会产生出相应的切割分子，结果在凝胶电泳放射性自显影图片上便出现了一个空白区，俗称"足迹"[18]。

4. 甲基化干扰实验

甲基化干扰实验（methylation interference assay）是根据 DMS（硫酸二甲酯）能够使 DNA 分子中裸露的鸟嘌呤（G）残基甲基化，而六氢吡啶又会对甲基化的 G 残基进行特异性化学切割这一原理设计的另一种研究蛋白质与 DNA 相互作用的实验方法。可用于研究转录因子与 DNA 结合位点中的 G 残基之间的联系，实验表明，这是识别蛋白质与特异碱基结合的分辨率较高的一种方法[19]。

5. 染色质免疫共沉淀技术

染色质免疫共沉淀技术可用于研究转录因子与 DNA 结合位点的序列信息，是目前唯一研究体内 DNA 与蛋白质相互作用的方法。在生理状态下把细胞内的 DNA 与蛋白质交联在一起，通过超声或酶处理将染色质切为小片段后，利用抗原抗体的特异性识别反应，将与目的蛋白相结合的 DNA 片段沉淀下来，以富集存在组蛋白修饰或者转录调控的 DNA 片段，再通过多种下游检测技术（定量 PCR、基因芯片、测序等）来检测此富集片段的 DNA 序列[20]。

6. Southwestern 杂交

可用于研究 DNA 的结合蛋白性质（分子质量）。Southwestern 印迹杂交（Southwestern blot），自 1980 年 Bowen 等[21]创立以来，已广泛应用于分子遗传学、分子生物学的诸多领域。将核蛋白粗提物进行 SDS-PAGE 电泳分析，转膜后与同位素标记的特异 DNA 序列探针结合，位点特异性 DNA 结合蛋白借助于氢键、离子键和疏水键结合 DNA 探针，从而可通过放射自显影对 DNA 结合蛋白进行定性、定量分析[22]。

二、功能研究相关技术在油菜中的应用

（一）不同材料

1. 突变体与野生材料

郑文光等[23]鉴定到一个对 bestatin 不敏感的拟南芥突变体 *ber15*，图位克隆结果表明 *BER15* 编码一个细胞色素 P450 单加氧酶，是植物激素油菜素内酯合成途径中的一个关键酶。

陈碧思[24]使用实时荧光定量 RT-PCR（quantitative real-time RT-PCR，qRT-PCR）分析发现 *BnaMYB78* 在油菜衰老叶片中表达水平偏高。*BnaMYB78* 是一个转录激活蛋白，定位于细胞核内。

2. 近等基因系材料

胡庆一等[25]以高油酸油菜近等基因系出苗后 7d 去根植株、5~6 叶期和越冬期的叶片、花瓣和授粉后 20~35d 的种子为材料，对 9 个转录组分析得到的差异基因在近等基因系中的表达进行研究。结果发现，在叶片中，除 *Bna0305890* 外，其余 8 个基因在高油酸油菜材料中的表达量均高于低油酸油菜；在花瓣中除 *Bna0391450* 外，其余 8 个基因在高油酸油菜材料中的表达量均高于低油酸油菜；在授粉后 20~35d 的种子中除 *Bna0104450* 和 *Bna0305890* 外，其余基因在高油酸油菜中的表达量均低于低油酸油菜。5 个时期 *Bna0104450* 在高油酸油菜中的表达量均高于低油酸油菜，有望利用其进行高油酸油菜育种材料的早期筛选。

3. 三系材料

顿小玲[26]以图位克隆的方法分离了 7365A 的育性恢复基因 *BnaC9.Tic40*（*BnMS3*），并对 Tic40 在芸薹科中进化模式进行了详细分析。同时，利用细胞学和分子生物学方法，阐述了 7365A 的雄性不育机制及 *BnaC9.Tic40* 在油菜花药发育中的功能。

胡君[27]以 RG195-14A（ms3ms3RfbRfb）为供体亲本，分别以两个半矮秆材料'华双 5 号'选系和'绵油 12 号'选系（Ms3Ms3RfRfc）为轮回亲本，通过传统回交育种结合分子标记辅助选择，准确、高效地选育具有两种半矮秆材料遗传背景的甘蓝型油菜隐性细胞核雄性不育系及其同型临保系，为甘蓝型油菜隐性核不育杂种优势提供新的优良材料。

4. 病虫害

张宇等[28]以拟南芥黑胫病感病突变体及抗病野生型为材料，对不同世代群体进行遗传分析，结果表明，该突变性状为细胞核内两对重叠作用的基因所控制，

感病植株为隐性突变体，其基因型为 *sc1sc2*。同时对突变位点 *sc1* 及 *sc2* 进行了染色体定位研究，结果证实，*sc1* 位于 1 号染色体的长臂上，*sc2* 位于 2 号染色体的长臂上，为进一步研究拟南芥抗病功能基因奠定了基础。

马玲莉等[29]将来自水稻细菌性条斑病菌（*Xanthomonas oryzae* pv. *oryzicola*）编码 harpinXooc 蛋白的 *hrf2* 基因插入植物表达载体 pCAMBIA1301 中，构建了植物重组表达质粒 pCAMBIA1301-hrf2。由根癌农杆菌 LBA4404 介导，将重组表达质粒 pCAMBIA1301-hrf2 转化甘蓝型油菜'杨油 4 号'子叶节。获得了抗潮霉素的再生转基因油菜植株，经 PCR、RT-PCR 和 GUS 染色检测证明 *hrf2* 基因已整合到油菜基因组中。抗病性鉴定结果表明，转基因油菜对油菜菌核病有较好的抗性，在转基因植株叶片上，油菜菌核病菌菌丝的生长受到明显抑制。

（二）不同部位

1. 花粉

李焰焰等[30]克隆了油菜的快速碱化因子基因 *RALFbn*，RT-PCR 检测 *RALFbn* 基因在油菜生殖器官中的表达结果发现，*RALFbn* 主要在油菜雄蕊中表达，而在雌蕊、花瓣和萼片中没有表达，表明 *RALFbn* 基因极可能与油菜雄蕊中花粉的发育相关。

2. 种子

刘凯歌等[31]从甘蓝型油菜（*Brassica napus*）品种'秦优 7 号'中克隆获得了 *BnTTG1-1* 基因的全长 CDS 序列，对其进行了烟草（*Nicotiana benthamiana*）叶片细胞的亚细胞定位研究，检测了 *BnTTG1-1* 在油菜（*B. campestris*）中的时空表达模式，并比较分析了 *BnTTG1-1* 对多个生物学过程的影响作用。结果表明，*BnTTG1-1* 定位于烟草叶片细胞的细胞核中，推测其作为转录因子发挥调节作用。*BnTTG1-1* 广泛存在于油菜营养组织和发育的种子中。

3. 种皮

曲存民等[32]以不同黄黑籽种皮材料为研究对象，采用基因同源克隆方法，获得 17 个类黄酮基因全长 ORF 序列，在核酸和蛋白质水平上分别进行序列差异比较，结果表明这些基因在不同黄黑籽材料中共存在 41 个不同拷贝成员。在不同黄黑籽材料中仅 *BnTT3* 和 *BnTT18* 存在一致性的氨基酸突变位点（252 和 87），推测 *BnTT3* 和 *BnTT18* 可能在黄黑籽甘蓝型油菜种皮颜色差异形成过程中发挥至关重要的作用。

4. 叶

吕九龙[33]对紫叶绿茎与绿叶紫茎材料杂交及其 F$_1$ 的性状表型和 BC1 后代的分离情况调查分析证明：紫叶受一对不完全显性基因控制，紫茎受一对显性基因

控制。利用 BSA 法筛选到了 5 个与紫叶基因连锁的 AFLP 多态性片段（*P3MC1*、
P08MC01、*P10MC03*、*P11MC15* 和 *P14MC11*）和 4 个与绿叶基因连锁的片段
（*P05MC04*、*P06MC06*、*P16MC05* 和 *P10MC10*）；没有成功找到与紫茎连锁的片
段。其中，片段 *P11MC15* 和 *P14MC11* 重复性较好。将以上片段回收测序并根据
序列设计了 Scar 引物，其中 Scar14.11 显示了较好的多态性。

晏仲元[34]以 4 个甘蓝型油菜品种（系）配制的组合 I（No.2127-17/花叶恢）
和组合 II（YZ001-6/G350）的 P₁、P₂ 及其 F₁ 和 F₂ 共 4 个世代为材料，结合采用
SSR、BSA 方法，筛选与花叶主效基因紧密连锁的 SSR 标记，用于分析作图群体
基因型并绘制遗传连锁图，实现花叶主效基因的初步定位。

5. 根

李尧臣[35]通过 RT-PCR 的方法，研究了木质素合成过程中的三个关键基因
F5H（阿魏酸-5-羟基化酶基因）、*4CL*（4-香豆酸辅酶 A 连接酶基因）、*COMT*（咖
啡酸/5-羟基阿魏酸-*O*-甲基转移酶基因）在不同时期抗倒伏材料和易倒伏材料中表
达的差异。*COMT* 基因在油菜薹期和开花期的各个部位之间表达量没有差异，*F5H*
基因在抗倒伏油菜薹期的根部、茎部和开花期的根部表达量要明显高于易倒伏的
材料；油菜薹期根茎中和开花期的茎部、根茎，抗倒伏材料和易倒伏材料间 *F5H*
基因表达量几乎没有差异。抗倒伏油菜 *4CL* 基因在薹期的根、根茎和开花期根、
根茎中的表达量明显高于易倒伏材料；但在薹期、开花期的茎中，抗倒伏和易倒
伏材料的 *4CL* 基因表达量差异不显著。结果表明 *F5H* 基因和 *4CL* 基因可能是与
油菜植株倒伏性相关的关键基因。

第二节　油酸合成主效基因 *FAD2* 研究

油菜脂肪酸代谢分子机制研究多集中于主效基因 *FAD2*。*FAD2* 是一种定位在
内质网中的 Δ-12 去饱和酶[36,37]，主要功能是催化单价不饱和脂肪酸 C18：1 Δ9（油
酸）在 C12 和 C13 之间脱氢，生成二价不饱和脂肪酸 C18：2 Δ9,12（亚油酸），
从而决定植物油脂中脂肪酸的不饱和程度，影响油脂品质[38]。

在甘蓝型油菜中对 *FAD2* 基因进行研究发现了其多个拷贝，有些具有催化功
能，有些则是假基因[39]，它的启动子受温度、光照和激素共同调节[40,41]。

FAD2 基因是进行基因工程改造油料作物油脂组成的重要靶标，植物脂肪酸的
饱和程度由 *SAD*、*FAD2*、*FAD3* 等 3 种关键去饱和酶主导[42]，同时受 *FAD4*、*FAD5*、
FAD6 等众多去饱和酶共同影响[43,44]。分别对 A、C 基因组上 *FAD2* 基因进行克隆，
通过生物信息学方法对其序列进行分析，同时克隆了其启动子，并验证其功能区
域，深入开展甘蓝型高油酸油菜分子机制研究。另外，对测序筛选得到的一些与

油酸合成相关的差异表达基因进行分析，加速油酸代谢网络研究进程。

一、*FAD2* 多个拷贝的发现与比较

（一）材料

甘蓝型油菜品种'湘油 15'的自交种由湖南农业大学油料作物研究所提供，种植在湖南农业大学油料作物研究所的试验田[45]。'湘油 15'的脂肪酸组成为：棕榈酸（C16：0）4.2%，硬脂酸（C18：0）1.6%，油酸（C18：1）62.1%，亚油酸（C18：2）21.1%，亚麻酸（C18：3）8.4%，芥酸（C20：1）0.2%（数据由湖南农业大学油料作物研究所提供）。

（二）方法

1. DNA 和 RNA 的提取及 cDNA 的合成

采用 CTAB 法（参照文献[46]，稍作修改）提取发芽 7d 的单株小苗总 DNA，用普通琼脂糖电泳检测质量。以授粉后 27d、剥去种皮的种子和发芽 7d 的单株小苗为材料，参照 Plant total RNA 试剂盒（安比奥公司）说明书，提取总 RNA。用普通琼脂糖电泳检测完整性，核酸蛋白分析仪测定总 RNA 浓度。参照 cDNA synthesis 试剂盒（东洋纺公司）说明书，取 600ng RNA 进行 cDNA 的合成，反应总体积为 20μl。

2. *FAD2* 基因的克隆

根据 GenBank 公布的甘蓝型油菜 *FAD2* 基因 mRNA 序列，设计 *FAD2* 基因特异引物，正向引物 P1 为 5′-ATGGGTGCAGGTGGAAGAATGCAAG-3′，反向引物 P2 为 5′-ACTTATTGTTGTACCAGAACACACC-3′。利用 P1、P2 从总 DNA、种子和叶片 RNA 反转录产物中扩增 *FAD2* 基因,反应体系含 cDNA 模板 5μl 或 DNA 模板 1μl、引物 0.2mmol/L、*pfu* DNA 聚合酶（北京鼎国）2U，总体积 50μl。反应程序为：94℃预变性 4min，94℃变性 40s，57℃退火 40s，72℃延伸 2min，共 31 个循环。PCR 产物经纯化试剂盒（长沙安比奥）纯化后与 pGM-T 平末端 DNA 片段加 A 克隆载体（QiaGen 公司）连接，转化大肠杆菌菌株 DH5α。经阳性鉴定后随机挑选 56 个基因组 *FAD2* 克隆和 47 个幼苗整株、9 个种子 *FAD2* cDNA 克隆送往上海英骏生物技术公司和上海博亚生物技术公司进行双向测序。

3. *FAD2* 基因碱基序列的分析

通过 DNAStar 软件拼接测序结果。运用 DNAMAN 6.0 软件对 56 个基因组 *FAD2* 序列进行比对分析,同时通过 http://us.expasy.org/tools/dna.html 的 DNA 序列翻译工具，将这些拷贝的核苷酸序列翻译成氨基酸序列进行分析。

4. 设计序列差异引物进行 RT-PCR 分析

基因组 *FAD2* 基因序列可被分成差异明显的两组,分别命名为 *FAD2I* 和 *FAD2II*。这两组在第 40bp 处有一连续 6bp 的明显差异,根据这一差异,设计了序列差异引物:P5 为 5′-AAGTGTCTCCTCCCTCCAAGAAG-3′;P6 为 5′-AAGTGTCTCCTCCCTCCAGCTC-3′;共同的下游引物 P2。使用序列差异引物对保存有不同 *FAD2* 拷贝的细菌质粒进行 PCR 扩增,检测它们能否区分这两组拷贝。以 β-actin 基因为内参基因(其正向引物为 5′-GACATTCAACCTCTTGTTTGCG-3′,反向引物为 5′-CTGC-TCGTAGTCAAGAGCAATG-3′,产物长度 580bp),利用序列差异引物对授粉后 27d 的种子及成熟植株叶片进行 RT-PCR 检测,以检测这两组拷贝在种子及叶片中是否具有不同的表达模式。上述 PCR 反应体系含 cDNA 模板 5μl、引物 0.2mmol/L、*Taq* DNA 聚合酶(长沙安比奥) 2.5U,总体积 50μl。反应程序为:94℃预变性 4min,94℃变性 40s,57℃退火 40s,72℃延伸 80s,共 31 个循环。

(三)结果

1. 所有材料中的克隆结果

以甘蓝型油菜'湘油 15'为材料,随机挑选 56 个来自基因组的 *FAD2* 基因克隆、47 个来自幼苗整株的 *FAD2* 基因 cDNA 克隆和 9 个授粉 27d 后种子中 *FAD2* cDNA 克隆进行双向测序。克隆得到的 *FAD2* 序列长度在 1150bp 左右,与 NCBI 上公布的甘蓝型油菜 *FAD2* 基因序列(AF243045、AY5777313、AY592975)的同源性大于 90%,说明克隆得到了'湘油 15'的 *FAD2* 基因。

2. 基因组 *FAD2* 基因与幼苗整株的 *FAD2* cDNA 序列比较

56 个基因组 *FAD2* 基因与 47 个来自幼苗整株的 *FAD2* 基因 cDNA 序列进行比较,发现 *FAD2* 基因没有内含子。基因组中 56 个 *FAD2* 序列的碱基同源性为 91.0%~99.9%,从中得到 11 个差异序列(图 4-3),即 11 个不同的 *FAD2* 基因拷贝。将其翻译成氨基酸序列发现,6 个拷贝在编码区中出现多个终止密码子,另外 5 个的同源性为 90.60%~99.74%。

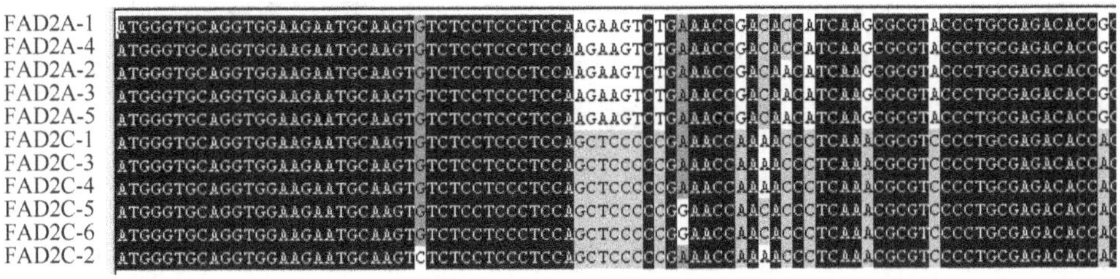

图 4-3 *FAD2* 基因 11 个拷贝序列对比(部分)

对这 11 个 DNA 序列和 5 个在编码区中没有终止密码子的氨基酸序列进行进一步的分析，从它们的同源树状图（图 4-4，图 4-5）上发现，这些序列被分成两组，命名为 *FAD2I* 和 *FAD2II*。*FAD2I* 组内有 *FAD2I-1*、*FAD2I-2*、*FAD2I-3*、*FAD2I-4* 和 *FAD2I-5* 共 5 个拷贝，*FAD2II* 组内有 *FAD2II-1*、*FAD2II-2*、*FAD2II-3*、*FAD2II-4*、*FAD2II-5* 和 *FAD2II-6* 共 6 个拷贝。两组之间的碱基同源性为 90%，氨基酸序列同源性为 91%，但在同组内部序列碱基同源性高达 96% 以上。在 *FAD2I* 组拷贝的氨基酸序列同源性为 99.74%，它们之间只有 3 处差异，其中 *FAD2I-1* 与 *FAD2I-5* 氨基酸序列一致。这 3 处差异分别是第 19 残基处苏氨酸和天冬酰胺的互换、第 240 残基处酪氨酸与苯丙氨酸的互换、第 245 残基处丙氨酸与缬氨酸的互换。

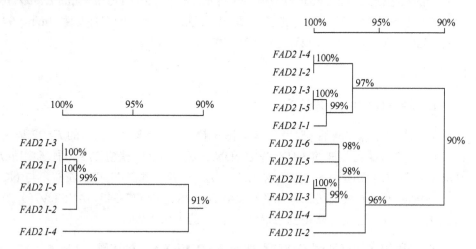

图 4-4 5 个油酸脱氢酶的氨基酸序列同源性比较　图 4-5 *FAD2* 基因 11 个拷贝序列同源性比较

3. 种子中 9 个 *FAD2* cDNA 克隆序列

DNAMAN6.0 将来自种子的 9 个 *FAD2* cDNA 克隆序列分成两类，一类中有 5 个完全相同的克隆序列，另一类中有 4 个，合并相同序列得到 2 个差异序列。按前面的分类标准，它们都属于 *FAD2I* 组，其编码区都没有终止密码子。一个序列与 *FAD2I-2* 在 DNA 序列上只有一个碱基的差异，氨基酸序列一致。另一个序列与 *FAD2I-1* 同源性最高，DNA 序列同源性为 99.30%，氨基酸序列同源性为 98.43%。该结果证明甘蓝型油菜油酸性状受多基因控制。

4. *FAD2* 基因的 RT-PCR 分析

图 4-6 显示序列差异引物对 P5、P2 和 P6、P2 能够特异性地区分 *FAD2I* 和 *FAD2II*。对'湘油 15'授粉 27d 后的种子和成熟叶片进行 RT-PCR 分析（图 4-7）

表明，*FAD2I* 和 *FAD2II* 具有不同表达模式，结果显示在种子中 *FAD2I* 有表达，而 *FAD2II* 没有表达，但在叶片中两者都有较强的表达，说明 *FAD2* 基因在种子和叶片组织中的调控模式不同，*FAD2I* 和 *FAD2II* 在叶片中都参与油酸脱饱和，而在种子中只有 *FAD2I* 参与。

图 4-6　序列差异引物对 11 个 *FAD2* 拷贝的特异性扩增
A. 引物 P6，P2；B. 引物 P5，P2

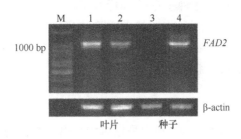

图 4-7　*FAD2I* 和 *FAD2II* 在种子和叶片中的 RT-PCR 分析

（四）讨论

1. 以 PCR 产物测序发现基因多拷贝差异的可行性

物种在进化过程中由于基因的扩增、染色体的重复，经常导致某些基因多拷贝现象[47]，这些拷贝之间可能序列完全一致，也可能有差异。利用 Southern 杂交和荧光定量 PCR 可以估计某个基因在基因组中的拷贝数目[48]，而大规模对该基因 PCR 产物克隆进行测序，则可以发现这些拷贝之间的序列差异。本研究对'湘油 15'的 56 个 *FAD2* 克隆进行测序发现了 11 个不同的拷贝，进行更大规模的测序可能会发现更多的拷贝。

2. *FAD2I* 组与 *FAD2II* 组

RT-PCR 分析证明 *FAD2I* 和 *FAD2II* 在甘蓝型油菜中具有不同的表达模式。Schierholt 等[49]报道，有两个基因位点影响甘蓝型油菜种子油酸含量，*HO1* 主要在种子中表达；另一个位点 *HO2* 不仅在种子中影响油酸含量，同时也在叶片和根系中表达。本研究中的 *FAD2I* 可能与其 *HO2* 相对应，而 *FAD2II* 只在叶片中表达，与其 *HO1* 主要在种子中表达则不同。*FAD2I* 组和 *FAD2II* 组与甘蓝型油菜的 A、C 基因组是否对应、是否在芸薹属其他种中也有不同表达模式等问题还有待深入研究。

3. *FAD2* 基因多拷贝在油菜高油酸育种中的意义

本实验室多年进行甘蓝型油菜田间试验发现，如果种子油酸含量达到 85% 左右，控制油酸的基因除了 1 个主基因外，还有 3 个或更多的微效多基因。本研究中发现的这些 *FAD2* 基因在调控油酸脱氢过程中是否具有等同的效应，还是有主效基因和微效基因之分，仍有待进一步研究。禹山林和 Isleib[50] 在花生中研究发现种子高油酸（80% 左右）性状由两对隐性基因（$ol_1ol_1ol_2ol_2$）控制。多基因控制的性状比单基因控制的性状遗传规律更复杂，可能是多年来甘蓝型油菜高油酸育种进展缓慢的原因。根据 *FAD2* 基因家族各拷贝间的序列保守区，采用 RNAi 技术，特异地在种子里抑制所有 *FAD2* 基因的表达，这样可避开多拷贝难题。Stoutjesdijk 等[51]和陈莘等[52]利用 RNAi 技术成功地抑制了 *FAD2* 基因的表达，得到油酸含量显著提高且能稳定遗传的后代材料。这些成功的实例为高油酸油菜育种提供了新的思路。

（五）结论

甘蓝型油菜基因组中 *FAD2* 基因是以多拷贝形式存在的，且不含内含子。不同拷贝之间在碱基序列、氨基酸序列上有一定的差异。根据其碱基序列上的差异，这些拷贝可被分成 *FAD2I* 和 *FAD2II* 两类。*FAD2I* 和 *FAD2II* 在不同组织中具有不同的表达模式。甘蓝型油菜种子中存在多个 *FAD2* 基因的表达，说明其油酸性状受多基因控制。

二、 *BnFAD2* 基因的克隆、表达及功能分析

（一）*BnFAD2-A5*、*BnFAD2-C5* 和 *BnFAD2-A1* 基因全长序列的克隆和表达及转录调控元件分析

1. 材料与方法

1）试验材料

甘蓝型油菜'湘油 15'。

2）*BnFAD2* 基因克隆及全长 cDNA 序列扩增

利用已公布的甘蓝型油菜 *BnFAD2* 基因（NCBI 登录号为 AY577313），在白菜、甘蓝的基因组数据库中进行 Blast 比对，发现在 A1、A5、C5 染色体上分别存在 *FAD2* 基因序列，根据序列两端的差异碱基设计了每个 *FAD2* 基因的特异扩增引物 SP[53]。

使用肖钢等[45]设计的 *FAD2* 基因编码区保守序列的扩增引物 P1/P2 和特异定

位引物 SP（表 4-1），以基因组 DNA 为模板进行高保真扩增。将 PCR 产物纯化回收后，进行加 A 反应，然后将其连接到 pMD18-T 载体并转化到大肠杆菌中，由铂尚公司完成测序工作。

表 4-1　*BnFAD2* 基因克隆中用到的引物序列

基因	正向引物（5′→3′）	反向引物（5′→3′）
BnFAD2	P1：ATGGGTGCAGGTGGAAGAATGCAAG	P2：ACTTATTGTTGTACCAGAACACACC
BnFAD2-A1	SP-A1：TCTACCACCTCTCCACAGCCTACTT	SP-A1：ACAACAACTTTTAACTCTGTCCTTC
BnFAD2-A5	SP-A5：ACTTTAATAACGTAACACTGAATAT	SP-A5：TTTCAACGATCCCAAACATAACAGC
BnFAD2-C5	SP-C5：CGTAACTCTGAATCTTTTGTCTGTA	SP-C5：TTGTTCTTTCACCATCATCATATCC

参考 Kiefer 等[54]的方法，采用 CTAB 法提取油菜总 RNA，按照消化试剂盒（TaKaRa，Japan）说明书操作，去除 RNA 中的基因组 DNA。将消化后的 RNA 按照 Smarter Race cDNA 扩增试剂盒说明扩增 *BnFAD2* 基因全长 cDNA，转化大肠杆菌并筛选阳性菌测序。

3）*BnFAD2* 基因的表达量分析

根据已获得的全长 cDNA 序列，在该基因 3′UTR 序列区域设计特异性引物进行定量 PCR 检测。引物序列如表 4-2 所示。采用上述方法提取油菜不同组织及不同发育时期种子的 RNA，包括根、花、角果皮（开花后 10d、15d、20d、25d、30d、35d 和 40d）、种子（开花后 10d、15d、20d、25d、30d、35d 和 40d）。将 RNA 按照上述方法消化后，按照 PrimeScript II 1st Strand cDNASynthesis Kit 说明书（TaKaRa）进行 cDNA 第一链的合成，选择 Actin 作为内参基因，进行定量 PCR 检测。

表 4-2　*BnFAD2* 基因拷贝表达检测引物

基因	正向引物（5′→3′）	反向引物（5′→3′）
BnFAD2-A1	CGACTTTTCTCTTGGTCTGGTTTAG	TGAATAAAAAGTAGGCCTGCAGCCT
BnFAD2-A5	TCCATTTTGTTGTGTTTTCTGACAT	TTTCAACGATCCCAAACATAACAGC
BnFAD2-C5	AAAGAACAAAGAAGATATTGTCACG	AAAACAAAGACGACCAGAGACAGCA

4）*BnFAD2* 基因生物信息学分析

蛋白质的跨膜结构域分析：在丹麦技术大学生物序列中心网站（http://www.cbs.dtu.dk/services/）分别使用 TM 和 HMM 对跨膜结构域进行预测分析。

BnFAD2 蛋白的酶活中心分析：使用 Clust X 软件，将大豆[55]、花生[56]、向日葵[57]、玉米[58]、棉花[59]、拟南芥[60]、红花[61]7 种植物的 *FAD2* 基因序列与 *BnFAD2* 基因的 4 个拷贝序列进行比对分析。

5）*BnFAD2* 基因在酵母中的功能验证分析

将获得的 *BnFAD2* 基因连接于 PYES2.0 载体，采用氯化锂法将其转化到酵母菌株 INVSC I 中。参考徐荣华等[62]的方法培养酵母，将含有 *BnFAD2* 拷贝基因的酵母及含有对照质粒的酵母在尿嘧啶缺陷的合成完全培养基（synthetic minimal defined medium lacking uracil，SC-U）抑制培养基（2%葡萄糖）中 220r/min 振荡培养，在 30℃条件下培养过夜。当 OD_{600} 值为 1.0 时，离心收集菌体，用 SC-U 诱导培养基（2%半乳糖）重悬菌体至 OD_{600} 值为 0.4，在 220r/min、30℃条件下培养 36h 后，收集酵母菌体，低温冻干，测定脂肪酸组分。采用 HP 6890N 分析脂肪酸，毛细管色谱柱为 Aginent DB-23，在肖钢等[39]的方法基础上，待柱温升至 210℃后，运行时间延长至 8min。

6）BnFAD2 蛋白的稳定性分析

将 *BnFAD2* 基因的 4 个拷贝分别与血细胞凝集素（hemagg，HA）标签融合，然后连接到 pYES2.0 载体，转化至酿酒酵母 INVSC I，筛选阳性菌株。将已获得的阳性菌株于 30℃条件下活化培养，待 OD_{600} 值为 1.0 时，收集菌体备用。参考 O'Quin 等[63]的实验方法，使用含有终浓度为 2%葡萄糖和 0.5mg/ml 环己酰亚胺的 SC-U 酵母液体培养基重悬菌体，在 30℃下培养 8h，并在 0、2h、4h、6h 和 8h 时收集相同数量的酵母菌体，提取总蛋白，用于蛋白印迹杂交分析（Western blot）。参照鲁少平[64]的方法进行 Western blot。一抗使用 HA 标签抗体，从山羊中提取获得，二抗使用小鼠抗山羊抗体，采用 ECL 发光检测。

2. 结果

1）*BnFAD2* 基因的克隆及全长 cDNA 序列扩增

使用保守引物 P1、P2 和染色体定位引物 SP，从基因组中高保真扩增，均得到约 1100 bp 长度的片段[图 4-8 A，B]。将其转化到大肠杆菌后测序，获得多个不同的拷贝序列，根据油菜与甘蓝、白菜的同源性，将这些拷贝分别定位到 A1、A5 和 C5 染色体上，分别命名为 *BnFAD2-A1*、*BnFAD2-A5* 和 *BnFAD2-C5*。

以 RACE 试剂盒中 M14R 引物为反向引物，在 3 个 *FAD2* 基因同源区序列设计引物 RACE-F（5′-CTATGTTGAACCGGATAGGCA-3′）为正向引物，高保真扩增 3′UTR 序列（图 4-8 D），并转化大肠杆菌。大量筛选阳性菌落，测序。同时，在编码区内部同源区设计反向引物 CDS-R（5′-GTGGGATTGCTTTCTTGAG-3′），结合试剂盒中的特定正引物（UPM/NUP），高保真扩增 *FAD2* 基因 5′UTR 序列（图 4-8 C）。转化大肠杆菌并筛选阳性菌测序。*BnFAD2-A1*、*BnFAD2-A5* 和 *BnFAD2-C5* 基因中 5′UTR 和 3′UTR 序列长度分别为 167bp、155 bp、155 bp 和 166 bp、308 bp 和 286bp。在此基础上，以基因组 DNA 为模板，将 3 个基因从 5′UTR 至 3′UTR 序列进行高保真克隆，得到 3 个基因的全长序列。

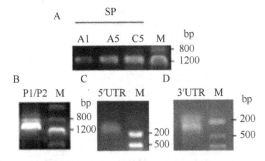

图 4-8　*FAD2* 基因编码区序列克隆及 5′UTR、3′UTR 扩增

A.使用定位引物 SP 对 *BnFAD2* 高保真扩增；B.使用保守引物 P1、P2 对 *BnFAD2* 高保真扩增；
C.*BnFAD2* 的 5′UTR 扩增；D.*BnFAD2* 的 3′UTR 扩增

BnFAD2 基因在油菜基因组中主要由 5′UTR、CDS、3′UTR 及位于 5′UTR 内部的内含子（intron）序列 4 个部分构成；其基因的转录由位于 5′UTR 之前的启动子序列启动，转录由 5′UTR 第一个碱基起始至 3′UTR 结束。

BnFAD2-A1 基因的可读框（ORF）长度为 1141bp，因其发生了碱基的添加（在 180 位 2nt，1009 位 1nt）与删除（在 164 位 1nt，在 231 位 15nt，在 409 位 1nt），致使其在第 411 位碱基处翻译提前终止，共编码 136 个氨基酸；其 5′端存在着一个 159bp 的 UTR 序列，且其内部含有长度为 618bp 的内含子，在 3′端带有一个 166bp 的 UTR 序列。*BnFAD2-C1* 是 *BnFAD2-A1* 的同源基因，编码 384 个氨基酸。

BnFAD2-A5 基因的 ORF 长度为 1155bp，编码 384 个氨基酸，5′UTR 长度为 155bp，其中内含子为 1077bp，3′UTR 长度为 308bp。*BnFAD2-C5* 基因的 ORF 长度为 1155bp，编码 384 个氨基酸，5′UTR 长度为 151bp，其中内含子为 1123bp，3′UTR 长度为 286bp。

BnFAD2-A1、*BnFAD2-C1* 基因与白菜 *BrFAD2-A1*、甘蓝 *BoFAD2-C1* 基因的同源性均为 100%；*BnFAD2-A5*、*BnFAD2-C5* 基因与白菜 *BrFAD2-A5*、甘蓝 *BoFAD2-C5* 基因的同源性分别为 98.87% 和 99.22%。

2）*BnFAD2* 基因的生物信息学分析

由图 4-9 可知，甘蓝型油菜中 BnFAD2-A5、BnFAD2-C5 和 BnFAD2-C1 蛋白的序列相似度为 96.61%，其中包含 6 个跨膜结构域和 3 个组氨酸富集区，3 个组氨酸富集区与铁离子共同构成脱氢酶的酶活中心[65]。而 *BnFAD2-A1* 基因的 ORF 出现碱基缺失及移码突变，致使其蛋白质缺少了 2 个组氨酸富集区，无法与铁离子结合构成有功能的酶活中心，因此，推测 *BnFAD2-A1* 基因不具备脂肪酸脱氢酶的活性。

3）*BnFAD2* 基因在酵母中的功能验证

将 4 个 *BnFAD2* 基因分别连接到 pYES2.0 载体，然后转入酵母 INVSC I。将

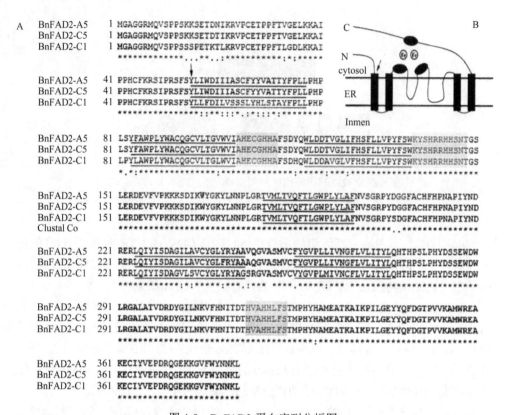

图 4-9 BnFAD2 蛋白序列分析图

A. BnFAD2 氨基酸序列比对图；B. FAD2 蛋白拓扑结构图；"*"代表保守同源序列；":"代表高度相似的序列；
"•"代表相似度较低的序列；"_"代表的是预测的跨膜结构域；灰色阴影区表示组氨酸酶活性保守结构域

转化的酵母涂布于 SC-U 固体平板，30℃条件下培养 2d。挑选单菌落于 2 ml SC-U 液体培养基（2%半乳糖）振摇过夜，收集菌体，使用酵母质粒提取试剂盒（天根）提取质粒，以保守引物 P1、P2 为引物进行 PCR 检测。结果如图 4-10 所示，酵母 INVSC I 自身不含有 *FAD2* 基因，而转化的酵母均扩增出约 1100bp 长度的产物，说明已成功将 *BnFAD2* 基因转入酵母中。

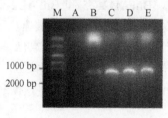

图 4-10 4 个 *BnFAD2* 拷贝转化酵母检测结果

A. INVSC I；B~E. 转化含有 *BnFAD2-A1*、*BnFAD2-C1*、
BnFAD2-A5、*BnFAD2-C5* 的酵母 INVSC I

经生物信息学预测已知，*BnFAD2-A1* 基因不具备脂肪酸脱氢酶活性，其他 3 个基因功能尚未可知。为了研究 3 个基因活性差异并进一步验证 BnFAD2-A1 蛋白的功能活性，将 4 个基因分别转入酵母，采用气相色谱分析脂肪酸组分。在阴性对照中，酵母的脂肪酸色谱图上只有棕榈酸（16：0）、棕榈

一烯酸（16：1）、硬脂酸（C18：0）和油酸（C18：1），因此酿酒酵母 INVSC I 是一种天然的 *FAD2* 基因突变体，适合于进行 *BnFAD2* 基因功能的分析（图 4-11 A）。在图 4-11 C、E 中，气相色谱图上出现了棕榈二烯酸（16：2）和亚油酸（18：2）的特异脂肪酸峰，这意味着 BnFAD2-C1、BnFAD2-A5、BnFAD2-C5 完全具备脱氢酶的活性。与此同时，含有 *BnFAD2-A1* 基因的酵母菌株则没有检测到这两个特异性的脂肪酸峰，说明 *BnFAD2-A1* 基因不具备油酸脱氢酶功能，是假基因。这与生物信息学分析的结果一致。由于棕榈二烯酸（16：2）和亚油酸（18：2）均是由 *BnFAD2* 基因将其相应底物脱氢而生成，因此我们以二者在脂肪酸中所占的比例来表示 *BnFAD2-C1、BnFAD2-A5、BnFAD2-C5* 基因脂肪酸脱氢酶活性的大小，结果显示，BnFAD2-A5 和 BnFAD2-C5 活性较为接近，显著高于 BnFAD2-C1。

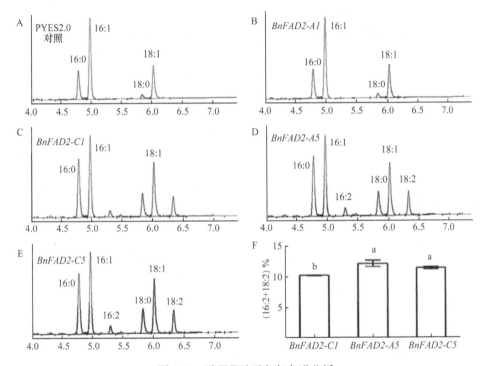

图 4-11　酵母脂肪酸气相色谱分析

A. 含有 PYES2.0 空载体的酿酒酵母脂肪酸组分分析；B~E. 含有 PYES2.0+*BnFAD2-A1/C1/A5/C5* 拷贝基因的转基因酿酒酵母脂肪酸组分分析；F. *BnFAD2-C1/A5/C5* 基因去饱和能力比较分析，标示不同字母的柱值差异显著

4）*BnFAD2* 基因的表达分析

图 4-12A 表明，*BnFAD2* 表达量随着种子成熟度加深而先上升后下降，在授粉后 25d 达到顶峰；其中 *BnFAD2-C5* 表达起伏平缓，而 *BnFAD2-A1*、*BnFAD2-C1*、*BnFAD2-C5* 在第 15~25d 期间表达量大幅上调，而后迅速下降，表明该时期三者

共同受到某种因素调节。从整体上看，*BnFAD2-C5* 的表达量最高，其次是 *BnFAD2-A1* 和 *BnFAD2-A5*，而 *BnFAD2-C1* 表达量最低。*BnFAD2-A1* 经证明并没有脱氢酶的活性，*BnFAD2-C1* 蛋白脱氢酶活性最弱，因此认为，在种子中对油酸消减的主效基因是 *BnFAD2-A5* 和 *BnFAD2-C5*。据表达规律，*BnFAD2-A5* 基因应属于组成型表达基因，而 *BnFAD2-C5* 基因表达规律更接近于诱导增强型表达。

在角果皮中（图 4-12B），*BnFAD2-A5*、*BnFAD2-C5* 与另外 2 个拷贝相比更加活跃，且表达变化不明显；但 *BnFAD2-A1* 在油菜即将成熟时出现大幅上调。

在油菜的花和根中（图 4-12C），*BnFAD2-A5* 和 *BnFAD2-C5* 仍然维持着较高的表达量；在根组织中，*BnFAD2-A5* 的表达量高于 *BnFAD2-C5*，而在花中 *BnFAD2-A5* 的表达量要低于 *BnFAD2-C5*，推测 *BnFAD2-A5* 主要负责根细胞多不饱和脂肪酸的合成，而 *BnFAD2-C5* 负责花器官多不饱和脂肪酸的合成。*BnFAD2-A1* 在根组织中的表达量接近于 0，在花中的表达量较高，仅次于 *BnFAD2-C5*。

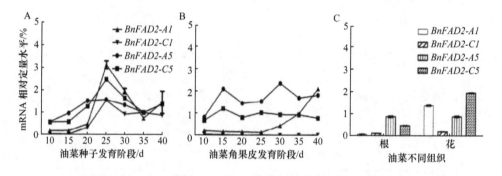

图 4-12　*BnFAD2* 基因的表达

A. 油菜种子不同发育时期 4 个 *BnFAD2* 基因表达模式；B. 油菜角果皮不同发育时期 4 个 *BnFAD2* 基因表达模式；C. 油菜不同组织 4 个 *BnFAD2* 基因表达模式

5）BnFAD2 蛋白稳定性分析

将 HA 标签插入 *BnFAD2* 基因的 5'端，对其蛋白定量示踪（图 4-13A）。结果显示，随着时间的推移，BnFAD2-A5、BnFAD2-C5、BnFAD2-C1 蛋白含量不断减少。在 8h 时，BnFAD2-A5、BnFAD2-C5 蛋白残存量为原有的 50%，而 BnFAD2-C1 为原有的 25%；这说明 BnFAD2-A5、BnFAD2-C5 蛋白质较 BnFAD2-C1 更加稳定。在同等情况下，细胞中始终会保持较高含量的 BnFAD2-A5 和 BnFAD2-C5，发挥油酸脱氢酶的功能（图 4-13B），即 *BnFAD2-A5* 和 *BnFAD2-C5* 是影响油菜种子油酸积累的主效基因。

利用 Quality One 软件将 Western 杂交斑点数字化，并绘制衰减曲线，结果表明，BnFAD2-A5 与 BnFAD2-C5 蛋白衰减曲线十分接近，说明二者的蛋白稳定性相同；BnFAD2-C1 蛋白衰减曲线下滑速率显著高于 BnFAD2-A5 和 BnFAD-C5，其蛋白质的稳定性较差。

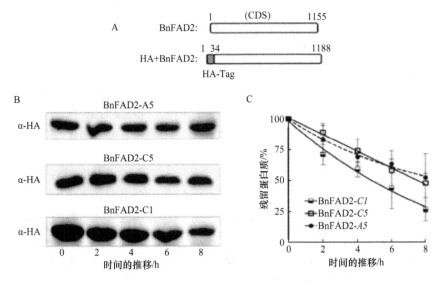

图 4-13　BnFAD2 蛋白的稳定性分析

A. HA 标签插入 BnFAD2 结构图；B. BnFAD2 蛋白随时间衰减的 Western 图；
C. BnFAD2 蛋白随时间衰减的曲线图

3. 讨论

油菜油酸含量 QTL 最先是由 Tanhuanpää 等[66]在白菜型油菜（*Brassica rapa* ssp. *oleifera*）中定位的，使用白菜型油菜杂交 F_2 代群体作为作图群体，找到 2 个控制油酸含量的 QTL。在甘蓝型油菜中，Hu 等[67]证实在 A5 连锁群上存在一个控制油酸含量的 QTL，并证明高油酸是 *FAD2* 基因突变的结果，并发现 A1 连锁群上存在一个控制油酸含量的微效 QTL。Mahmood 等[68]研究发现，在 A8 连锁群上存在 1 个油酸含量主效 QTL。Smooker 等[69]、Burns 等[70]和 Zhao 等[71]研究表明，在 C8 连锁群上还有一个油酸含量主效 QTL。张洁夫等[72]和 Smooker 等[69]在 C3 连锁群还发现了另一个油酸含量的主效 QTL。在芥菜型油菜中，这种油酸含量主效 QTL 同时也是芥酸含量主效 QTL，并且与 *FAE* 基因相关的现象是与甘蓝型油菜一致的[68]。

基于甘蓝型油菜‘湘油 15’为当前普遍种植的低油酸油菜的代表品种（油酸含量为 62%），*FAD2* 是目前定位到与油酸相关的关键基因，本研究克隆到 *BnFAD2* 基因的多个拷贝序列，经比对验证，发现在甘蓝型油菜基因组中只有 4 个拷贝，分别定位于 A1、C1、A5、C5 染色体上，这与前人的研究结果一致。

植物 FAD2 蛋白一般定位于细胞内质网中，FAD2 蛋白在翻译的同时依赖于其第一个疏水跨膜区作为 N 端的信号序列与信号识别颗粒（signal recognition particle，SRP）相互作用，插入到内质网膜上，便于蛋白质的跨膜运输[73]。组氨酸富集区常作为酶活性中心，参与蛋白质功能发挥。*BnFAD2-A1* 编码的蛋白质只有正常 BnFAD2 蛋白前端的 136 个氨基酸，缺少 2 个组氨酸富集区，因此 *BnFAD2-A1* 基因不具备脱氢酶的活性，这已在酵母功能实验中得到了证实。甘蓝型油菜中 A 基因组来源于白菜[74]，Jung 等[75]发现白菜中含有两个 *FAD2* 拷贝，其中一个不具备功能；肖刚等[39]克隆到长度为 1141bp 的假基因，经序列比对分析，该假基因即为本研究中的 *BnFAD2-A1*。虽然 *BnFAD2-A1* 是假基因，但其在种子、花和角果皮中表达却异常活跃。假基因即与功能基因相关的、有缺陷的序列，不受进化的负选择作用，因此，可为物种进化的正选择、负选择及中性漂变提供丰富的原材料，成为物种进化不可缺少的有用工具[76]。

由于 *BnFAD2-A1* 是假基因，那么在油菜种子油脂合成期发挥油酸消减功能的基因就是 *BnFAD2-C1*、*BnFAD2-A5*、*BnFAD2-C5*。对于消减功能的发挥起重要作用的因素是蛋白稳定性，且不同蛋白稳定性存在差异，这一差异削弱了基因表达量与蛋白含量之间的关系。O'Quin 等[77]利用血细胞凝集素（haemagg，HA）标签法成功检测了拟南芥 FAD2 和油菜 FAD3 蛋白的稳定性。在此，我们利用 HA 标签定量示踪 BnFAD2 蛋白，发现 BnFAD2-A5 与 BnFAD2-C5 蛋白衰减趋势接近，稳定性相同，较 BnFAD2-C1 蛋白稳定性更强。

BnFAD2-A5 和 *BnFAD2-C5* 的基因表达量、脂肪酸脱氢酶活性及蛋白稳定性均明显高于 *BnFAD2-C1*，这意味着在单位时间内种子细胞中含有较多的 BnFAD2-A5 和 BnFAD2-C5 蛋白，从而对油酸磷脂胆碱发生高效的消减作用；同时 *BnFAD2-C5* 基因的表达量高于 *BnFAD2-A5*，因此推断，*BnFAD2* 基因的功能发挥是以 *BnFAD2-C5* 为主，*BnFAD2-A5* 辅助完成油菜种子中油酸的消减作用。然而，大量的高油酸 QTL 实验结果表明，*BnFAD2-A5* 是消减油酸的主效基因[66,78,79]，而 *BnFAD2-C5* 基因的作用较小。这表明，在 BnFAD2-A5、BnFAD2-C5 蛋白对油酸脱氢的过程中，仍然存在某种机制在对其功能进行调控，而这种机制目前尚未可知，有待进一步探索研究。

4. 结论

甘蓝型油菜只有 4 个 *BnFAD2* 基因，已克隆到其全长 cDNA 序列，其中 *BnFAD2-C1*、*BnFAD2-A5* 和 *BnFAD2-C5* 具备正常的脂肪酸脱氢功能，而 *BnFAD2-A1* 为假基因，不具备这一功能。*BnFAD2-A5* 和 *BnFAD2-C5* 在基因表达、脂肪酸脱氢酶活性及蛋白稳定性上均明显高于 *BnFAD2-C1*，这意味着二者是控制种子油酸消减作用的主效基因。

（二）*BnFAD2*、*BnFAD3* 和 *BnFATB* 基因共干扰对油菜种子脂肪酸组分的影响

1. 材料与方法

1）试验方法

甘蓝型油菜'中双 9 号'种植在大田，花期时套袋自交，分别取 10d、15d、20d、25d、30d、35d、40d 的种子备用[80]。

2）基因表达分析

采用 TRNzol（天根）试剂盒提取总 RNA 并合成 cDNA 第一链。以此 cDNA 为模板进行 RT-PCR，以 Ubc21 和 ACT7 为内参基因，每个样本做 3 个重复，在 Bio-Rad CFX96 定量 PCR 仪上进行扩增，程序为：95℃ 30 s；95℃ 15s，60℃ 30 s，40 个循环。

3）脂肪酸含量分析

同第二章第四节，三，（一）。

4）干扰载体的构建及转化

通过重组 PCR 技术将干扰片段 *BnFAD2*、*BnFAD3*、*BnFATB* 和干扰片段 *FADB* 融合，连接 pMD18-T 构建 pMD18-T-FADB 载体并测序，载体构建过程中所用引物见表 4-3。载体构建过程如图 4-14 所示，将 NapinA 启动子和 pFGC5941 载体经 *Eco*R I 和 *Nco* I 酶切处理后连接，构建 pFGC5941.nap 载体。pFGC5941.nap 和 pMD18-T-FADB 质粒经 *Bam*H I 和 *Xba* I 酶切处理后，将切下的 FADB-插入 pFGC5941.nap 构建 pFGC5941.nap.（FADB-）载体，将此载体和 pMD18-T-FADB 使用 *Nco*I 和 *Swa*I 双酶切，然后将 FADB+插入 pFGC5941.nap.（FADB-）构建 PF-GC5941.nap（FADB±）干扰载体。将构建好的载体转入农杆菌 LBA4404 中，以双低油菜'中双 9 号'外植体为受体，进行基因转化[81]。

表 4-3 载体构建中用到的引物

类别	基因名称	基因注释	引物名称	引物序列
储存蛋白	*Napin*	储藏蛋白	Napin promoter	F：5'GGAATTCCAAGCTTTCTTCATCGGTGATTGAT3' R：5'CATGCCATGGCATGAGTAAAGAGTGAAGCGGATGAGT3'
去饱和酶	*FAD2*	油酸脱氢酶	Recombie-*FAD2*	F：5'GGCGCGCCGGATCCGAATTCTCCCTCGCTCTTTCTC3' R：5'CCATGGTCTAGAATGTCTGACTTCTTCTTGG3'
	FAD3	亚油酸脱氢酶	Recombie-FAD3	F：5'ATTATCTTTGTAATGTGGTTGGACG3' R：5'TTATCAACGCACAACCTGCGTACGAGCGTAGAGATCTGGATCTGTCTCGTA3'
硫酯酶	*FATB*	棕榈-ACP硫酯酶	Recombie-FATB	F：5'CTCGTACGCAGGTTGTCGTTGATAA3' R：5'ATTTAAATGGATCCAACATGCTGGTTAACATCCAAGTCA3'

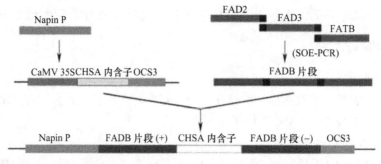

图 4-14 *BnFAD2*、*BnFAD3*、*BnFATB* 基因干扰载体构建示意图

2. 结果

1）三个基因的表达分析

油菜种子从授粉到成熟约为 45d，在 10~40d 期间主要进行干物质合成与储藏；在 40~45d 期间种子经自身脱水干燥进入完熟期。由于 10~40d 是脂肪酸合成的主要时期，故将其分为 7 个阶段（图 4-15A）。在种子授粉后 10~25d 期间，种子个体、鲜重逐步增加，但始终保持着透明嫩绿的色泽。在授粉后 25~40d 期间，种子个体大小保持不变，鲜重增速变缓，种子由嫩绿色转变为深绿色，说明此时种子

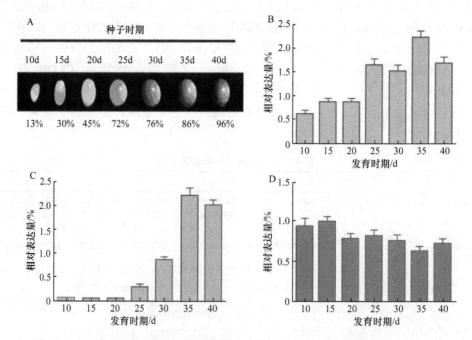

图 4-15 *FAD2*、*FAD3*、*FATB* 在油菜种子中的表达分析（彩图请扫封底二维码）

A. 油菜种子的不同发育时期；B. 不同发育时期种子中 *FAD2* 表达情况；
C. 不同发育时期种子中 *FAD3* 表达情况；D. 不同发育时期种子中 *FATB* 表达情况

内部积累了大量的叶绿素。选用 *UBC21* 和 *ACT7* 作为双内参校正基因，测定油菜种子成熟过程中 *BnFAD2*、*BnFAD3*、*BnFATB* 基因表达变化。由图 4-15 可知，在种子授粉后 10~25d 期间，*FAD2*、*FATB* 基因表达量较高，*FAD3* 基因基本处于不表达状态；在 25~40d 期间，*BnFAD2*、*BnFAD3* 基因表达量分别增加了 1.3 倍和 2.3 倍，并始终保持高位表达态势；但 *FATB* 基因表现呈现下调趋势。综上所述，*BnFAD2*、*BnFAD3* 基因表达量伴随着种子发育程度的加深而不断增加，但 *BnFATB* 基因不同于前者，其表达量下调后逐步趋于稳定。这一规律与在棕榈中果皮中基因表达结果[82]十分相似。

2）脂肪酸积累模式分析

为了能够准确测定棕榈酸、硬脂酸、油酸、亚油酸、亚麻酸在油菜种子成熟过程中的合成积累规律，降低气相色谱仪在试验过程中造成的误差。本研究以十七酸甲酯作为参照，采用气相色谱内标法构建了 5 种主要的脂肪酸回归方程及其线性浓度范围。如表 4-4 所示，油菜种子中 5 种主要的脂肪酸甲酯标准品的线性方程，其线性相关性均较好（R^2 大于 0.99），回收率为 97.91%~100.45%，精密度试验效果好（标准偏差小于 2%），可用于油菜种子中脂肪酸甲酯的测定。

表 4-4　脂肪酸甲酯的线性回归方程

标准品	线性回归方程	R^2 相关性	线性范围/（mg/ml）	标准差/%	回收率/%
棕榈酸甲酯	$y=0.8467x-0.0057$	0.9996	0.1~0.9	0.37	100.45
硬脂酸甲酯	$y=0.9832x-0.003$	0.9963	0.05~0.45	0.11	99.65
油酸甲酯	$y=1.1585x+0.0051$	0.998	0.016~0.144	0.11	99.67
	$y=1.08x-0.0489$	0.9994	1~10	1.75	98.09
亚油酸甲酯	$y=1.0856x-0.0592$	0.9985	0.5~4.5	0.76	98.92
亚麻酸甲酯	$y=1.1399x+0.0025$	0.9979	0.201~1.809	0.52	97.91

依据所得脂肪酸甲酯的线性回归方程，分析测定'中双 9 号'油菜种子发育时期 5 种主要脂肪酸的合成积累模式。由图 4-16 可知，油菜种子中 5 种主要脂肪酸含量的积累明显分为两个阶段。在 10~25d 期间，5 种主要脂肪酸的含量均处于较低的水平，其中含量最高的 2 种脂肪酸分别为亚油酸和亚麻酸，其次是棕榈酸，油酸含量最低。在 25~40d 期间，5 种主要脂肪酸高效积累，并随着种子成熟度的加深不断增加，且油酸积累速率远大于亚油酸的积累速率，说明油酸已经作为储备脂肪酸被大量组装至甘油三酯（TAG）中，油菜植株发育进入末期。综上所述，油菜种子发育至 25~40d 期间是脂肪酸合成的主要时期，*BnFAD2*、*BnFAD3*、*BnFATB* 基因在该时期高效表达对油酸的积累合成有着重要影响。此时油菜植株发育已基本完成，抑制 *BnFAD2*、*BnFAD3*、*BnFATB* 基因表达，既可以改善油菜种子中脂肪酸组分的结构，又能够减少对油菜经济性状的消极影响。

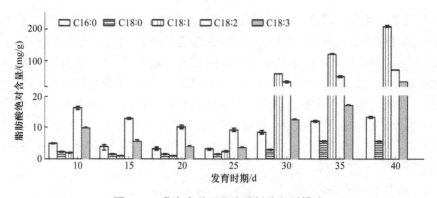

图 4-16　发育中种子脂肪酸组分积累模式

C16∶0. 棕榈酸；C18∶0. 硬脂酸；C18∶1. 油酸；C18∶2. 亚油酸；C18∶3. 亚麻酸

3）RNAi 技术干扰三个基因结果分析

Napin 启动子是种子特异性启动子[83]，在种子发育初期几乎不表达，但在油酯合成主要时期（如油菜种子授粉后 20~45d、拟南芥种子授粉后 7~13d）高效表达[84,85]。为了抑制 *BnFAD2*、*BnFAD3*、*BnFATB* 基因在脂肪酸合成期的功能发挥，本研究选用 Napin 启动子，对发育种子中 *BnFAD2*、*BnFAD3*、*BnFATB* 基因进行 RNAi 干扰。*RNAi-FAD2、FAD3、FATB* 载体借助农杆菌转化法导入野生型油菜中。采用气相色谱法对其 T3 转基因油菜的种子进行脂肪酸含量分析（表 4-5），结果显示油酸含量由 66.76% 提升至 82.98%，棕榈酸、硬脂酸含量明显降低，说明 *FATB* 基因在油脂合成期的活性得到了有效控制；亚油酸、亚麻酸含量有所减少，但其波动幅度较大，可能是由于 *BnFAD2*、*BnFAD3* 基因在种子油脂合成期间表达量较高，RNAi 干扰效率有限，未能有效抑制 2 个基因功能活性。

表 4-5　6 个 T3 转基因株系种子中脂肪酸组分分析

株系	棕榈酸/%	硬脂酸/%	油酸/%	亚油酸/%	亚麻酸/%	其他脂肪酸/%
TB11-3	1.78±0.19c	1.10±0.21c	78.37±1.16c	12.51±0.64c	3.37±0.56d	2.88±0.46b
TB34-2	1.55±0.12c	1.53±0.12bc	74.50±0.65d	14.93±0.33b	4.59±0.53bc	2.83±0.84b
TB41-7	1.16±0.11d	1.55±0.51bc	74.66±0.67d	13.09±0.98c	5.41±0.63b	2.92±0.67b
TB51-11	1.09±0.12d	1.18±0.17c	81.19±0.29b	8.05±0.14de	4.60±0.11bc	3.89±0.45ab
TB54-8	2.06±0.22b	1.88±0.12b	79.34±0.63c	8.59±0.24d	4.44±0.14c	4.44±0.67a
TB55-17	1.83±0.13bc	1.52±0.18bc	82.98±0.31a	7.55±0.36e	3.17±0.16d	3.93±0.18a
WT	3.11±0.15a	2.43±0.48a	66.76±0.95e	18.00±0.35a	8.23±0.96a	1.51±0.43c

注：TB，转基因植物，WT，对照（'中双 9 号'）。每个值是 3 次重复的平均值。小写字母表示差异显著。

采用 qPCR 检测转基因油菜种子中 *BnFAD2*、*BnFAD3*、*BnFATB* 基因的表达变化（图 4-17）。油菜授粉后 20d 时，转基因油菜中 Napin 启动子并未开始对 *BnFAD2*、*BnFAD3*、*BnFATB* 基因进行 RNAi 干扰抑制，因此，3 个基因在野生型油菜与转基因油菜种子中表达变化一致。在油菜种子发育至 25~40d 时，转基因油菜与野生型油菜相比，种子中 *BnFAD2*、*BnFAD3*、*BnFATB* 基因表达量大幅下调，其中 *BnFAD2*、*BnFAD3* 基因表达量下调幅度约为 60%（图 4-17）。

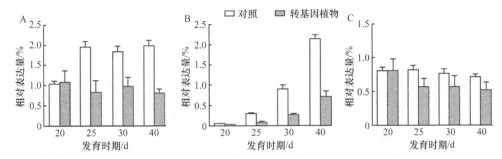

图 4-17 转基因与非转基因油菜中 *FAD2*、*FAD3*、*FATB* 基因的表达
A. *FAD2* 表达情况；B. *FAD3* 表达情况；C. *FATB* 表达情况

4）脂肪酸合成路径中相关基因的表达调控分析

为了分析在油脂合成期进行 *BnFAD2*、*BnFAD3*、*BnFATB* 基因 RNAi 干扰抑制对种子中脂肪酸合成通路的影响，本研究对参与脂肪酸合成及功能调控的主要基因进行表达量检测。在转基因油菜种子中共有 10 个基因表达上调（图 4-18）。在质体脂肪酸合成路径中，*WRI1* 的主要功能是调控脂肪酸合成酶基因表达，其表达量增加可以促进种子细胞油脂含量增加，因此，*WRI1* 基因表达量的提升可能是在转基因油菜 T2 种子中含油量均高于野生型的主要原因。另外，*KASII*、*SAD*、*FATA* 基因作为该路径中的主要基因，其表达量均显著提升。在内质网合成途径中，*PDAT1*、*DGAT1*、*LIL*、*bZIP67*、*LEC1*、*ROD1* 基因表达量均有所上调，但 *LPCAT* 基因表达量下降。

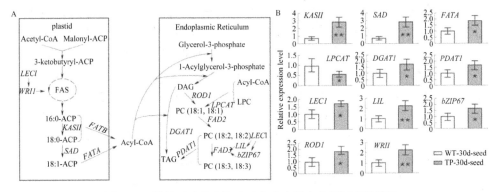

图 4-18 转基因油菜中脂肪酸合成路径中各基因表达情况
A. 质体和内质网中脂肪酸合成的主要步骤示意图；B. 油脂合成相关基因的表达检测 FAS 脂肪酸合成酶。
CoA，辅酶 A；ACP，酰基载体蛋白；DAG，甘油二酯；PC，磷脂胆碱；
LPC，溶血磷脂胆碱；TAG，甘油三酯；*表示 $P<0.05$，**表示 $P<0.01$

3. 讨论

种子发育主要包含两个方面：一是种子的形态建成，包含胚的大小等变化；二是种子成熟，包括种子储藏物质（如油脂、糖类、蛋白质等）的积累及种子脱水等[85,86]。

种子油脂形成的时间因植物的种类不同而存在差异，在一些谷物种子中，如燕麦种子，其油脂积累发生在胚形态建成的早期阶段[87]，然而在一些油料种子中，如向日葵[88,89]、拟南芥[85,86]和芝麻[90]，其油脂积累发生在胚胎形态建成的较晚阶段。

油菜种子在形态建成期，亚油酸、亚麻酸含量较高，这是由于亚油酸、亚麻酸是细胞膜系统的主要构成元件，参与内质网、质体外膜、核膜等细胞器膜的形成，如拟南芥叶片细胞中 PC-C18：2、PC-18：3 含量分别为38.8%和32.1%[86]；同时亚麻酸是多种植物信号分子的前体物质，参与种子发育的调控。种子细胞基于自身膜质构建的需要，会将质体内油酸经 FAD6、FAD7、FAD8 酶去饱和作用，以便大量合成亚油酸和亚麻酸。但此时的亚油酸、亚麻酸均是以 PG、MGDG、DGDG、SQDG 形式存在，不能直接参与到甘油三酯的合成[91]。在油菜种子油脂合成期，油酸由质体大量进入内质网，此时亚油酸、亚麻酸则借助于 FAD2、FAD3 酶高效合成；且棕榈酸、硬脂酸在该时期依赖于 FATB 酶的去酰基化作用，由原核质体途径进入真核内质网途径，共同参与甘油三酯的组装。甘油三酯作为能量和碳源的重要储存物质，其大量积累代表着植物器官的发育接近尾声。因此，在油脂合成期改善种子脂肪酸结构对油菜品种改良有着重要意义。

在棉花、大豆、油菜、拟南芥中，分别单独对 *FAD2*、*FAD3*、*FATB* 基因进行 RNAi 干扰，均可有效改善脂肪酸组分含量。为了同时完成对多个基因表达沉默，Peng 等[81]将 *FAD2* 和 *FAE1* 两个干扰片段融合后构入干扰载体中，所得的转基因油菜具备高油酸、低芥酸两种性状。本研究借鉴类似的经验，将 *FAD2*、*FAD3*、*FATB* 基因 RNAi 干扰片段融合后，共同导入至甘蓝型油菜中，期望抑制 C16 脂肪酸过早地离开原核途径，促进其向油酸的转化；同时削弱真核途径对油酸的去饱和作用。在转基因油菜中，棕榈酸、亚油酸、亚麻酸含量显著降低，且 *BnFAD2*、*BnFAD3*、*BnFATB* 基因的表达量均小于对照，这表明 RNAi 共干扰能够同时抑制 *BnFAD2*、*BnFAD3*、*BnFATB* 基因表达活力，有利于提高种子中油酸所占的比重。

LEC1 基因是调控植物种子脂肪酸合成的重要转录因子，过表达 *LEC1* 基因可以提高种子中油脂的含量[84]。在本研究中，经 RNAi 干扰后的转基因油菜种子中，*BnFAD2*、*BnFAD3* 基因的表达量明显降低，致使其所合成的亚麻酸含量较少。这可能刺激种子细胞为增加亚麻酸的含量而提升 *LEC1* 基因的表达量。*LEC1* 基因的表达量增加可以进一步促进其下游调控基因 *WRI1*、*L1L*、*bZIP67* 的表达上调[92,93]。*WRI1* 是质体中调控脂肪酸合成的重要转录因子，其表达量的提高

可以促进糖类物质向脂肪酸类物质的转化[94]；同样，*L1L* 基因表达量的提升有助于种子含油量的增加。*DGAT1* 基因是控制油脂合成的 Kenney 途径的关键基因，当 *DGAT1* 和 *WRI1* 基因同时表达上调时，种子的含油量和单不饱和脂肪酸含量明显增加[95]。*PDAT1* 基因的表达量提升，可以促进 PC 中的脂肪酸酰基 DAG 转移，加速 TAG 的合成[96]。

4. 结论

油菜种子中脂肪酸的合成主要发生于油脂合成期（即开花后 25~40d），在此期间单不饱和脂肪酸及多不饱和脂肪酸大量合成积累，种子最终的脂肪酸组分含量均是由这个时期所决定。*BnFAD2*、*BnFAD3* 基因在油脂合成期高效表达是造成多不饱和脂肪酸积累的主要原因。在种子油脂合成期，对 *BnFAD2*、*BnFAD3*、*BnFATB* 基因进行 RNAi 抑制后，可以显著提升种子中油酸的含量。

第三节　其他油酸合成基因研究

一、*BnZFP1* 基因功能研究

（一）材料与方法

1. 材料

实验材料为甘蓝型油菜'湘油 15'（XY15）。本研究[97]在开花期间选择 10 个单株，套袋使其自花授粉。每天记录花的数量。在授粉后 30d（DAP）收集种子并随机分成三组，一式三份，用液氮快速冷冻并储存在–80℃直至 RNA 提取。

通过分别用表达载体 pBInap.F1α 和 pFGCnap.F1α 转化 XY15 获得过表达 *BnZFP1* 的植物和 RNAi 沉默的植物，将 *BnZFP1* 基因插入到种子特异性 RNAi 载体（pFGC5941.nap）和种子特异性过度表达载体（pBI121.nap）中，由笔者实验室构建 pFGCnap.F1α 和 pBInap.F1αp。通过用特异性启动子 napin A 替换 pBI121 和 pFGC5941 载体上的 35S 启动子构建种子特异性表达载体。转化 XY15 下胚轴，按 Peng 等[81]所述进行转化。将转基因植物种植在网棚中。对每个转基因植株进行套袋使其自花授粉。收获成熟种子用于油含量和油酸含量测定。

2. 脂肪酸组成和油含量分析

收集 10 株自花授粉的成熟种子用于脂肪酸组成和油含量分析。将种子随机分成 4 份，使用 Agilent 6890N 气相色谱仪和 Agilent DB-23 毛细管柱进行脂肪酸组成分析。设置参数同同第二章第四节'三'（一）；使用索氏提取法测定含油量。

3. 微阵列分析

使用 Agilent 4×44K 芸薹属基因表达微阵列，由总共 20 332 个基因组成。整个微阵列实验包括：总 RNA 纯化和定量 LAB-ON-A-CHIP 系统的质量控制，cDNA 探针制备，微阵列杂交，洗涤，扫描，图像分析和数据处理，由 SHBIO Co., Ltd. 进行（上海，中国）。以双品种对照组为参考，比较分析了两种微阵列的杂交数据。在处理过程中，使用种子中基因表达变化的信号 log 2 比率来确认基因的上调和（或）下调。倍数变化≥2 的基因被指定为差异表达基因。基因簇（COG）数据库和 COGNITOR 程序（http://www.ncbi.nlm.nih.gov/COG/）用于差异表达基因的功能注释。

4. BnZFP1 蛋白表达和纯化

PCR 引物 F-1 和 R-1（表 4-6）用于将全长 *BnZFP1* cDNA 克隆到质粒 pET30a（+）（Novagen，Germany）中以构建表达载体 pET-ZFP1。然后将该载体转化到大肠杆菌 BL21 细胞中，可表达 6×His-BnZFP1 融合蛋白。挑选单菌落并在 30℃ 的振荡培养箱中培养直至 $OD_{600}=0.6$。然后加入 IPGT 至终浓度为 1mol/L，将细胞再

表 4-6　本研究中所用引物和核苷酸适配子

引物	序列（5′→3′）	功能描述
F-1	ATGAGCAAGCCCGACCCGA	用于克隆 BnZFP1 cDNA
R-1	TCAATTCCAGCCGTCGTTTTC	
BF	GAAGCTGCCGGGAAATTGGAG	用于克隆 BnZFP1 片段
BR	AACGGAGGCGTGCAAAGGTT	
FF	CCATGGACGGCCAGAGCTTAACTTCC	用于构建 pFGCnap.F1α
FR	CCCGCGCCTCCCTTACGGAGGCTTCTGA	
RF	TCTAGAACGGCCAGAGCTTAACTTCC	
RR	GGATCCTCCCTTACGGAGGCTTCTGA	
AD1	5′-CGGTCAGGACCG-3′ 3′-CAGTCCTGAGTAGCT-5′	寡核苷酸接头
AD2	5′-CTCGTAGACTGCGTACC-3′ 3′-CTGACGCATGGTTAA-5′	
FAD	CGGTCAGGACCG	用于扩增接头连接的基因组 DNA 片段
RAD	AATTGGTACGCAGTC	
F-Pdgat	AACCCTCCAAATTTCCAAAG	用于克隆 DGAT1-1 启动子序列，364bp
R-Pdgat	CCTCCAGAATCCAAAATCTC	
F-actin	CCCTGGAATTGCTGACCGTA	用于实时 RT-PCR，138bp
R-actin	AAAGTGCTGAGGGATGCCAA	
F-dgat	CCATGACCTGATGAACCGCA	用于实时 RT-PCR，120bp
R-dgat	TCCAGTGAGGGACAGAGACA	

培养 30℃，然后收集 1ml 细菌培养物并以 12 000 r/min 离心 5min。弃去上清液，收集沉淀。用空质粒转化的细菌作对照，并进行 SDS-PAGE。使用 Ni-NTA 柱进行亲和层析（Qiagen，Germany），使用以下组分纯化融合蛋白。结合缓冲液：50mmol/L Tris-HCl（pH8），150mmol/L NaCl；洗涤：TBS 缓冲液（pH8），0mmol/L，30mmol/L 或 50mmol/L 咪唑；洗脱：含有 200mmol/L 或 400mmol/L 咪唑的 TBS 缓冲液（pH8）。用 SDS-PAGE 评估蛋白质纯化和估计收集的洗脱液的分子质量。使用 Bradford 法测定蛋白质浓度。纯化的蛋白质用于 Pull-down 测定和电泳迁移率变动分析（EMSA）实验。

5. Pull-down 筛选 *BnZFP1* 靶基因

BnZFP1 基因的 Pull-down 实验步骤如下：使用 *Eco*R I 和 *Taq* I 酶切 20μg XY15 的基因组 DNA，然后用衔接子 AD1 和 AD2 连接（表 4-6）。将 6×His-BnZFP1 融合蛋白和抗 His 抗体（Qiagen，Germany）加入混合物中，然后置于冰浴中 30min 以形成免疫复合物。使用 Dynabeads 蛋白 A（Thermo，USA）在冰浴中消化蛋白免疫复合物 20min。消化后，使用苯酚-氯仿（1∶1）分离和纯化 DNA 及蛋白质。使用引物对纯化的 DNA 进行 FAD 和 RAD 的 PCR 扩增。将 PCR 产物直接连接到 pMD18-T 载体上并转化到大肠杆菌 DH5α 细胞中，之后由 Sangon Biotech（中国上海）测序。

6. 电泳迁移率变动分析（EMSA）

电泳迁移率变动分析使用 EMSA 试剂盒（Invitrogen，USA）进行。用 364bp PCR 扩增片段进行 EMSA 验证，所述片段包括 344bp 上游序列和 DGAT1-1 起始密码子（ATG）周围的 20bp 下游序列。在 DNA-蛋白质结合后，使用 SYBR^{TM} Green 和 SYPRO^{TM} Ruby 染料进行 6% 非变性聚丙烯凝胶电泳以分别染色 DNA 和蛋白质。

7. 荧光定量 RT-PCR 分析

使用植物 RNA 提取试剂盒（Omega，USA）从转基因植物和 XY15 植物的叶片和 30 粒 DAP 种子中提取总 RNA。DNase I（Thermo，USA）用于去除提取的总 RNA 中的 DNA，并且 ImProm-II^{TM} 逆转录酶（Promega，USA）用于逆转录。DGAT1-1 序列的 PCR 引物（表 4-6）用于 S1000 PCR 仪（Bio Rad，USA）中的 qRT-PCR 分析，并遵循 SYBR 预混物 Ex Taq II 试剂盒（TaKaRa，Japan）的制造商说明书。*B.napus* β-肌动蛋白（GenBank 登录号 AF111812）用作内部参考。在实验中使用"生物学重复"一式三份。2-ΔCt 方法用于统计分析：2-ΔCt=2-（Ct/t-Ct/a）。Ct 为循环阈值；Ct/t 为 BnZFP1 的循环阈值为 Ct/a 为 β-肌动蛋白的循环阈值。

（二）结果

1. 转基因植株的分析

共有 1500 个子叶外植体用于农杆菌转化和卡那霉素或磷酸丝蛋白抗性筛选。在 PCR 检测后，获得 15 个过表达的转基因植物和 12 个沉默的转基因植物。用气相色谱法测试 T1 后代种子脂肪酸组成。结果表明，过表达转基因植物中的油酸含量高于对照 XY15 植物。在具有沉默表达的转基因植物中，油酸含量低于对照中的油酸含量。对照的油酸含量为 63.70%。将油酸含量高于 70% 的 10 种过表达转基因植物和油酸含量低于 60% 的 4 种沉默转基因植物用于自花授粉以获得 T5 后代。表 4-7 显示了部分 T5 后代的种子中的脂肪酸组成和油含量。与对照相比，H9 中的油酸含量为 75.68%，增加了 18.8%；L4 的油酸含量为 60.85%，降低了 4.5%。H9 的含油量为 40.87%，比对照高 3.8%；然而，L4 和对照的含油量没有显示出显著差异。

表 4-7　相对脂肪酸组成　（单位：%，m/m）

株系	16：0	18：0	18：1	18：2	18：3	20：1	22：1	含油量
H1	3.61±0.10[a]	2.59±0.35[a]	71.57±0.23[a]	10.03±0.26[a]	9.18±0.06[a]	1.21±0.20[a]	0.19±0.13	43.20±0.72[a]
H2	4.17±0.09[b]	3.52±0.25[b]	66.14±0.91[b]	15.03±0.05[b]	8.92±0.06[a]	0.91±0.32[a]	0	41.09±1.25[ab]
H3	4.19±0.05[b]	2.35±0.22[a]	67.03±0.59[b]	14.03±0.23[b]	9.51±0.20[a]	0.95±0.10[a]	0	42.00±0.33[a]
H4	3.53±0.32[a]	2.24±0.19[a]	72.03±0.89[a]	13.03±0.56[c]	7.08±0.12[b]	1.23±0.18[a]	0	40.42±0.43[ab]
H5	4.57±0.18[b]	2.33±0.17[a]	65.81±0.87[b]	17.03±0.34[d]	9.58±0.26[a]	0.87±0.23[a]	0	39.09±0.95[b]
H6	4.26±0.05[b]	2.80±0.31[a]	67.74±0.79[b]	17.03±0.16[d]	8.00±0.67[b]	1.02±0.18[a]	0	42.37±0.28[a]
H7	4.21±0.12[b]	3.27±0.22[b]	69.72±0.11[a]	14.03±0.11[b]	8.01±0.56[b]	0.56±0.06[b]	0.39±0.11	41.00±1.00[a]
H8	3.81±0.12[a]	2.76±0.12[a]	66.51±0.71[b]	17.03±0.18[d]	7.58±0.26[b]	0.83±0.24[a]	0.20±0.03	38.46±1.44
H9	3.46±0.24[a]	2.59±0.18[a]	75.68±0.37[c]	12.18±0.51[c]	6.12±0.24[c]	1.00±0.34[a]	0	40.87±0.25[b]
XY15	4.46±0.43[b]	2.72±0.56[a]	63.70±0.56[d]	18.77±0.63[d]	8.16±0.61[b]	0.97±0.25[a]	0	39.36±0.22[b]
L1	5.51±0.11[c]	5.85±0.23[c]	61.57±0.76[e]	18.06±0.28[d]	9.05±0.39[ad]	0.96±0.11[a]	0	41.25±0.74[b]
L2	6.12±0.44[c]	5.93±0.16[c]	59.11±0.27[e]	18.22±0.33[d]	8.98±0.22[ad]	0.90±0.20[a]	0	38.49±1.04[bc]
L3	5.89±0.25[c]	6.23±0.56[c]	60.98±0.36[e]	17.55±0.23[d]	9.96±0.14[e]	1.95±0.44[c]	0	40.55±0.77[bc]
L4	5.76±0.58[c]	6.03±0.41[c]	60.85±0.23[e]	18.23±0.67[d]	8.45±0.15[bd]	0.77±0.40[a]	0	40.00±0.46[c]

注：H，过表达 *BnZFP1* 转基因植物；L，干扰的 *BnZFP1* 表达的转基因植物；小写字母表示差异达到显著水平。下同。

2. 使用微阵列鉴定 *BnZFP1* 靶基因

选择 H9、H4 和 L4、L 植株用于微阵列分析。基因表达数据可从 NCBI 的 GEO（GEO 登录号 GSE120223）下载。安捷伦表达芯片使用重复探针信号的 CV 值（10 个重复）来计算微阵列稳定性，其质量控制标准是 CV 值应<15%。本研究中 3 个

微阵列结果的 CV 值范围为 3.6%~5.8%，基因检测率>75%，表明本实验结果已通过质量控制标准，可用于后续分析。

本研究比较和分析了 *BnZFP1* 过表达及沉默植物的微阵列数据。在过表达植物中，总共有 5230 个差异表达的基因倍数>2，其中 2703 个基因上调，2527 个基因下调。在沉默的植株中，鉴定了大约 2556 个差异表达的基因，倍数变化>2，其中包括 1649 个上调和 736 个下调基因。在这些基因中，甘油脂代谢中的 *DGAT1* 基因（*DGAT1-1*）在过表达植物中表现出显著上调表达（图 4-19，标星）。

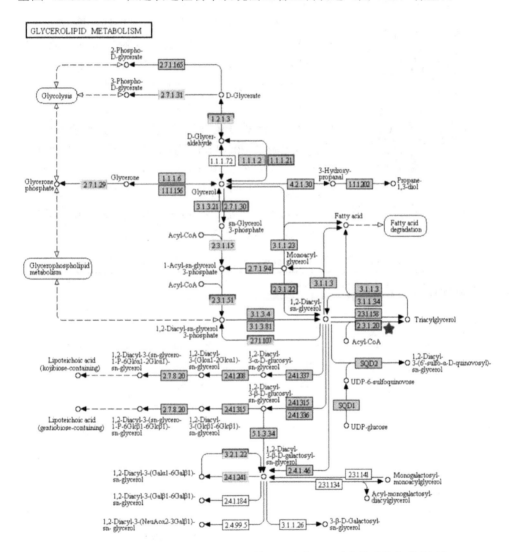

图 4-19　在高油酸和野生型植物中受差异表达基因影响的甘油脂代谢酶网络

3. 用 Pull-down 鉴定 *BnZFP1* 靶基因

将重组质粒 pET-ZFP1 转化到大肠杆菌 BL21 细胞中，然后将得到的转化体在 2YT 培养基（1.6%胰蛋白胨、1%酵母提取物和 0.5%NaCl，pH7）中培养。加入 IPTG 至终浓度为 1mmol/L 以诱导蛋白质表达。IPTG 诱导后，使用超声处理破坏大肠杆菌沉淀。使用 Ni-NTA 树脂吸附含有 6×His 标签的目标蛋白，其在预洗涤树脂后洗脱。SDS-PAGE 结果表明 Ni-NTA 树脂纯化后蛋白纯度较高（图 4-20）。定量后 BnZFP1 蛋白浓度为 1.5mg/ml。

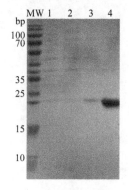

图 4-20　目标蛋白质纯化图

BnZFP1 蛋白用于与限制性内切核酸酶 *Taq* I 和 *Eco*R I 酶切的总 XY15 DNA 的共免疫沉淀。将 PCR 产物连接到 pMD18-T 载体（TaKaRa，Japan）并转化到大肠杆菌 DH5α 细胞中。随机选择 100 个转化子进行测序，获得大小在 200~1000bp 范围内的 39 个非冗余序列。针对甘蓝型油菜基因组搜索这些序列，获得它们下游的 2000bp 序列。对序列及其下游 2000bp 序列进行比对并使用 BLAST 进行分析，鉴定了 30 个候选靶基因，包括 *DGAT1*、转录因子、蛋白激酶、核糖体成熟蛋白基因和功能未知的基因。还通过微阵列分析检测这些候选基因（表 4-8）。

表 4-8　通过微阵列和基因组 pull-down 鉴定的 *BnZFP1* 的 30 个推定的靶基因

基因名称	微阵列基因表达变化倍数		描述
	HvsWT	LvsWT	
BnaA07g36000D	18.83	0.15	二酰甘油 *O*-酰基转移酶 1
BnaC09g31850D	11.26	0.04	脂质转移蛋白/种子储存 2S 白蛋白样蛋白
BnaA10g11500D	0.25	5.01	木糖葡萄糖转移酶
BnaA03g06940D	8.41	0.019	Napin 胚胎特异性小链
BnaA07g35260D	21.82	0.45	WRKY40-1 转录因子
BnaC09g13470D	0.23	1118.21	液泡钙结合蛋白
BnaC03g18820D	7.54	0.34	生长素抑制蛋白
BnaC02g35150D	11.29	0.07	类固醇磺基转移酶 4
BnaA02g33910D	8.42	0.44	NAC 结构域蛋白 5-1
BnaC09g01160D	8.24	0.01	光调节蛋白
BnaC02g32980D	0.22	9.37	种子特异性蛋白 Bnl5D12A
BnaA06g31210D	4.06	0.35	锌指同源域蛋白 1
BnaA10g24090D	32.55	0.48	多聚半乳糖醛酸酶抑制剂蛋白

续表

基因名称	微阵列基因表达变化倍数		描述
	HvsWT	LvsWT	
BnaA05g23130D	11.23	0.21	乙烯响应转录因子 RAP2-3
BnaA09g07160D	5.97	0.10	生长素诱导蛋白 IAA9
BnaA02g24090D	451.25	0.25	种子特异性蛋白 Bnl5D33A
BnaCnng42990D	9.94	0.36	非特异性脂质转移蛋白前体
BnaA08g18380D	76.76	0.33	推定的乙烯反应元件结合因子
BnaC04g30640D	3.42	0.18	脂质转移样蛋白
BnaC07g25390D	59.49	0.27	锌指同源域蛋白 1
BnaA06g22900D	5.24	0.20	NAC 结构域蛋白 1-1
BnaC06g40170D	5.36	0.01	WRKY40-1 转录因子
BnaA08g18790D	12.03	0.01	锌指蛋白 STZ / ZAT10
BnaA03g17820D	7.25	0.36	WRKY 蛋白
BnaCnng20570D	7.25	0.45	C2H2 锌指蛋白
BnaC02g26030D	4.48	0.50	WRKY 转录因子 40
BnaA10g16170D	10.71	0.23	糖转运蛋白 ERD6-like 16
BnaC05g00370D	6.42	0.02	NAC 结构域蛋白 5-11
BnaC09g08390D	8.25	0.32	种子储藏 2S 白蛋白超家族蛋白
BnaC01g18020D	2.85	0.18	ABA 不敏感的 PP2C 蛋白 1

DGAT1-1 是本研究中确定的候选靶基因之一，催化 TAG 形成的最后一步，以二酰甘油和脂肪酰基辅酶 A 形成三酰甘油。因此，我们选择 *DGAT1-1* 的启动子序列进行 EMSA 验证。对 364bp PCR 扩增片段和 BnZFP1 蛋白进行 EMSA 分析。图 4-21 显示，随着 BnZFP1 蛋白水平的增加，DGAT1-1 启动子序列和 BnZFP1 蛋白显示出显著的体外结合。

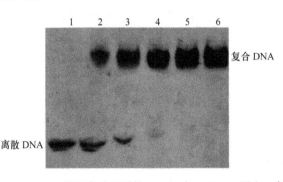

图 4-21 *DGAT1-1* 基因启动子区的 EMSA 与 BnZFP1 蛋白一起孵育

泳道 1，仅 DNA（10ng）；泳道 2~5，具有增加量的 BnZFP1 蛋白（100ng、200ng、400ng、600ng）的 100ng 等分试样中的 *DGAT1-1* 基因启动子 DNA；泳道 6，仅 BnZFP1 蛋白（600ng）

4. *DGAT1-1* 基因的表达分析

测量 *DGAT1-1* 在过表达 *BnZFP1* 的 H9 和 H4、*BnZFP1* 沉默的 L4 和 L1，以及 XY15 植物的叶和 30 粒 DAP 种子中的表达。qRT-PCR 分析（图 4-22）显示，观察到的三种植物叶片中 *DGAT1-1* 表达的差异不显著。该结果可通过以下事实来解释：*BnZFP1* 基因处于种子特异性启动子 napin A 的控制下，因此仅在种子中表达。在发育种子中，H9 和 H4 中 *DGAT1-1* 的表达水平高于 L4、L1 和 XY15。此外，qRT-PCR 和微阵列分析的结果一致，表明转录因子 *BnZFP1* 正调节 *DGAT1-1* 的表达。

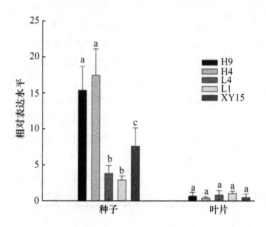

图 4-22　转基因和野生型中 *DGAT1-1* 基因的相对表达水平

（三）讨论

在真核生物中，TAG 合成主要通过两种途径发生。第一种途径是 Kennedy 途径，也称为甘油磷酸途径（图 4-23，下方圆圈）。该途径由 4 个酶促反应组成，底物 G-3-P 和酰基-CoA 用于在 GPAT、LPAAT、PAP 和 DGAT 的作用下合成 TAG。第二种途径是 PC 途径（图 4-23，上方圆圈），其使用 PC 作为中间体。脂肪酸也经历结构修饰，如去饱和、羟基化。磷酸胆碱可以从 PC 中除去，而 PC 又转化为 DAG，反之亦然。PC 和 DAG 可在 PDAT 催化下直接合成 TAG。在欧洲油菜中，TAG 中大约 69% 的脂肪酸来自 Kennedy 途径，而 31% 来自 PC 途径。在大豆中，TAG 中大约 32% 的脂肪酸来自 Kennedy 途径，而 68% 来自 PC 途径[98]。*FAD2* 功能的修饰可以极大地改变 TAG 中的油酸含量，并且已经在各种植物中报道[99]。

DGAT 在 TAG 合成和油料作物积累中起重要作用，因为它是 TAG 合成途径中的限速酶。增加 DGAT 活性可以增加种子中的含油量[100]。研究表明，DGAT 不仅可以影响种子油含量，而且与种子脂肪酸组成密切相关[101,102]。植物基因

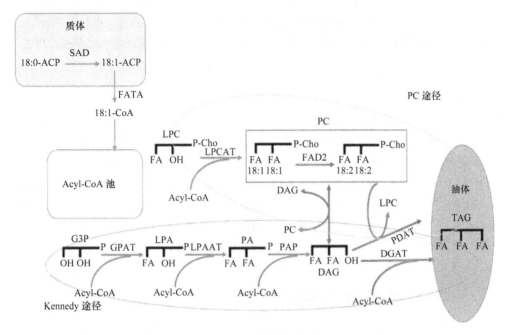

图 4-23 TAG 生物合成途径

组含有三个 *DGAT* 基因，即 *DGAT1*、*DGAT2* 和 *DGAT3*。这些基因具有低序列相似性，但具有相同的功能[103]。先前的研究表明 *DGAT1* 对种子中 TAG 合成的贡献更大[104]。转录因子在脂质代谢中起着极其重要的调节作用。对拟南芥脂质代谢数据库的深入分析鉴定了 620 个参与脂质代谢的基因，这些基因主要包含调节基因[105]。随后的研究已经表征了转录因子，如 LEC、DOF 和 WRI[106-108]。Wang[109]等鉴定了两个 DOF 转录因子，即 *GmDOF4* 和 *GmDOF11*[109]。本研究中的转录因子 *BnZFP1* 是 CCCH 型锌指蛋白，其在植物的各种生物过程中起重要的调节作用[110]。该研究表明 *BnZFP1* 基因在甘蓝型油菜中过量表达增加了种子油和油酸含量，而 *BnZFP1* 基因的抑制降低了油酸含量。这表明 *BnZFP1* 与种子中的 TAG 代谢密切相关。下拉分析和微阵列研究表明 *DGAT1-1* 是 *BnZFP1* 的候选靶基因。

本研究推测 *DGAT1-1* 在 *B. napus* 种子的 TAG 合成期间优先使用 18：1-CoA 作为底物。*BnZFP1* 在欧洲油菜中的过表达可以改善 *BnZFP1* 对 *DGAT1-1* 的正调节，从而增强 *DGAT1-1* 表达水平，并且导致种子油酸和油含量增加。在 *BnZFP1* 沉默的植物中，种子中的油酸含量降低，而未观察到油含量的变化，表明其他 DGAT 或 PDAT 可补偿 TAG 合成途径 *DGAT1-1* 功能的丧失。

（四）结论

基因芯片和 Pull-down 实验表明 *BnZFP1* 共有 30 个潜在的靶基因。对其中一个潜在的靶基因，即二酰甘油 *O*-酰基转移酶 1 基因（*DGAT1*）的进一步分析和验证表明，它受 *BnZFP1* 正调控，且油菜籽中含油量和油酸含量随其表达水平升高而增加。

二、*OPR* 与 *AT* 基因功能研究

在高油酸油菜近等基因系成熟期种子 miRNA 测序的基础上，筛选与脂肪酸代谢相关的差异 miRNA 的靶基因——1,2-氧代植物二烯酸还原酶（1,2-oxo-phytodienoic acid reductase，OPR）基因与乙酰转移酶（acetyltransferase，AT）基因。OPR 参与脂肪酸 β 氧化，还原 α-亚麻酸，形成茉莉酸[111,112]。茉莉酸广泛介导胁迫信号的传递等，在植物抗逆性中起着重要作用[113,114]。AT 催化乙酰基团从乙酰辅酶 A（乙酰 CoA，acetyl-CoA）转移到其作用底物芳香胺及杂环胺类物质上，参与脂肪酸转化与降解，*AT* 缺失会推迟植物开花时间并降低育性[115,116]。

（一）*OPR* 与 *AT* 基因表达规律研究

本研究[117]拟对 *OPR* 和 *AT* 基因在甘蓝型高油酸油菜中的表达规律进行研究，结合相关材料的脂肪酸组成进行关联分析，以期为高油酸油菜分子育种提供参考资料。

1. 实验材料与方法

1）材料

甘蓝型高油酸油菜（*Brassica napus*）品系 20 个，其主要脂肪酸成分见表 4-9。

表 4-9　高油酸油菜品系脂肪酸成分

品系	软脂酸/%	硬脂酸/%	油酸/%	亚油酸/%	亚麻酸/%
1	3.122	2.485	84.041	3.826	5.001
2	3.084	2.530	85.163	3.116	4.404
3	3.273	2.672	83.232	3.538	4.437
4	3.113	2.649	85.215	3.134	4.727
5	2.964	2.589	85.620	2.923	4.624
6	3.054	2.823	86.683	2.877	3.727
7	3.458	2.587	78.785	7.572	6.135
8	3.043	2.296	85.505	3.069	4.772
9	3.426	2.360	81.265	5.721	5.784
10	3.112	2.355	85.460	3.120	5.841
11	3.494	1.620	76.883	9.648	7.741
12	3.577	1.822	84.759	3.768	5.774
13	3.341	2.014	85.688	3.739	5.088

品系	软脂酸/%	硬脂酸/%	油酸/%	亚油酸/%	亚麻酸/%
14	3.379	1.972	85.291	4.242	4.940
15	3.352	2.330	85.724	3.410	5.074
16	3.341	1.952	86.537	3.418	4.661
17	3.090	1.146	88.210	3.628	4.628
18	3.584	1.474	86.421	3.290	5.112
19	3.053	1.528	86.969	3.413	4.814
20	3.679	1.251	85.367	4.515	5.742

2）RNA 提取

在营养生长期分别取幼苗期（出苗 1 个月）、5~6 叶期、蕾薹期倒数第 3 片伸展叶。盛花期取花蕾、盛开的花和即将凋谢的花（去除萼片），角果期取自交授粉后 15d、25d 和 35d 的种子。每次取 5 株样品，提取 RNA 并进行检测。

3）反转录与定量 PCR

通过 Primer Premier 6.0 软件，分别根据 *OPR* 和 *AT* 基因保守序列（Tair, https://www.arabidopsis.org/ 和 Brassica Database, http://brassicadb.org/brad/index.php）设计引物（表 4-10），由擎科生物技术有限公司（长沙）合成。检测合格的 RNA 按照 TransScript One Step gDNA Removal and cDNA Synthesis SuperMix（北京全式金生物技术有限公司）说明书进行逆转录。按照 TransScript Tip Green qRT-PCR SuperMix （北京全式金生物技术有限公司）说明书，使用 CFX96 TM Real-Time System （BIORAD，美国），以泛素结合酶 9（ubiquitin conjugating enzyme 9, UBC9）为内参基因，采用两步法进行 qRT-PCR 验证。qRT-PCR 反应体系为 20μl：cDNA 模板 2μl，正反向引物（0.2μmol/L）各 0.4μl，2×TransStart® Tip Green qPCR SuperMix 10μl，Passion Reference Dye（50×）0.4μl，ddH$_2$O 6.8μl。扩增程序为：94℃预变性 30s；94℃变性 5s，60℃退火 30s，40 个循环；溶解曲线分析参照 CFX96™ Real Time System 使用说明书。以 Pfaffl 等[118]的方法进行基因表达分析。实验重复 3 次，取平均值。

表 4-10 qRT-PCR 引物信息

基因名称	基因序号	序列（5′→3′）
OPR	AT1G01453	F: CCGATGTTCCAACCTTCA
		R: CCTCTACCCTCCACTTGTT
AT	AT5G61500	F: TCGGCGTTCAAGGAGAAG
		R: TGCCAGGGTCACCAGATT
UBC9	AT4G27960	F: TCCATCCGACAGCCCTTACTCT
		R: ACACTTTGGTCCTAAAAGCCACC

注：*OPR*，1,2-氧代植物二烯酸还原酶基因；*AT*，乙酰转移酶基因；*UBC9*，泛素结合酶 9 基因。

2. 结果与分析

1) 脂肪酸组分相关性分析

对 20 个高油酸油菜不同脂肪酸成分进行相关性分析,发现油酸与亚油酸、亚麻酸均呈极显著负相关,亚油酸与亚麻酸、棕榈酸与亚油酸及亚麻酸均呈正相关(表 4-11)。

表 4-11　不同脂肪酸组分相关性分析

	棕榈酸	硬脂酸	油酸	亚油酸	亚麻酸
棕榈酸	1	−0.382	−0.394	0.498*	0.594**
硬脂酸	/	1	−0.238	−0.114	−0.230
油酸	/	/	1	−0.910**	−0.770**
亚油酸	/	/	/	1	0.850**
亚麻酸	/	/	/	/	1

*表示在 0.05 水平上显著差异;**表示在 0.01 水平上差异显著。

2) *OPR* 与 *AT* 基因在营养生长期表达规律

对 20 个不同油菜品系的 *OPR* 在营养生长期中不同材料的表达量进行分析(图 4-24A),发现除品系 3、4、6 和 8 外,*OPR* 表达量在幼苗期、5~6 叶期、蕾薹期的叶片中呈逐渐递增的趋势,且相关性分析表明(表 4-12)。在整个营养生长期,高油酸材料的 *OPR* 基因表达量与 5 种脂肪酸成分均无显著相关性。

对 20 个不同油菜品系的 *AT* 基因在营养生长期不同材料中的表达量进行分析(图 4-24B),发现该基因表达规律与 *OPR* 相同。相关性分析表明(表 4-12),在整个营养生长期,*AT* 基因在 5~6 叶期及蕾薹期叶中表达量均与油酸含量呈极显著负相关,与亚油酸及亚麻酸有极显著/显著正相关,但与棕榈酸、硬脂酸及花生烯酸含量均无显著相关性。结合表 4-11 中油酸、亚油酸及亚麻酸关系分析发现,随着 *AT* 基因表达量的升高,油酸含量降低而亚油酸与亚麻酸含量升高。

表 4-12　营养生长期 *OPR* 和 *AT* 基因表达量与不同脂肪酸成分间相关性分析

脂肪酸	幼苗期叶		5~6 叶期叶		蕾薹期叶	
	OPR	*AT*	*OPR*	*AT*	*OPR*	*AT*
棕榈酸	0.342	−0.130	0.057	0.184	0.384	0.265
硬脂酸	−0.383	0.195	−0.186	0.021	−0.249	0.232
油酸	0.301	−0.319	0.417	−0.604**	0.248	−0.761**
亚油酸	−0.163	0.355	−0.360	0.672**	−0.226	0.730**
亚麻酸	−0.185	0.192	−0.268	0.594**	−0.111	0.487*

*表示在 0.05 水平上显著差异;**表示在 0.01 水平上差异显著。

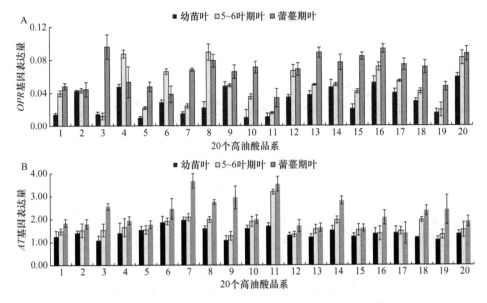

图 4-24 OPR（A）与 AT（B）基因在营养生长期表达情况

3）OPR 与 AT 基因在花期表达规律

对 20 个不同油菜品系的 OPR 在花期花中不同材料的表达量进行分析（图 4-25A），在盛开的花中表达量最高，在将凋零的花中表达量最低；另外，相关性分析表明（表 4-13），OPR 在花蕾和盛开的花中表达量与油酸、亚油酸及亚麻酸有极显著/显著相关关系，在将凋谢的花中表达量与 5 种脂肪酸成分均无显著相关性。

对 20 个不同油菜品系的 AT 在花期花中不同材料的表达量进行分析（图 4-25B），变化趋势同 OPR。另外，相关性分析表明（表 4-13），AT 在花蕾和盛开的花中表达量与油酸有显著相关性，在盛开的花中表达量与亚油酸亦有显著相关性。

表 4-13 OPR 与 AT 基因在花期不同材料相关性分析

脂肪酸	花蕾		盛开的花		将凋谢的花	
	OPR	AT	OPR	AT	OPR	AT
棕榈酸	−0.464*	0.145	−0.265	0.125	0.105	−0.072
硬脂酸	0.037	0.232	0.019	0.047	0.211	0.135
油酸	0.628**	−0.462*	0.605**	−0.464*	0.009	−0.081
亚油酸	−0.578**	0.428	−0.524*	0.517*	−0.033	0.100
亚麻酸	−0.584**	0.251	−0.638**	0.304	0.032	−0.088

*表示在 0.05 水平上显著差异；**表示在 0.01 水平上差异显著。

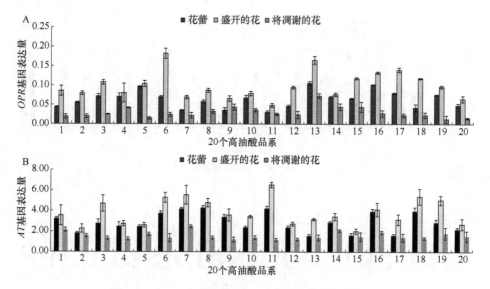

图4-25 *OPR*（A）与*AT*（B）基因在花期表达情况

4）*OPR* 与 *AT* 基因在角果期表达规律

对 20 个高油酸油菜品系 *OPR* 基因在角果期中不同材料的表达量进行分析（图 4-26A），该基因在整个角果期呈逐渐递减的趋势，但角果期的整体表达量高于其他时期。相关性分析表明（表 4-14），*OPR* 基因与棕榈酸、油酸、亚油酸及亚麻酸在整个角果期均有极显著相关性。角果期是脂肪酸积累的关键期，推测 *OPR* 基因参与了油菜籽脂肪酸积累过程。

对 20 个高油酸油菜品系 *AT* 基因在角果期中不同材料的表达量进行分析（图 4-26B），表达变化趋势同 *OPR*。相关性分析表明（表 4-14），*AT* 基因在授粉后 35d 角果中与油酸、亚油酸及亚麻酸有极显著或显著相关性。

表 4-14　*OPR* 与 *AT* 基因在角果期不同材料相关性分析

脂肪酸	15d 种子		25d 种子		35d 种子	
	OPR	*AT*	*OPR*	*AT*	*OPR*	*AT*
棕榈酸	−0.692**	−0.183	−0.626**	−0.151	−0.770**	0.325
硬脂酸	−0.083	−0.002	0.131	0.056	0.157	0.254
油酸	0.705**	−0.201	0.596**	−0.367	0.592**	−0.710**
亚油酸	−0.653**	0.251	−0.567**	0.443	−0.607**	0.636**
亚麻酸	−0.574**	0.051	−0.594**	0.048	−0.750**	0.488*

*表示在 0.05 水平上显著差异；**表示在 0.01 水平上差异显著。

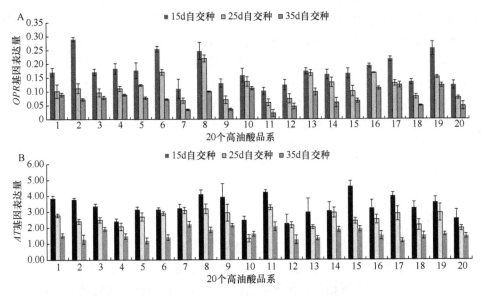

图 4-26　*OPR*（A）与 *AT*（B）基因在角果期表达情况

3. 讨论

1）脂肪酸代谢相关微效基因研究

脂肪酸代谢相关微效基因的发掘可促进高油酸油菜分子育种。Zhao 等[119]对高油和低油油菜品种早期发育的角果和种子（开花后 3d、7d、14d 和 21d）进行分析发现，*miR390* 能通过 ta-siRNA 介导生长素信号参与早期种子胚胎发育，而 *miR156*、*miR167*、*miR2203* 通过作用其靶基因而影响脂肪酸代谢和油分积累。Song 等[120]发现在甘蓝型油菜中超量表达 *miR394* 及其靶基因 *BnLCR*，两者均参与种子发育，且 *miR394* 能改变脂肪酸的组成，两者在甘蓝型油菜脂肪酸代谢过程起到重要作用。Wang 等[121]发现在甘蓝型油菜中，*miR9563*、*miR838*、*miR156*、*miR159*、*miR1134* 和两个新预测的 miRNA 与其对应的靶基因能参与 CoA 和碳链脱饱和酶的合成，调控长链脂肪酸的形成，同时参与脂肪酸 β-氧化和脂质运输与代谢，可作为微效基因调控油菜脂肪酸代谢和油分的积累。在本研究中，*AT* 在 5~6 叶期叶、蕾薹期叶及 35d 自交种中均与油酸、亚油酸、亚麻酸有显著（极显著）相关性；*OPR* 在整个角果期自交种中与油酸呈显著负相关关系、与亚油酸和亚麻酸呈显著正相关关系，推测 *OPR* 和 *AT* 基因可能为油酸合成的微效基因，从而促进高油酸油菜脂肪酸代谢机制研究。

2）高油酸油菜材料的早期筛选

大量研究表明,利用基因表达情况筛选目的材料能大大缩短时间并降低成本。

Barkley 等[122,123]利用 qRT-PCR 对高油酸花生及其野生型种子和叶片中差异 *ahFAD2B* 基因进行快速检测，区分了野生型和突变型，并确定了 *ahFAD2A* 的不同突变类型，大大减轻了高油酸花生育种的繁琐工作。谷晓娜等[124]以转基因大豆 'N29-705-15' 和 'JL30-187' 为试验材料，利用 RT-qPCR 技术检测了 *hrpZpsta* 基因在转基因大豆不同组织中的表达量，结果表明 *hrpZpsta* 基因在大豆植株中的表达量与受体植株对疫霉根腐病和灰斑病抗性存在一定的相关性。本研究中 *AT* 基因在 20 个材料中的表达量与脂肪酸组分间相关性分析表明，在 5~6 叶期叶、蕾薹期叶材料中，通过 *AT* 基因表达量进行高油酸油菜早期筛选，可缩短育种时间，加速高油酸油菜育种。

4. 结论

OPR 与 *AT* 基因在整个生长期表达量变化规律相似，均在苗期表达量逐渐升高，在花期盛开的花中表达量最高，角果期则逐渐下降，但 *OPR* 基因表达量比内参基因低得多，*AT* 则相反；综合两基因表达情况并结合脂肪酸成分分析可知，*AT* 基因在 5~6 叶期叶、蕾薹期叶中均与油酸、亚油酸、亚麻酸有显著/极显著相关性；*OPR* 在 35d 种子中与油酸呈显著正相关、与亚油酸和亚麻酸呈极显著/显著负相关。

（二）*AT* 和 *OPR* 基因克隆

1. 材料与方法

1）材料

大肠杆菌感受态 DH5α 购于北京擎科生物公司。pCAMBIA1300-35S-N1、pCAMBIA1300-RNAi 载体购于上海康颜生物公司。

2）靶基因扩增

对通过验证的 *OPR* 和 *AT* 基因，利用 TAIR 和 Brassica Database 数据库进行检索，发现 *AT* 基因有两个拷贝，分别在 A 基因组和 C 基因组，而 *OPR* 基因有 4 个拷贝，A、C 基因组各两个（表 4-15），并以此序列进行后续引物设计。

根据甘蓝型油菜数据库中 *OPR* 和 *AT* 基因序列分别设计引物（表 4-16），其中 5′端酶切位点前的序列用于重组连接。以提取的高油酸油菜 cDNA 为模板进行 PCR 扩增，扩增体系包括：KOD-FX 1μl，2×PCR 缓冲液 25μl，dNTP Mixture 10μl，F 引物 0.2μmol/L（终浓度），R 引物 0.2μmol/L（终浓度），cDNA 小于 500ng，ddH$_2$O 补充至 50μl。扩增条件：98℃ 2min 预变性；98℃ 10s，60℃ 30s，68℃ 2min，35 个循环；68℃ 7min 延伸。

表 4-15　与脂肪酸代谢相关的 miRNA 及其靶基因

miRNA 名称	靶标 ID（简写）	靶标名称
bna-miR396	GSBRNA2T00114025001（114）	乙酰转移酶（*AT*）
bna-miR156b>c>g	GSBRNA2T00148464001（148）	1，2-氧代植物二烯酸还原酶（*OPR*）
	GSBRNA2T00012422001（124）	
	GSBRNA2T00082938001（829）	
	GSBRNA2T00094910001（949）	
	GSBRNA2T00135385001（135）	

表 4-16　PCR 扩增引物

基因名称	引物名称	引物序列（5'→3'）
114	114BamH I -F	TCTGATCAAGAGACAggatccATGAATTCTTCACCATCAGTG
	114SalI-R	CATCGGTGCactagtgtcgacTCAAAAATAAACAAGAGACATG
148	148BamHI-F	TCTGATCAAGAGACAggatccATGAATTCTTCTTCATCAGTA
	148SalI-R	CATCGGTGCactagtgtcgacTCAAATAGAAACAAGAGACA
124	124BamHI-F	TCTGATCAAGAGACAggatccATGGAAAATGCAGTAGCGAAAG
	124SalI-R	CATCGGTGCactagtgtcgacTTAAGCTGTTGATTCAAGAAAAG
829	829BamHI-F	TCTGATCAAGAGACAggatccATGGAAAATGCAGTAGCGAAAC
	829SalI-R	CATCGGTGCactagtgtcgacTTAAGCTTTTGATTCAAGAAAAG
949	949BamHI-F	TCTGATCAAGAGACAggatccATGGAAAACGTAGTGACGAAAC
	949SalI-R	CATCGGTGCactagtgtcgacTTAACTAGCTGTTGAATCAAG
135	135BamHI-F	TCTGATCAAGAGACAggatccATGGAAAACGTAGTAACGAAAC
	135SalI-R	CATCGGTGCactagtgtcgacTTAACTAGCTGTTGAATCAAG

3）靶基因干扰片段的扩增

同样由甘蓝型油菜数据库获得 *OPR* 和 *AT* 基因全长序列，选择长度为 300bp 特异序列设计引物（表 4-17），以合成的 cDNA 为模板进行高保真扩增，PCR 扩增体系同第四章'第三节'二，（一），1，3）。扩增条件：98℃ 2min 预变性；98℃ 10s，60℃ 30s，68℃ 30s，35 个循环；68℃ 7min 延伸。

将 PCR 扩增产物凝胶电泳，拍照观察并切胶回收，实验步骤参照擎科胶回收试剂盒说明书。与 pMD18-T 载体相连，挑取阳性克隆接种于含有 Amp 的 LB 液体培养基当中，震荡过夜。取新鲜菌液送与北京擎科公司进行测序，剩余菌液加入 30%甘油，于–70℃保存菌种。

4）过表达载体构建

双酶切 pCAMBIA1300-35S-N1 载体，酶切体系包括：pCAMBIA1300-35S-N1 16μl，10×FastDigest Buffer 2μl，FastDigest *Bam*HI 1μl，FastDigest *Sal*I 1μl。反应体系包括：PCR 产物 4μl，酶切 vector 4μl，Assembly Enzyme 1μl，10×Assembly Buffer 1μl，重组体系反应置于 37℃反应 30min。胶回收，产物进行体外同源重组反应，获得重组质粒之后，将连接产物置于冰上进行转化。

表 4-17　RNAi 干扰引物

基因名称	引物名称	引物序列（5′→3′）
148	148Ri-PBF	AGTCTCTCTGCAGGGATCCAAGGTATCTCAGATGATTG
	148Ri-SXR	tttccagGTCGACTCTAGAAATAGAAACAAGAGACATG
124/829	124/829Ri-PBF	GAGTCTCTCTGCAGGGATCCATGGAAAATGCAGTAGCG
	124/829Ri-SXR	tttccagGTCGACTCTAGAACCTTTGGCATGAACAGC
114	114Ri-PBF	AGTCTCTCTGCAGGGATCCAAGGTAACTCAAATGATTG
	114Ri-SXR	tttccagGTCGACTCTAGAAAAATAAACAAGAGACATG
135	135Ri-PBF	GAGTCTCTCTGCAGGGATCCATGGAAAACGTAGTAACG
	135Ri-SXR	tttccagGTCGACTCTAGAGCCTTTTGCATGAACAGC
949	949Ri-PBF	GAGTCTCTCTGCAGGGATCCATGGAAAACGTAGTGACG
	949Ri-SXR	tttccagGTCGACTCTAGAACCTTTGGCATGAACAGC

5）干扰载体的构建

构建 *Xba*I 及 *Bam*HI 双酶切 pCAMBIA1300-RNAi 载体，以及各个基因的 RNAi 片段的 PCR 产物。反向酶切体系：pCAMBIA1300-RNAi 16μl，10×FastDigest Buffer 2μl，FastDigest *Bam*HI 1μl，FastDigest *Xba*I 1μl。反向连接体系：酶切后的 pCAMBIA1300-RNAi 3μl，酶切后的 RNAi 片段 5μl，10×Ligation buffer 1μl，Ligation Enzyme 1μl，胶回收，进行连接，获得重组质粒。测序正确后，*Pst*I 和 *Sal*I 双酶切重组质粒及各个基因的 RNAi 片段的 PCR 产物，再次进行连接、转化，获得最终的 RNAi 载体。连接体系在 22℃反应 1h，反应完成后连接产物置于冰上进入转化步骤。转化步骤同上。

正向酶切体系：连入片段的重组 RNAi 载体/RNAi 片段 16μl，10×FastDigest Buffer 2μl，FastDigest *Pst*I 1μl，FastDigest *Sal*I 1μl。正向连接体系：酶切后的 pCAMBIA1300-RNAi 3μl，酶切后的 RNAi 片段 5μl，10×Ligation Buffer 1μl，Ligation Enzyme 1μl。

2. 结果

1）靶基因克隆及检测结果

以高油酸油菜 20~35d 自交种为材料，cDNA 为模板，高保真扩增了 6 个靶基因，其中 bna-miR156b>c>g 的 4 个靶基因长度分别为 1122bp（*949*）、1119bp（*124*）、1119bp（*829*）、1125bp（*135*），bna-miR396 的 2 个靶基因 *114* 和 *148* 均为 1350bp，目的条带符合预期（图 4-27）。

2）靶基因特异干扰片段克隆

以合成的 cDNA 为模板，分别对 6 个靶基因特异片段进行 PCR 高保真扩增，均得到了目的片段长度大小的 DNA 片段（图 4-28）。

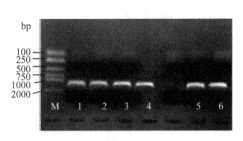

图 4-27 靶基因 PCR 扩增

M. Trans 2000；1. *949*；2. *124*；
3. *829*；4. *135*；5. *114*；6. *148*

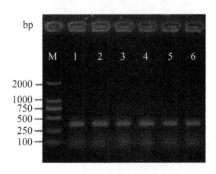

图 4-28 油菜目的基因干扰片段 PCR 扩增

M. DL2000（TaKaRa）；1. *124*；2. *829*；
3. *949*；4. *135*；5. *114*；6. *148*

3）过表达重组质粒图谱

AT 基因的两个拷贝 *114* 与 *148* 过表达重组质粒见图 4-29。*OPR* 基因的 *124*
与 *829* 拷贝见图 4-30，*949* 与 *135* 拷贝见图 4-31。

4）RNAi 重组质粒图谱

AT 基因的两个拷贝 *114* 与 *148* RNAi 重组质粒见图 4-32。*OPR* 基因的 4 个拷
贝 *124*、*829*、*949* 与 *135* RNAi 重组质粒见图 4-33。

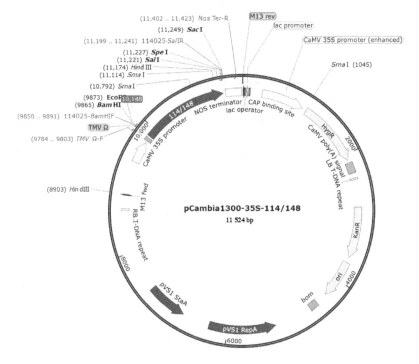

图 4-29 *114* 与 *148* 过表达载体（彩图请扫封底二维码）

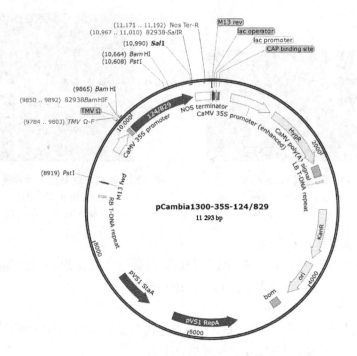

图 4-30　*124* 与 *829* 过表达载体（彩图请扫封底二维码）

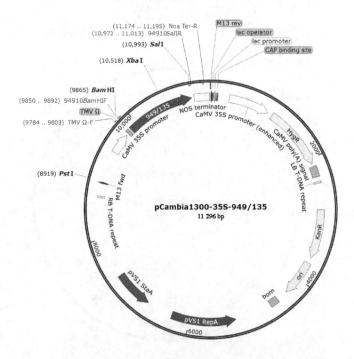

图 4-31　*949* 与 *135* 过表达载体（彩图请扫封底二维码）

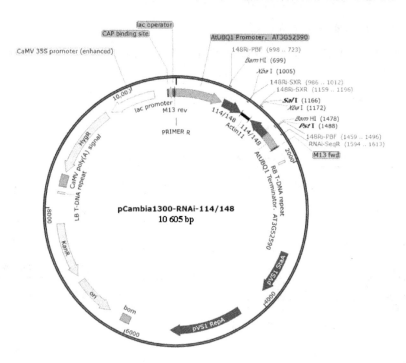

图 4-32　*AT* 基因 RNAi 载体（彩图请扫封底二维码）

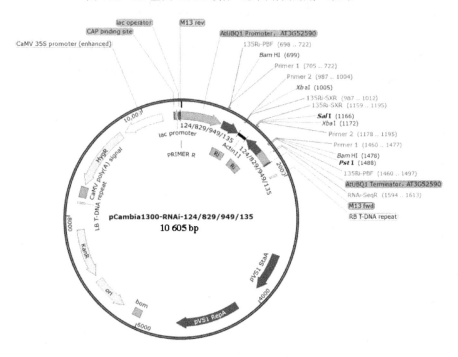

图 4-33　*OPR* 基因 RNAi 载体（彩图请扫封底二维码）

5）测序结果的同源性比对

用 DNAMAN7.0 将 6 个克隆靶序列与 Brassica Database 公布的甘蓝型油菜序列进行比，其中 *124* 与 *949* 分别与其对应序列不存在碱基差异，同源性 100%；*114* 和 *829* 均存在一个碱基的差异，同源性分别为 99.93%、99.91%。而 *148* 与公布的

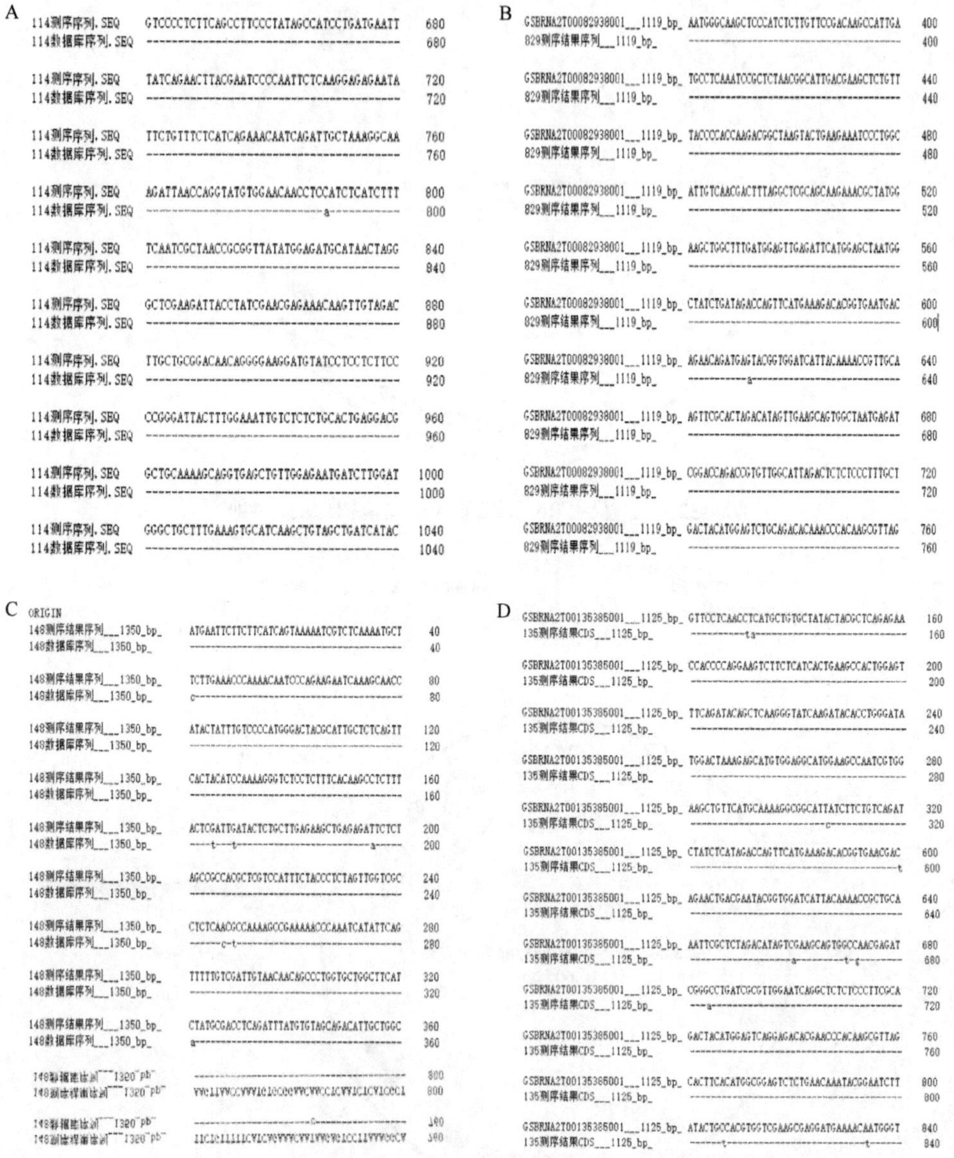

A
```
114测序序列.SEQ   GTCCCCTCTTCAGCCTTCCCTATAGCCATCCTGATGAATT        680
114数据库序列.SEQ  ----------------------------------------        680

114测序序列.SEQ   TATCAGAACTTACGAATCCCCAATTCTCAAGGAGAGAATA        720
114数据库序列.SEQ  ----------------------------------------        720

114测序序列.SEQ   TTCTGTTTCTCATCAGAAACAATCAGATTGCTAAAGGCAA        760
114数据库序列.SEQ  ----------------------------------------        760

114测序序列.SEQ   AGATTAACCAGGTATGTGGAACAACCTCCATCTCATCTTT        800
114数据库序列.SEQ  ----------------------------------------        800

114测序序列.SEQ   TCAATCGCTAACCGCGGTTATATGGAGATGCATAACTAGG        840
114数据库序列.SEQ  ----------------------------------------        840

114测序序列.SEQ   GCTCGAAGATTACCTATCGAACGAGAAACAAGTTGTAGAC        880
114数据库序列.SEQ  ----------------------------------------        880

114测序序列.SEQ   TTGCTGCGGACAACAGGGGAAGGATGTATCCTCCTCTTCC        920
114数据库序列.SEQ  ----------------------------------------        920

114测序序列.SEQ   CCGGGATTACTTTGGGAAATTGTCTCTCTGCACTGAGGACG        960
114数据库序列.SEQ  ----------------------------------------        960

114测序序列.SEQ   GCTGCAAAAGCAGGTGAGCTGTTGGAGAATGATCTTGGAT        1000
114数据库序列.SEQ  ----------------------------------------        1000

114测序序列.SEQ   GGGGCTGCTTTGAAAGTGCATCAAGCTGTGAGCTGATCATAC        1040
114数据库序列.SEQ  ----------------------------------------        1040
```

B
```
GSBRNA2T00082938001___1119_bp_  AATGGGCAAGCTCCCATCTCTTGTTCCGACAAGCCATTGA        400
829测序结果序列___1119_bp_      ----------------------------------------        400

GSBRNA2T00082938001___1119_bp_  TGCCTCAAATCCGCTCTAACGGCATTGACGAAGCTCTGTT        440
829测序结果序列___1119_bp_      ----------------------------------------        440

GSBRNA2T00082938001___1119_bp_  TACCCCACCAAGACGGCTAAGTACTGAAGAAATCCCTGGC        480
829测序结果序列___1119_bp_      ----------------------------------------        480

GSBRNA2T00082938001___1119_bp_  ATTGTCAACGACTTTAGGCTCGCAGCAAGAAACGCTATGG        520
829测序结果序列___1119_bp_      ----------------------------------------        520

GSBRNA2T00082938001___1119_bp_  AAGCTGGCTTTGATGGAGTTGAGATTCATGGAGCTAATGG        560
829测序结果序列___1119_bp_      ----------------------------------------        560

GSBRNA2T00082938001___1119_bp_  CTATCTGATAGACCAGTTCATGAAAGACACGGTGAATGAC        600
829测序结果序列___1119_bp_      ----------------------------------------|       600

GSBRNA2T00082938001___1119_bp_  AGAACAGATGAGTACGGTGGATCATTACAAAACCGTTGCA        640
829测序结果序列___1119_bp_      ----------------------------------------        640

GSBRNA2T00082938001___1119_bp_  AGTTCGCACTAGACATAGTTGAAGCAGTGGCTAATGAGAT        680
829测序结果序列___1119_bp_      ----------------------------------------        680

GSBRNA2T00082938001___1119_bp_  CGGACCAGCACGGTGTTGGCCATTAGACTCTCTCCCTTTGCT       720
829测序结果序列___1119_bp_      ----------------------------------------        720

GSBRNA2T00082938001___1119_bp_  GACTACATGGAGTCTGCAGACACAAACCCCACCAAGCGTTAG       760
829测序结果序列___1119_bp_      ----------------------------------------        760
```

C
```
ORIGIN
148测序结果序列___1350_bp_  ATGAATTCTTCTTCATCAGTAAAAATCGTCTCAAAATGCT        40
148数据库序列___1350_bp_    ----------------------------------------        40

148测序结果序列___1350_bp_  TCTTGAAACCCCAAACAATCCCAGAAGAATCAAAGCAACC        80
148数据库序列___1350_bp_    ---------------------------------c------        80

148测序结果序列___1350_bp_  ATACTATTTGTCCCCATGGGACTACGCATTGCTCTCAGTT        120
148数据库序列___1350_bp_    ----------------------------------------        120

148测序结果序列___1350_bp_  CACTACATCCAAAAGGGTCTCCTCTTTCACAAGCCTCTTT        160
148数据库序列___1350_bp_    ----------------------------------------        160

148测序结果序列___1350_bp_  ACTCGATTGATACTCTGCTTGAGAAGCTGAGAGATTCTCT        200
148数据库序列___1350_bp_    ----t----t------------------a-----------        200

148测序结果序列___1350_bp_  AGCCGCCACGCTCGTCCCATTCTACCCCTCTAGTTGGCTGGC       240
148数据库序列___1350_bp_    ----------------------------------------        240

148测序结果序列___1350_bp_  CTCTCAACGCCCAAAAGCCGAAAAACCCAAATCATATTCAG        280
148数据库序列___1350_bp_    -----------c--t-------------------------        280

148测序结果序列___1350_bp_  TTTTTGTCGATTGTAACAACGCCCTTGTGCTGGCTTCAT        320
148数据库序列___1350_bp_    ----------------------------------------        320

148测序结果序列___1350_bp_  CTATGCGACCTCAGATTTATGTGTAGCAGACATTGCTGGC        360
148数据库序列___1350_bp_    a---------------------------------------        360

148辐射诱变序列___1320_bp_  ----------------------------------------        800
148诱变辐射序列___1320_bp_  TCACTCACTCTTTGAAAGTAGGAGGGAGAGAATTAAC       800

148辐射诱变序列___1320_bp_  ----------------------------------------        480
148诱变辐射序列___1320_bp_  ----------------------------------------        480
```

D
```
GSBRNA2T00135385001___1125_bp_  GTTCCTCAACCTCATGCTGTGCTATACTACGCTCAGAGAA        160
135测序结果CDS___1125_bp_       ----------------------------------------        160

GSBRNA2T00135385001___1125_bp_  CCACCCCAGGAAGTCTTCTCATCACTGAAGCCACTGGAGT        200
135测序结果CDS___1125_bp_       ----------------------------------------        200

GSBRNA2T00135385001___1125_bp_  TTCAGATACAGCTCAAGGGTATCAAGATACACCTGGGATA        240
135测序结果CDS___1125_bp_       ----------------------------------------        240

GSBRNA2T00135385001___1125_bp_  TGGACTAAAGACGATGTGGAGGCATGGAAGCCAATCGTGG        280
135测序结果CDS___1125_bp_       ----------------------------------------        280

GSBRNA2T00135385001___1125_bp_  AAGCTGTTCATGCAAAAGGGGCCATTATCTTCTGTCAGAT        320
135测序结果CDS___1125_bp_       ----------------------------g-----------        320

GSBRNA2T00135385001___1125_bp_  CTATCTCATAGACCAGTTCATGAAAGACACGGTGAACGAC        600
135测序结果CDS___1125_bp_       ----------------------------------------t       600

GSBRNA2T00135385001___1125_bp_  AGAACTGACGAATACGGTGGATCATTACAAAACCGCTGCA        640
135测序结果CDS___1125_bp_       ----------------------------------------        640

GSBRNA2T00135385001___1125_bp_  AATTCGCTCTAGACATAGTCGAAGCAGTGGCCAACGAGAT        680
135测序结果CDS___1125_bp_       --------------------------------t-g-----        680

GSBRNA2T00135385001___1125_bp_  CGGGCCTCGATCGCGTTGGGAATCAGGCTCTCTCCCTTCGCA       720
135测序结果CDS___1125_bp_       ------------------------a---------------        720

GSBRNA2T00135385001___1125_bp_  GACTACATGGAGTCAGGAGACACGAACCCCAAGCGTTAG        760
135测序结果CDS___1125_bp_       ----------------------------------------        760

GSBRNA2T00135385001___1125_bp_  CACTTCACATGGCGGAGTCTCTGAACAAATACGGAAATCTT        800
135测序结果CDS___1125_bp_       ----------------------------------------        800

GSBRNA2T00135385001___1125_bp_  ATACTGGCACGTGGTCGAAGCGGAGGATGAAAACAATGGGT        840
135测序结果CDS___1125_bp_       -----------t----------t-----------------        840
```

图 4-34 靶基因克隆测序序列与 Brassica Database 公布的序列比对结果

A. *114*；B. *829*；C. *148*；D. *135*

序列有 8 个碱基差异，同源性达 99.41%。*135* 与公布的序列有 10 个碱基差异，同源性达 99.11%，差异碱基位置见图 4-34 和图 4-35。6 个序列与数据库公布序列同源性均在 99% 以上（图 4-35），初步鉴定 *114* 与 *148* 分别是甘蓝型油菜 *AT* 基因 A 基因组与 C 基因组的 2 个拷贝，*135*、*829* 和 *949*、*124* 分别是甘蓝型油菜 *OPR* 基因 A 基因组的 2 个拷贝和 C 基因组的 2 个拷贝。

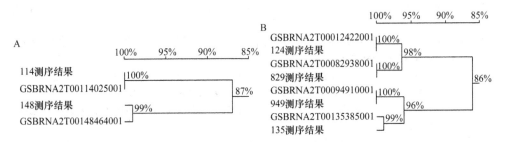

图 4-35 *AT* 与 *OPR* 基因克隆测序序列与 Brassica Database 公布的序列同源性分析
A. *AT*；B. *OPR*

3. 讨论

基因的不同拷贝除了序列信息有一定差异之外，可能在调控作物功能及作用方式等方面存在差异[125-128]。林萍等[128]对中间锦鸡儿的根、茎、叶及不同发育时期（发芽 15d、25d、35d）种子的 *FAD2* 基因分析表明，中间锦鸡儿 *FAD2* 基因至少有 4 个拷贝，且不同拷贝的表达模式不同，其中 *FAD2-2A* 基因可能主要负责合成膜脂中的亚油酸，*FAD2-1A* 主要负责种子及叶片储脂中亚油酸的合成，*FAD2-1B* 负责种子贮脂中油酸的去饱和作用。本研究对克隆到的 *AT* 基因的 2 个拷贝和 *OPR* 基因的 4 个拷贝分别构建了过表达与 RNAi 载体，并在拟南芥中的进行转化试验以确定各拷贝的功能。

4. 结论

基因克隆分别扩增到 bna-miR396 靶基因 AT 的两个拷贝 *114* 与 *148*，两个拷贝全长均为 1350bp。bna-miR156b>c>g 靶基因 OPR 的 4 个拷贝，其长度分别为 1122bp（*949*）、1119bp（*124*）、1119bp（*829*）、1125bp（*135*），目的条带符合预期。同时，成功构建了这 6 个基因的过表达载体 pCAMBIA1300-35S-X 和 RNAi 干扰载体 pCAMBIA1300-RNAi-X，并绘制了相关图谱，为后续功能验证打下基础。本试验对 *AT* 基因的 2 个拷贝和 *OPR* 基因的 4 个拷贝进行序列比对发现其与数据库公布序列同源性均在 99% 以上，表明已成功克隆到这 6 个拷贝。

参 考 文 献

[1] 林侠. 人类基因组计划暨基因技术发展的科学与哲学解析. 北京: 中国社会科学院研究生院博士学位论文, 2002.

[2] Page DR, Grossniklaus U. The art and design of genetic screens: *Arabidopsis thaliana*. Nat Rev Genet, 2002, 3(2): 124-136.

[3] Candela H, Hake S. The art and design of genetic screens: maize. Nat Rev Genet, 2008, 9(3): 192-203.

[4] 陆才瑞, 邹长松, 宋国立. 高通量测序技术结合正向遗传学手段在基因定位研究中的应用. 遗传, 2015, 37(8): 765-776.

[5] Tian XC, Kubota C, Enright B, et al. Cloning animals by somatic cell nuclear transfer—biological factors. Reproductive Biology and Endocrinology, 2003, 1: 98-104.

[6] 刘俊杰, 魏小春, 齐树森, 等. 反义基因技术及其在植物研究上的应用. 生物技术通报, 2008, (4): 78-84.

[7] Nejepinska J, Flemr M, Svoboda P. The Canonical RNA Interference Pathway in Animals// Mallick B, Ghosh Z. Regulatory RNAs-Basics, Methods and Applications. Berlin: Springer, 2012: 111-149.

[8] 崔喜艳, 孙小杰, 刘忠野, 等. RNAi 机制及在植物中应用的研究概述. 吉林农业大学学报, 2013, 35(2): 160-166.

[9] Czech B, Hannon GJ. Small RNA sorting: matchmaking for *Argonautes*. Nature Reviews Genetics, 2010, 12(1): 19-31.

[10] Jinek M, Doudna JA. A three-dimensional view of the molecular machinery of RNA interference. Nature, 2009, 457(7228): 405-412.

[11] Capecchi MR. Altering the genome by homologous recombination. Science, 1989, 244(4910): 1288-1292.

[12] 韩冰舟, 张亚鸽, 张博. 基因组靶向敲入技术在模式动物中的发展与应用: 以斑马鱼为例. 生命科学, 2018, 30(9): 967-979.

[13] 吴姗. 对基因间相互作用的研究和基因调控网络预测. 上海: 同济大学硕士学位论文, 2003.

[14] Bannister A, Kouzarides T. Basic peptides enhance protein-DNA interaction *in vitro*. Nucl Acids Res, 1992, 20(13): 3523.

[15] Sambrook J, Russell D. Molecular Cloning: A Laboratory Manual. 3rd ed. New York: Cold Spring Harbor Laboratory Press, 2001: 1322-1336.

[16] Fried MG, Crothers DM. Kinetics and mechanism in the reaction of gene regulatory proteins with DNA. J Mol Biol, 1984, 172(3): 263-282.

[17] Li J, Herskowitz I. Isolation of ORC6, a component of the yeast origin recognition complex by a one-hybrid system. Science, 1993, 262(5141): 1870-1874.

[18] Sun D, Guo k, Rusche JJ, et al. Facilitation of a structural transition in the polyporine/polypyrimidine tract within the proximal promoter region of the human VEGF gene by the presence of potassium and G-quadruplex-interactive agents. Nucleic Acids Res, 2005, 33(18): 6070-6080.

[19] Shaw PE, Stewart AF. Identification of protein-DNA contacts with dimethyl sulfate. methylation protection and methylation interference. Methods Mol Biol, 2009, 543: 97-104.

[20] 李玲, 杨鹏跃, 朱本忠, 等. 染色质免疫共沉淀技术的应用和研究进展. 中国食品学报, 2012, 12(6): 124-132.

[21] Bowen B, Steinberg J, Laemmli UK, et al. The detection of DNA-binding proteins by protein blotting. Nucleic Acids Res, 1980, 8(1): 1-20.

[22] 张金璧, 潘增祥, 林飞, 等. 核酸-蛋白质互作的生物化学研究方法. 遗传, 2009, 31(3): 325-336.

[23] 郑文光, 耿宇, 李常保, 等. 茉莉酸信号转导突变体 *ber15* 的分离和基因克隆表明油菜素内酯的合成影响茉莉酸信号转导. 植物学通报, 2006, (5): 603-610.

[24] 陈碧思. 油菜与拟南芥中两个 MYB 转录因子基因分别调控活性氧与茉莉酸信号转导的分子机制研究. 杨凌: 西北农林科技大学硕士学位论文, 2017.

[25] 胡庆一, 肖刚, 张振乾, 等. 9 个光合作用相关基因在高油酸油菜近等基因系不同生育期中的表达研究. 作物杂志, 2015, (4): 11-15.

[26] 顿小玲. 甘蓝型油菜核不育系 7365A 恢复基因克隆和进化分析. 武汉: 华中农业大学博士学位论文, 2013.

[27] 胡君. 分子标记辅助选育甘蓝型油菜半矮秆隐性细胞核雄性不育系及临保系. 武汉: 华中农业大学硕士学位论文, 2014.

[28] 张宇, 李晓晨, 高勇, 等. 拟南芥抗油菜黑胫病突变基因的遗传分析及染色体定位. 四川大学学报(自然科学版), 2008, 45(6): 1492-1498.

[29] 马玲莉, 霍蓉, 高学文, 等. 转 harpin_(Xooc)蛋白编码基因 *hrf2* 对油菜抗菌核病的影响. 中国农业科学, 2008, (6): 1655-1660.

[30] 李焰焰, 刘瑞娇, 范亚丽, 等. 油菜花粉发育相关基因 *RALFbn* 的克隆与表达分析. 西北植物学报, 2013, 33(2): 235-239.

[31] 刘凯歌, 齐双慧, 段绍伟, 等. 甘蓝型油菜 *BnTTG1-1* 基因的功能分析. 植物学报, 2017, 52(6): 713-722.

[32] 曲存民, 卢坤, 刘水燕, 等. 黄黑籽甘蓝型油菜类黄酮途径基因 SNP 位点检测分析. 作物学报, 2014, 40(11): 1914-1924.

[33] 吕九龙. 甘蓝型油菜叶色基因的初步定位. 武汉: 华中农业大学硕士学位论文, 2008.

[34] 晏仲元. 甘蓝型油菜花叶性状的遗传及基因定位. 武汉: 华中农业大学硕士学位论文, 2011.

[35] 李尧臣. 抗倒伏油菜根、茎解剖结构及木质素含量和木质素合成关键基因的表达研究. 南京: 南京农业大学硕士学位论文, 2010.

[36] Wu PZ, Zhang S, Zhang L, et al. Functional characterization of two microsomal fatty acid desaturases from *Jatro phacurcas* L. Journal of Plant Physiology, 2013, 170(15): 1360-1366.

[37] Dyer JM, Mullen RT. Immunocytological localization of two plant fatty acid desaturases in the endoplasmic reticulum. FEBS Letters, 2001, 494(1-2): 44-47.

[38] Lee KR, Soo IS, Jung JH, et al. Functional analysis and tissue-differential expression of four *FAD2* genes in amphidiploid *Brassica napus* derived from *Brassica rapa* and *Brassica napus* derived from *Brassica rapa* and *Brassica oleracea*. Gene, 2013, 531(2): 253-262.

[39] 肖钢, 张振乾, 邬贤梦, 等. 六个甘蓝型油菜油酸脱氢酶(FAD2)假基因的克隆和分析. 作物学报, 2010, 36(3): 435-441.

[40] Gang X, Zhang ZQ, Fa YC, et al. Characterization of the promoter and 5napus derived from Brassica desaturase(*FAD2*)gene in *Brassica napus*. Gene, 2014, 545(1): 45-55.

[41] Wei YS, Long WX, Hong LZ, et al. Abiotic stresses and phytohorm ones regulate expression of *FAD2* gene in arabidopsis thaliana. Agricultural Sciences in China, 2012, 11(1): 62-72.

[42] Rajwade AV, Kadoo NY, Borikar SP, et al. Differential transcriptional activity of SAD, *FAD2* and *FAD3* desaturase genes in developing seeds of linseed contributes to varietal variation inα-linolenic acid content. Phytochem Istry, 2014, 98: 41-53.

[43] Cahoon EB, Schmid Katherine M. Metabolic engineering of the content and fatty acid com position of vegetable oils//Hans J. Bohnert Henry Nguyen And Norman. Advances in Plant Biochemistry and Molecular Biology. Pergamon, 2008: 161-200.

[44] Zinati Z, Zamansani F, Hossein KJA, et al. New layers in understanding and predicting α-linolenic acid content in plants using am ino acid characteristics of om ega-3 fatty acid desaturase. Com Puters in Biology and Medicine, 2014, 54: 14-23.

[45] 肖钢, 张宏军, 彭琪, 等. 甘蓝型油菜油酸脱氢酶基因(*FAD2*)多个拷贝的发现及分析. 作物学报, 2008, (09): 1563-1568.

[46] 王关林, 方宏筠. 植物基因工程(第二版). 北京: 科学出版社, 2002.

[47] 王亚馥, 戴灼华. 遗传学. 北京: 高等教育出版社, 1999: 97-181, 405-507.

[48] Dieffenbach CW, Dveksler GS. PCR Primer: A Laboratory Munual. 2nd ed. New York: Cold Spring Harbor Laboratory Press, 2003: 133-159.

[49] Schierholt A, Rucker B, Becker HC. Inheritance of high oleic acid mutations in winter oilseed rape (*Brassica napus* L.). Crop Sci, 2001, 41(5): 1444-1449.

[50] 禹山林, IsleibT G. 美国大花生脂肪酸的遗传分析. 中国油料作物学报, 2000, (1): 35-38.

[51] Stoutjesdijk PA, Singh SP, Liu Q, et al. hpRNA-mediated targeting of the *Arabidopsis FAD2* gene gives highly efficient and stable silencing. Plant Physiol, 2002, 129(4): 1723-1731.

[52] 陈苇, 李劲峰, 董云松, 等. 甘蓝型油菜 *FAD2* 基因的 RNA 干扰及无筛选标记高油酸含量转基因油菜新种质的获得. 植物生理与分子生物学学报, 2006, (6): 665-671.

[53] 刘睿洋, 刘芳, 官春云. 甘蓝型油菜 *BnFAD2* 基因的克隆、表达及功能分析. 作物学报, 2016, 42(7): 1000-1008.

[54] Kiefer E, Heller W, Ernst D. A simple and efficient protocol for isolation of functional RNA from plant tissues rich in secondary metabolites. Plant Mol Biol Rep, 2000, 18(1): 33-39.

[55] Li L, Wang X, Gai J, et al. Isolation and characterization of a seed-specific isoform of microsomal omega-6 fatty acid desaturase gene (*FAD2*-1B) from soybean. Mito DNA, 2008, 19(1): 28-36.

[56] Chen Z, Wang M, Barkley N, et al. A simple allele-specific PCR assay for detecting *FAD2* alleles in both A and B genomes of the cultivated peanut for high-oleate trait selection. Plant Mol Biol Rep, 2010, 28(3): 542-548.

[57] Zavallo D, Lopez BM, Hopp H, et al. Isolation and functional characterization of two novel seed-specific promoters from sunflower (*Helianthus annuus* L.). Plant Cell Rep, 2010, 29(3): 239-248.

[58] Mikkilineni V, Rocheford TR. Sequence variation and genomic organization of fatty acid desaturase-2 (*FAD2*) and fatty acid desaturase-6 (*FAD6*) cDNAs in maize. Theor Appl Genet, 2003, 106(7): 1326-1332.

[59] Zhang D, Pirtle I, Park S, et al. Identification and expression of a new delta-12 fatty acid desaturase (*FAD2-4*) gene in upland cotton and its functional expression in yeast and *Arabidopsis thaliana* plants. Plant Physiol Biochem, 2009, 47(6): 462-471.

[60] Okuley J, Lightner J, Feldmann K, et al. *Arabidopsis FAD2* gene encodes the enzyme that is essential for polyunsaturated lipid synthesis. Plant Cell, 1994, 6(1): 147-158.

[61] Cao SJ, Zhou XR, Wood CC, et al. A large and functionally diverse family of *FAD2* genes in safflower. BMC Plant Biol, 2013, 13(1): 5.

[62] 徐荣华, 邱丽俊, 阳天泉, 等. 小桐子磷脂二酰甘油酰基转移酶(JcPDAT1) cDNA 的克隆与功能鉴定. 中国油料作物学报, 2013, 35(2): 123-130.

[63] O'Quin JB, Bourassa L, Zhang D, et al. Temperature-sensitive post-translational regulation of plant omega-3 fatty-acid desaturases is mediated by the endoplasmic reticulum-associated degradation pathway. J Biol Chem, 2010, 285(28): 21781-21796.

[64] 鲁少平. 甘蓝型油菜转磷脂酶 D(*PLD*)基因在干旱及氮响应中的作用及应用. 武汉: 华中农业大学博士学位论文, 2013. 27-29.

[65] Sakai H, Kajiwara S. Cloning and functional characterization of a Δ12 fatty acid desaturase gene from the basidiomycete Lentinula edodes. Mol Genet Genomics, 2005, 273(4): 336-341.

[66] Tanhuanpää P, Vilkki J, Vihinen M. Mapping and cloning of *FAD2* gene to develop allele-specific PCR for oleic acid in spring turnip rape (*Brassica rapa* ssp. *oleifera*). Mol Breed, 1998, 4(6): 543-550.

[67] Hu X, Sullivan-Gilbert M, Gupta M. Mapping of the loci control- ling oleic and linolenic acid contents and development of *FAD2* and *FAD3* allele-specific markers in canola (*Brassica napus* L.). Theor Appl Genet, 2006, 113(3): 497-507.

[68] Mahmood T, Ekuere U, Yeh F, et al. RFLP linkage analysis and mapping genes controlling the fatty acid profile of *Brassica juncea* using reciprocal DH populations. Theor Appl Genet, 2003, 107(2): 283-290.

[69] Smooker AM, Wells R, Morgan C, et al. The identification and mapping of candidate genes and QTL involved in the fatty acid desaturation pathway in *Brassica napus*.Theor Appl Genet, 2011, 122(6): 1075-1090.

[70] Burns MJ, Barnes SR, Bowman JG, et al. QTL analysis of an intervarietal set of substitution lines in *Brassica napus*: (i) seed oil content and fatty acid composition. Heredity, 2003, 90(1): 39-48.

[71] Zhao J, Dimov Z, Becker H, et al. Mapping QTL controlling fatty acid composition in a doubled haploid rapeseed population segregating for oil content. Mol Breed, 2008, 21(1): 115-125.

[72] 张洁夫, 戚存扣, 浦惠明, 等. 甘蓝型油菜主要脂肪酸组成的 QTL 定位. 作物学报, 2008, 34(01): 54-60.

[73] McCartney AW, Dyer JM, Dhanoa PK, et al. Membrane-bound fatty acid desaturases are inserted co-translationally into the ER and contain different ER retrieval motifs at their carboxy termini. Plant J, 2004, 37(2): 156-173.

[74] Cheung F, Trick M, Drou N, et al. Comparative analysis between homoeologous genome segments of *Brassica napus* and its progenitor species reveals extensive sequence-level divergence. Plant Cell, 2009, 21(7): 1912-1928.

[75] Jung JH, Kim H, Go YS. Identification of functional *BrFAD2-1* gene encoding microsomal delta-12 fatty acid desaturase from *Brassica rapa* and development of *Brassica napus* containing high oleic acid contents. Plant Cell Rep, 2011, 30(10): 1881-1892.

[76] 崔峰, 夏家辉. 关于假基因的研究进展. 生命科学研究, 1999, (3): 203-209.

[77] O'Quin JB, Mullen RT, Dyer JM. Addition of an N-terminal epitope tag significantly increases the activity of plant fatty acid desaturases expressed in yeast cells. Appl Microbiol Biot, 2009, 83(1): 117-125.

[78] Schierholt A, Becker HC, Ecke W. Mapping a high oleic acid mutation in winter oilseed rape (*Brassica napus* L.). Theor Appl Genet, 2000, 101(5-6): 897-901.

[79] Laga B, Seurinck J, Verhoye T, et al. Molecular breeding for high oleic and low linolenic fatty

acid composition in *Brassica napus*. Pflanzenschutz-Nachrichten Bayer, 2004, 54: 87-92.

[80] 刘芳, 刘睿洋, 官春云. *BnFAD2*、*BnFAD3* 和 *BnFATB* 基因的共干扰对油菜种子脂肪酸组分的影响.植物遗传资源学报, 2017, 18(2): 290-297.

[81] Peng Q, Hu Y, Wei R, et al. Simultaneous silencing of *FAD2* and *FAE1* genes affects both oleic acid and erucic acid contents in *Brassica napus* seeds. Plant Cell Rep, 2010, 29(4): 317-325.

[82] D rmann P, Voelker TA, Ohlrogge JB. Accumulation of palmitate in *Arabidopsis* mediated by the Acyl-Acyl carrier protein thioesterase FATB1. Plant Physiol, 2000, 123(2): 637-643.

[83] Song C, Qi P, Zhou XY, et al. Analysis of seed-specificity of silencing *FAD2* gene expression in transgenic rapeseed line W-4 (*Brassica napus* L.). Agric Sci Technol, 2014, 10(10): 608-610.

[84] Tan H, Yang X, Zhang F, et al. Enhanced seed oil production in canola by conditional expression of *Brassica napus* LEAFY COTY-LEDON1 and LEC1-LIKE in developing seed. Plant Physiol, 2011, 156(3): 1577-1588.

[85] Baud S, Boutin JP, Miquel M, et al. An integrated overview of seed development in *Arabidopsis thaliana* ecotype WS . Plant Physiol Biochem, 2002, 40(2): 151-160.

[86] Baud S, Dubreucq B, Miquel M, et al. Storage reserve accumulation in arabidopsis: metabolic and developmental control of seed filling. The Arabidopsis Book, 2008, 6: e0113.

[87] Ekman, Hayden DM, Dehesh K, et al. Carbon partitioning between oil and carbohydrates in developing oat (*Avena sativa* L.) seeds. J Exp Bot, 2008, 59(15): 4247-4257.

[88] Mantese AI, Medan D, Hall AJ. Achene structure, development and lipid accumulation in sunflower cultivars differing in oil content at maturity. Ann Bot, 2006, 97(6): 999-1010.

[89] Rondanini D, Savin R, Hall AJ. Dynamics of fruit growth and oil quality of sunflower (*Helianthus annuus* L.) exposed to brief intervals of high temperature during grain filling. Field Crops Res, 2003, 83(1): 79-90.

[90] Chung CH, Yee YJ, Kim DH, et al. Changes of lipid, protein, RNA and fatty acid composition in developing sesame (*Sesamum indicum* L.) seeds. Plant Sci, 1995, 109(2): 237-243.

[91] Li-Beisson Y, Shorrosh B, Beisson F, et al. Acyl-lipid metabolism. The Arabidopsis Book, 2011, 11(8): e0133.

[92] Mu J, Tan H, Zheng Q, et al. LEAFY COTYLEDON1 is a key regulator of fatty acid biosynthesis in *Arabidopsis*. Plant Physiol, 2008, 148(2): 1042-1054.

[93] Mendes A, Kelly AA, van Erp H, et al. bZIP67 regulates the omega-3 fatty acid content of arabidopsis seed oil by activating fatty acid desaturase3. Plant Cell, 2013, 25 (8): 3104-3116.

[94] Focks N, Benning C. Wrinkled1: a novel, low-seed-oil mutant of *Arabidopsis* with a deficiency in the seed-specific regulation of carbohydrate metabolism. Plant Physiol, 1998, 118(1): 91-101.

[95] Vanhercke T, El Tahchy A, Shrestha P, et al. Synergistic effect of *WRI1* and *DGAT1* coexpression on triacylglycerol biosynthesis in plants. FEBS Lett, 2013, 587(4): 364-369.

[96] Fan J, Yan C, Zhang X, et al. Dual role for phospholipid: diacylglycerol acyltransferase: enhancing fatty acid synthesis and diverting fatty acids from membrane lipids to triacylglycerol in *Arabidopsis* leaves. Plant Cell, 2013, 25(9): 3506-3518.

[97] Zhang HQ, Zhang ZQ, Xiong T, et al. The CCCH-type transcription factor *BnZFP1* is a positive regulator to control oleic acid levels through the expression of diacylglycerol *O*-acyltransferase 1 gene in *Brassica napus*. Plant Physiology and Biochemistry, 2018, 132: 633-640.

[98] Bates PD, Browse J, The significance of different diacylglycerol synthesis pathways on plant oil

composition and bioengineering. Front Plant Sci, 2012, 3: 147-158.

[99]   Dar AA, Choudhury AR, Kancharla PK. The *FAD2* gene in plants: occurrence, regulation, and role. Front Plant Sci, 2017, 8: 1789-1799.

[100] Ohlrogge J, Browse J. Lipid biosynthesis. Plant Cell, 1995, 7(7): 957-970.

[101] Branham SE, Wright SJ, Reba A, et al. Genome-wide association study of *Arabidopsis thaliana* identifies determinants of natural variation in seed oil composition. J Hered, 2015, 107(3): 248-256.

[102] Greer MS, Pan X, Weselake RJ. Two clades of type-1 *Brassica napus* diacylglycerol acyltransferase exhibit differences in acyl-CoA preference. Lipids, 2016, 51(6): 781-786.

[103] Liu Q, Siloto RM, Lehner R, et al. Acyl-CoA: diacylglycerol acyltransferase: molecular biology, biochemistry and biotechnology. Prog Lipid Res, 2012, 51: 350-377.

[104] Zhang M, Fan J, Taylor DC, et al. *DGAT1* and *PDAT1* acyltransferases have overlapping functions in *Arabidopsis triacylglycerol* biosynthesis and are essential for normal pollen and seed development. Plant Cell, 2009, 21(12): 3885-3901.

[105] Beisson F, Koo AJ, Ruuska S, et al. *Arabidopsis* genes involved in acyl lipid metabolism. A 2003 census of the candidates, a study of the distribution of expressed sequence tags in organs, and a web-based database. Plant Physiology (Bethesda), 2003, 132(2): 681-697.

[106] Shen B, Allen WB, Zheng P, et al. Expression of *ZmLEC1* and *ZmWRI1* increases seed oil production in maize. Plant Physiol, 2010, 153(3): 980-987.

[107] Angeles-Nunez JG, Tiessen A. Mutation of the transcription factor LEAFY COTYLEDON 2 alters the chemical composition of *Arabidopsis* seeds, decreasing oil and protein content, while maintaining high levels of starch and sucrose in mature seeds. J Plant Physiol, 2011, 168(11): 1891-1900.

[108] Song A, Gao T, Li P, et al. Transcriptome-wide identification and expression profiling of the DOF transcription factor gene family in *Chrysanthemum morifolium*. Front Plant Sci, 2016, 7: 1-11.

[109] Wang HW, Zhang B, Hao YJ, et al. The soybean dof type transcription factor genes, gmdof4 and gmdof11, enhance lipid content in the seeds of transgenic *Arabidopsis* plants. Plant J, 2007, 52(4): 716-729.

[110] Ciftci-Yilmaz S, Mittler R. The zinc finger network of plants. Cell Mol Life Sci, 2008, 65: 1150-1160.

[111] Strassner J, Schaller F, Frick UB, et al. Characterization and cDNA-microarray expression analysis of 12-oxophytodienoate reductases reveals differential roles for octadecanoid biosynthesis in the local versus the systemic wound response. Plant Journal, 2002, 32(4): 585-601.

[112] Schaller F, Biesgen C, Mussig C, et al. 12-Oxophytodie-noate reductase 3 (*OPR3*) is the isoenzyme involved in jasmonate biosynthesis. Planta, 2000, 216(6): 979-984.

[113] Stintzi A, Weber H, Reymond P, et al. Plant defense in the absence of jasmonic acid: the role of cyclopentenones. Plant Biology, 2001, 98(22): 12837-12842.

[114] He Y, Zhang H, Sun Z, et al. Jasmonic acid-mediated defense suppresses brassinosteroid-mediated susceptibility to Rice black streaked dwarf virus infection in rice. New Phytologist, 2017, 214(1): 388-399.

[115] 夏德安, 刘春娟, 吕世博, 等. 植物组蛋白乙酰基转移酶的研究进展. 生物技术通报, 2015, 31(7): 18-25.

[116] 何路军. *N*-乙酰基转移酶的研究进展. 国外医学(输血及血液学分册), 2003, (6): 529-531.

[117] 王晓丹, 肖钢, 张振乾, 等. 高油酸油菜脂肪酸代谢相关微效基因筛选及验证. 农业生物技术学报, 2019, 27(7): 1171-1178.

[118] Pfaffl MW. A new mathematical model for relative quantification in Real-time RT-PCR. Nucleic Acids Research, 2001, 29(9): 45.

[119] Zhao YT, Wang M, Fu SX, et al. Small RNA profiling in two *Brassica napus* cultivars identifies microRNAs with oil production- and development-correlated expression and new small RNA classes. Plant Physiology, 2012, 158(2): 813-823.

[120] Song JB, Shu XX, Shen Q, et al. Altered fruit and seed development of transgenic rapeseed (*Brassica napus*) over-expressing microRNA 394. PLoS One, 2015, 10(5): e0125427.

[121] Wang Z, Qiao Y, Zhang J, et al. Genome wide identification of microRNAs involved in fatty acid and lipid metabolism of *Brassica napus* by small RNA and degradome sequencing. Gene, 2017, 619: 61-70.

[122] Barkley NA, Chamberlin KDC, Wang ML. Development of a real-time PCR genotyping assay to identify high oleic acid peanuts (*Arachis hypogaea* L.). Molecular Breeding, 2010, 25(3): 541-548.

[123] Barkley NA, Wang ML, Pittman RN. A real-time PCR genotyping assay to detect *FAD2A* SNPs in peanuts (*Arachis hypogaea* L.) . Electronic Journal of Biotechnology, 2011, 14(1): 9-10.

[124] 谷晓娜, 刘振库, 王丕武, 等. *hrpZPsta* 转基因大豆中定量表达与疫霉根腐病和灰斑病抗性相关研究. 中国油料作物学报, 2015, 37(1): 35-40.

[125] 尹中明, 周永国, 徐申中, 等. 含不同 Anti-Waxy 基因拷贝数的稻米直链淀粉含量分析. 西北植物学报, 2007, 27(10): 2108-2111.

[126] 胡军. 三磷酸甘油脱氢酶基因和甘油代谢对拟南芥种子含油量与根系发育的影响. 武汉: 华中农业大学博士学位论文, 2013.

[127] 李旭刚, 陈松彪, 路子显, 等. GUS 基因拷贝数对转基因在受体植物烟草中表达的影响 (英文). 植物学报(英文版), 2002, 44(1): 120-123.

[128] 林萍, 汪阳东, 齐力旺, 等. 中间锦鸡儿 *FAD2* 基因拷贝数检测及组织表达谱分析. 西北农林科技大学学报(自然科学版), 2010, 38(1): 119-124.

第五章 高油酸油菜新品种选育

优良品种能充分利用自然栽培中的有利条件，抵抗并克服其中的不利因素，对于提高产量、改进品质、增强抵抗力、扩大种植面积、改革耕作制度和便于栽培管理等方面都有十分重要的作用[1]。油菜高产育种发展从白菜型转变到甘蓝型，再从常规种到杂交种（'秦油 1 号'、'秦油 2 号'），再到现在高产高抗优质的阶段，先后共经历了三次重大变革，极大地促进了油菜产业的发展，迄今油菜已成为国内最大的自产油料作物[2]。油菜品质育种工作在我国开展较晚，但发展速度快[3]。自 20 世纪 80 年代前后引进加拿大品种 'Oro'（低芥酸），以及 'Tower'、'Wesfar'（低芥酸、低硫苷）等单、双低品种之后，1987 年，湖南农业大学育成了我国第一个双低油菜品种 '湘油 11 号' [4]。2015 年，由浙江省农业科学院选育的我国第一个高油酸油菜新品种 '浙油 80' 问世[5]。当前，除特异用途品种外，"双低"品质要求已成为我国新品种审定的基本标准[1]。

选择适宜的品种是取得油菜高产稳产的基础[6]，由于生产方式、用途的差异，油菜品种的要求也有所不同[7]，各种满足不同需求的新品种也不断涌现，如为多熟种植而育成的高产抗病早熟新品种、适应机械化生产的矮秆抗倒抗裂荚新品种、提供优质菜油的高油酸新品种等。按照不同的分类标准，油菜可分为多种类型：按用途可分为油用、菜油两用（'中油杂 19' 等）、绿肥（'油肥 1 号'、'油肥 2 号' 等）、观赏（'五彩油菜'）、饲用（'饲油 1 号' 等）等油菜类型；按品质可分为双高油菜（高芥酸、高硫苷）、单低油菜（低芥酸）、双低油菜（低芥酸、低硫苷）和高油酸油菜（油酸含量 75%以上）等；按熟期可分为早熟油菜（4 月 25 日前成熟）、中熟油菜（5 月上旬成熟）和晚熟油菜（5 月中下旬成熟）。对不同类型的需求，促进了油菜多样化的发展。

第一节 育 种 方 法

根据育种方式，油菜分为常规油菜和杂交油菜两大类型。常规油菜选育是直接对自然变异或诱导变异材料进行选择，通过常规育种程序选育符合需要的油菜品种[8]。杂交油菜是两个不同的油菜品种或品系采用杂交制种技术配制的杂种第一代。由于存在杂种优势，与常规油菜比较，具有绿叶多、光合能力强、根系发达、长势旺盛、分枝多、角果多、抗逆力强、产量高等明显优势。但因其制种困难，种子价格相对较贵，且杂交油菜只能种杂交一代种，不能留种，必须年年制种。常规油菜选育方法包括系统育种、诱变育种等，杂交油菜一般是利用杂种优势育种。除此之外，还有转基因、分子标记等辅助育种方法。在育种中可根据具体情况选择合适的育种方法。

一、选择育种（系统育种）

（一）选择育种特点

系统育种简单快捷，无须人工创造变异，只在原推广种基础上选择，不仅适应性强，而且能优中选优，连续选出新品种。

（二）选择育种方法

选择育种主要有两种方法：一是系统选择育种；二是混合选择育种。混合选择育种是大量的选择，通常用于异花授粉作物，后代是杂合的；而系统选择育种是在混合育种之后出现的，选择量相对较少，主要适用于自花授粉作物，选择的后代是纯系的，需要的时间略长。

（三）选择育种程序

选择育种程序根据选育的方法不同而有所不同。系统选择育种是在原始材料中选择优良单株并单株脱粒，然后通过株行比较试验选择优良株行（系）分别脱粒，各系分别种植于小区，进行品系比较试验，随后选择优系进行区域试验与生产试验，此时，表现优良的新品种就可以进行审定，通过审定的品种即可在审定区域进行大面积推广（图5-1）。

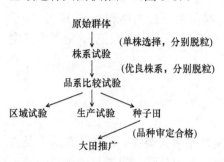

相对而言，混合选择育种程序比较简单，在原始材料中选择优良个体混合脱粒，混选的改良群体与原品种进行比较试验，选择比原品种优良的收获种子进行繁殖，然后在原品种推广区范围内进行推广（图5-2）。

图5-1　系统育种程序

二、杂交育种

杂交育种是选育作物新品种的主要方法之一，根据杂交亲本亲缘关系远近分为常规杂交育种（种内杂交）与远缘杂交育种（种间杂交）。在杂交育种的基础上，又衍生出了回交育种的方式。

（一）常规杂交育种

1. 杂交育种特点

不同品种间进行杂交，使多个优良性状集中于杂种后代，并通过培育和选择获得新品种的方法，即为杂交育种。杂交育种是选育作物新品种的主要方法之一，是与其他育种途径相配套的重要程序，也是目前世界各国应用最普通、成效最显著的育种方法。亲本选配中双亲都要具有较多优点，主要性状上最好能互补，且有较强的配合力，同时注意亲本间的遗传差异。一般情况下，亲缘关系较远的双亲易得到性状好的后代。

原品种群体(大田选株，混合脱粒)

↓

混选群体(与原品种比较试验)

↓

繁殖

↓

大面积推广(首先适于原品种推广区)

图 5-2　混合育种程序

2. 杂交育种方式

通常情况下，杂交方式根据育种目标和亲本特点来确定，涉及亲本的数目及组配顺序和方式。主要分为两种方式：单交和复交。单交是两个亲本间的杂交，以 A×B 或 A/B 表示。两亲本优缺点能互补，基本性状符合育种目标，即可用单交的方式。复交一般是 3 个或 3 个以上的亲本间的杂交，要安排好亲本的组合方式和先后次序。复交根据亲本的数目分为三交、双交及聚合杂交等。三交即 A/B//C 的模式，一般以具有目标性状的综合性状优良品种作为最后一次的杂交亲本；双交有（A/B）//（C/D）、A/B//A/C 或 A/B//C//D 几种方式。与单交相比，复交 F_2 群体的基因型种类会增加许多，导致理想基因型频率较低，需要较久的时间才能产生理想杂种群体。五交、六交依此类推。若育种目标增加，其他杂交方式不能满足新品种培育要求时，可采用复交和有限回交结合的方式集中分散的亲本优良性状为一体，产生超亲后代。

3. 杂种后代选择

按上述方法得到的杂种后代，一般通过系谱法和混合法来选择。两种方法的步骤如图 5-3 和图 5-4 所示。

系谱法是应用最广、应用时间最久的杂种后代选择方法。该法在杂种早期世代可以对高遗传力性状进行定向连续选择，同时每一系统历年表现都有记录，系统间亲缘关系明晰。但正因为从 F_2 代就进行严格筛选，会导致中选率低，使得不少优良类型被淘汰或没有机会出现。另外，该法费时费力，工作量比较大。

混合法不在早代进行人工选择，可处理较大的杂种群体，但要求混播群体要大，且有代表性，同时受环境影响较大。

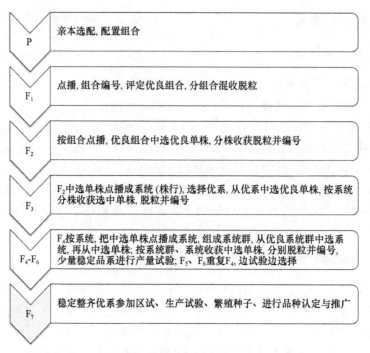

图 5-3　系谱法示意图

图 5-4　混合法示意图

另外，在系谱法和混合法的基础上，产生了许多方法，如衍生系统法、单子传法等。前者结合了系统法与混合法的优点，又在一定程度上消除了两种方法的缺点，可缩短育种年限，提高育种效率。后者适用于温室或冬季加代，且所培育性状已达较高水平。

（二）远缘杂交

远缘杂交就是不同种间、属间甚至亲缘关系更远的物种之间的杂交育种。在一定程度上，远缘杂交能打破物种间的界限，人为地促进不同物种间基因的交流融合，从而创造出独特性状的新品种。该法的缺点是：不亲和性；杂交后代成活率低，不育性高；分离无规律，遗传规律预测与控制困难，且分离世代长，稳定慢等。

（三）回交育种

1. 回交育种特点

回交育种是从杂种一代起多次用杂种与亲本之一（轮回亲本）继续杂交，从而育成新品种的方法。回交是改进现有品种个别性状的一种方法，其后代基因型纯合类型受轮回亲本控制，且纯合进度大于自交。轮回亲本最好是当地适应性强、综合性状好、仅个别性状需要改进的推广种，而非轮回亲本则必须有改进轮回亲本缺点的基因，且其性状遗传力要强，能满足多次回交而不发生改变。另外，被转移性状最好由简单显性基因控制，且不与不利性状连锁。

2. 与常规杂交育种的差异

与杂交育种广泛的分离类型相比，由于回交的遗传效应，回交后代群体向着育种目标的发展易于控制，且群体小，便于加代，同时在原品种基础上的改良易于推广。然而，回交育种对属于数量性状的遗传性状不易导入，且每次回交都需要做大量的杂交工作，工作量大，费时费力。回交育种可解决远缘杂交不育和分离世代过长等问题，且可用于选育近等基因系等。

三、杂种优势育种

杂种优势一般是指杂种在生长势、生活力、适应性、产量、品质等方面优于其亲本的现象，始于 20 世纪 60 年代傅廷栋院士首次发现波里马油菜胞质不育类型。

（一）杂种优势特点

杂种优势通过中亲优势、超亲优势、超标优势与杂种优势指数度量。种间杂种、品种间杂种、自交系间杂种、自交不亲和系间杂种、核质杂种等均是利用杂种优势的有效手段。

杂种优势主要利用杂种 F_1 的优良性状，不要求遗传上的稳定，即通过年年配制 F_1 代杂交种用于生产，从而取得经济性状。

（二）利用作物杂种优势的方法

1. 化学杀雄育种

化学杀雄是杂种优势育种的途径之一，利用化学杀雄培育品种是一种新型的油菜育种方法，即通过化学杂交剂（chemical hybridizing agent，CHA）阻碍花粉发育、抑制自花授粉而导致雄性不育，从而获得作物杂交种子的方法。

其优势主要表现在以下方面[9]：①亲本选择范围广，不存在像细胞核质互作雄性不育体系中所要求的恢保关系，可任意组配杂交组合，有利于优中选优，筛选出较强的优势组合；②周期短，利用 CHA 允许直接使用那些已改良产量、抗病性和品性的育种品种作杂交亲本，不需要较长的时间来进行三系的研制、转育、测试和培育，可在短时间内生产出足够数量的 F_1 代种子；③避免了三系和二系杂交制种出现微粉的问题；④可利用 F_2 代的优势，不存在育性恢复问题，杂交的后代又无育性分离，有实现杂种优势多代利用的可能性；⑤可有效代替人工去雄，大大减轻育种工作量。此外，化学杀雄剂还可以进行单倍体育种、人工诱导孤雌生殖、简化杂交去雄手续、扩大杂种群体、提高选种效率。同时，化学杀雄的缺点是杀雄效果受喷药时间、气候、植株发育状况和操作技术等因素影响，效果不够稳定，且尚无完全高效、安全、无毒的杀雄剂。

2. 雄性不育系育种

雄性不育是指雄性器官发育不良，无生殖功能而不育的特性。利用雄性不育系，可以省去人工去雄，降低制种成本，提高种子质量。而且，雄性不育是可遗传的，能从根本上免除去雄程序。雄性不育包括核不育和质核互作不育（简称为胞质不育，CMS）。核不育分为显性核不育、隐性核不育和环境诱导型核不育（基因与环境互作），生产上常通过光温敏核不育（两系法）利用杂种优势。质核互作不育根据遗传特点可分为孢子体不育和配子体不育遗传、多种质核基因对应遗传、主基因不育和多基因不育遗传，通过质核互作雄性不育可实现三系配套，从而利用杂种优势（图 5-5）。

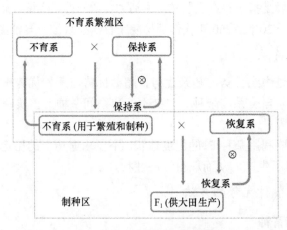

图 5-5　三系法利用杂种优势

此外，还可通过人工去雄、利用标志性状、利用自交不亲和性等生产杂种种子。

四、诱变育种

（一）诱变育种特点

人为利用物理、化学等因素，诱发生物体产生突变，从中选择，培育作物新品种的方法称为诱变育种（mutation breeding）。诱变育种可以大大提高基因突变频率，从而获得大量的种质资源，育成大量的新品种，且因为稳定快，可大大缩短育种年限；但是突变方向难以控制，有利突变个体少，需要处理大量的实验材料，工作量大。

（二）诱变育种程序

首先确定育种目标，根据目标及现有的材料和条件选择合适的育种方法。诱变育种适合改良个别性状缺点，对于多个性状或多基因控制的性状改良难度较大。

五、现代生物技术育种

现代生物技术育种技术包括基因工程（转基因）技术、分子标记技术及植物组织培养技术等。这些技术在作物育种中都发挥了重要作用。

（一）转基因育种

1. 转基因育种特点

转基因育种（transgenic breeding）就是根据育种目标，用分子生物学方法把目标基因从供体生物中分离出来，通过克隆、表达载体构建和遗传转化整合进植物基因组，并经过田间试验与大田选择育成转基因新品种或种质资源的育种方法。与常规育种方法相比，转基因育种不受种属限制，可以对植物目标性状进行定向变异和选择，从而大大提高育种效率，加快育种进程。然而，因为转基因目标性状并非通过常规手段获得，外源基因的插入极有可能影响原品种的优良性状，其安全风险性无法估量，导致通过转基因技术获得的转化植株很少能直接作为品种进行推广应用，一般是作为培育新品种的种质资源。只有通过一定方法对获得的转基因植株进行检测与遗传分析，选择单拷贝插入的转基因植株，与传统育种方法结合，才能获得可生产利用的新品种。

2. 转基因育种过程

转基因育种过程分为：目的基因的获得；含目的基因的重组质粒构建；目的

基因转化；转化体的筛选与鉴定；转化体的安全性评价和育种利用。

（二）分子标记辅助育种

1. 分子标记辅助育种特点

分子标记辅助育种是利用分子标记与决定目标性状基因紧密连锁的特点，通过检测分子标记，即可检测到目的基因的存在，达到选择目标性状的目的，具有快速、准确、不受环境条件干扰的特点。

2. 分子标记在油菜品种选育中的应用

分子标记在油菜中的应用主要有以下几个方面：①广泛开发利用种质资源，拓宽育种基础；②标记重要基因，提高育种效率；③鉴定遗传多样性，确定杂种优势育种的亲本选配；④揭示物种亲缘关系，有效进行种质资源创新。

（三）植物组织培养技术

1. 植物组织培养特点

植物组织培养是指在无菌条件下，将离体植物细胞、组织、器官及原生质体在人工控制的环境下培养成完整植株的生物学技术。其理论依据是植物细胞的全能性，即在合适情况下，任何一个细胞都可以发育成一个新个体，通过对外植体进行脱分化处理，诱导愈伤组织，随后进行再分化、植株再生，最后获得试管苗。

2. 植物组织培养技术应用

植物组织培养技术主要应用于以下几个方面：①采用离体培养技术创造突变体；②采用花药培养快速获得纯系；③采用小孢子培养和单、双倍体育种，缩短育种时间和提高育种效率；④植物原生质体的培养，重组核基因的细胞质，获得胞质杂种。

虽然，现代生物技术有如此多的优点，但仍不能代替常规育种，只能作为传统育种的一种补充，在育种的一些环节发挥作用，加快育种进程，增加育种手段，提高育种效率。此外，生物技术目前还主要是对简单性状的改良起作用，对复杂性状的改良基本无能为力，对基因型与环境的互作研究而言，生物技术仍难以发挥作用。

第二节　系谱法选育高油酸油菜新品种

湖南农业大学从 2000 年开始进行高油酸油菜研究，利用辐射诱变方法得到高油酸油菜育种新材料，在此基础上利用系统选育法，采用系谱法先后选育了'高油酸 1 号'等高油酸油菜常规新品种，'高油酸 1 号'还获得了植物新品种保护权。

一、'高油酸 1 号'

（一）选育过程

　　'高油酸 1 号'是 1999 年利用甘蓝型双低油菜品种'湘油 15'干种子经 8 万~10 万 R ^{60}Co γ 射线辐射产生高油酸突变，此后利用气相色谱对后代种子油酸含量进行测定，并定向选择油酸含量较高的单株在下一年度种植，至 2010 年经连续 11 代系统选择育成'高油酸 1 号'，2015 年冬，该组合参加了 8 个品种（组合）10 个点的联合品比试验，单产 150.8kg/亩，比对照增产 13.25%，达到极显著水平。2016 年冬参加了 7 个品种（组合）9 个点的联合品比试验，单产为 160.43kg/亩，比对照增产 8.64%，达到极显著水平；2018 年获得新品种权证书[GPD 油菜(2019) 430001]。

（二）品种特征特性

　　植株生长习性半直立，叶中等绿色，无裂片，叶翅 2~3 对，叶缘弱，最大叶长 34.7cm（中），最大叶宽 21.4cm（中），叶柄长度中，刺毛无，叶弯曲程度弱，开花期中，花粉量多，主茎蜡粉少，植株花青苷显色弱，花瓣中等黄色，花瓣长度中，花瓣宽度中，花：花瓣相对位置侧叠，植株总长度 169.5cm（中），一次分枝部位 68cm，一次有效分枝 7.6 个，单株果数 194.5.5 个，果身长度 8.5cm（中），果喙长度 1.2cm（中），角果姿态上举，籽粒黑褐色，千粒重 3.95g（中）。该组合在湖南两年多点试验结果表明，在湖南 9 月下旬播种，次年 5 月初成熟，全生育期 224d 左右。

　　该品种含芥酸 0、硫苷 20.5μmol/g 饼，含油为 44.2%，油酸含量 83.2%，测试结果均符合国家标准，含油量较高。菌核病平均发病株率为 8.1%，抗菌核病；病毒病的平均发病株率为 1.6%，高抗病毒病。经转基因成分检测，不含任何转基因成分。

（三）两年多点试验总结（2015~2016 年、2016~2017 年）

1. 试验设计

1）品种及供种单位

参试品种共 8 个，对照为双低杂交种'湘杂油 763'，参试品种见表 5-1。

表 5-1　参试品种及对照

品种名	类型
高油酸 1 号	常规种
杂 2013（2015~2016 年）	三系杂交种

品种名	类型
湘杂油 991	化杀杂交种
湘油 708	常规种
油 796（2015~2016 年）	化杀杂交种
油 SP-5（2015~2016 年）	三系杂交种
湘油 1035	常规种
湘杂油 992	化杀杂交种
湘杂油 763（CK）	双低杂交
野油 865（2016~2017 年）	三系杂交种
油 HO-5（2016~2017 年）	三系杂交种

2）试验设计

试验地要求排灌方便。土壤类型为壤土或砂壤土，肥力中等偏上。前作为一季中稻。试验按油菜正规区域试验的方案实施，随机区组排列，三次重复，小区面积 20m²，定苗密度 1.5 万株/亩左右。田间管理按常规高产田实施。

2015~2016 年度共设 10 个试验点，分别由君山区农业局、衡阳市农业科学研究所、安乡县农业局粮油站、安仁县农业局粮油站、衡阳县农业局粮油站、道县农业局粮油站、常宁市农业局粮油站、耒阳市农业局粮油站、浏阳市农业局原种场、国家油料改良中心湖南分中心（长沙）承担；2016~2017 年度设除衡阳县农业局粮油站以外的其他 9 个试验点。

3）田间管理

种植密度 1.2 万株/亩（每小区 30 行，每行 12 株）。各生育阶段调查物候期和油菜生长发育情况，成熟期调查病害发生情况，角果成熟后在第二区组取每个组合各 10 个单株进行室内考种。

4）气候特点

2015 年 9 月各试点降雨较多，田间无法顺利作业，多个试点播种期稍有推迟，由于墒情充足，油菜出苗整齐；进入越冬期以前各试点天气以晴好为主，气温下降平稳，有利于形成冬前壮苗；越冬期极端气温较少，属于暖冬年份，各试点参试品种冻害较轻；春季气温回升缓慢，分枝和角果形成；4 月初油菜刚进入盛花期，各试点普遍遭遇强对流天气，大风降雨使得参试品种倒伏严重，之后的几场阴雨利于菌核病菌的发生，影响到角果数和籽粒重，造成抗倒、抗病品种和不抗倒、不抗病品种之间产量的差异较大。

2016 年 9 月各试点墒情较好，都能做到适期播种，油菜出苗整齐；进入越冬期以前各试点天气以晴好为主，气温下降平稳，有利于形成冬前壮苗；10~11 月，雨水充足，油菜长势强，蕾薹期墒情充足，气温回升较慢，光照充足，有利于花芽分化；花期较常年提前 5d 左右。整个花期阳光充足、墒情较好，有利于授粉和角果籽粒形成。

2. 试验结果

1）产量结果

2015~2016 年度与 2016~2017 年度各品种在各试点的产量表现及汇总结果见表 5-2 和表 5-3。由表 5-2 可见，由于在气候、地力及管理上的不同，各试点间产量水平存在差异。

表 5-2　2015~2016 年度参试品种在各试点的产量表现 （单位：kg/亩）

品种	项目	君山	耒阳	浏阳	衡阳	安乡	安仁	长沙	道县	衡阳市	常宁	平均值
湘油708	单产	123.60	155.85	164.25	220.13	116.18	142.50	128.10	166.73	145.50	134.63	149.78
	增产/%	8.80	8.30	37.80	30.40	-8.20	21.90	22.40	12.00	2.60	-4.40	13.00
	位次	10	3	5	3	8	1	9	4	4	10	6
杂2013	单产	127.28	161.70	90.83	181.73	123.38	117.38	160.50	144.75	141.83	132.38	138.15
	增产/%	12.00	12.30	-23.80	7.70	-2.50	0.40	53.40	-2.80	0.10	-6.00	4.30
	位次	8	1	12	8	6	5	4	9	6	11	8
湘油1035	单产	133.05	132.68	130.73	200.55	124.95	119.18	170.78	176.40	168.45	146.55	150.30
	增产/%	17.10	-7.80	9.60	18.80	-1.30	2.00	63.20	18.40	18.80	4.10	13.40
	位次	6	10	8	7	5	3	2	1	1	4	4
湘杂油992	单产	167.78	141.23	189.08	229.73	99.60	102.38	174.68	172.88	137.70	135.83	155.10
	增产/%	47.70	-1.90	58.60	36.00	-21.30	-12.40	66.90	16.10	-2.80	-3.60	17.00
	位次	1	7	2	2	11	8	1	2	9	9	3
高油酸1号	单产	163.20	157.28	178.43	204.68	96.45	118.58	142.58	146.85	140.55	152.18	150.08
	增产/%	43.70	9.30	49.70	21.20	-23.80	1.50	36.30	-1.40	-0.80	8.10	13.30
	位次	2	2	3	6	12	4	7	8	8	3	5
湘杂油991	单产	138.45	155.40	175.05	219.68	127.13	137.85	143.48	165.90	162.75	156.30	158.25
	增产/%	21.90	8.00	46.80	30.10	0.50	18.00	37.10	11.40	14.80	11.00	19.40
	位次	5	4	4	4	3	2	6	5	2	2	1
油SP-5	单产	155.85	121.43	208.80	232.65	135.38	93.38	160.73	170.85	143.78	143.55	157.95
	增产/%	37.10	-15.60	75.20	37.80	7.00	-20.10	53.60	14.70	1.40	2.00	19.20
	位次	3	11	1	1	1	9	3	3	5	5	2
湘杂油763	单产	113.63	143.93	119.18	168.83	126.60	116.85	104.63	148.95	141.75	140.85	132.53
	增产/%	0.00	0.00	0.00	0.00	0.00	0.00	0.00	0.00	0.00	0.00	0.00
	位次	11	6	10	9	4	6	12	7	7	6	9
油796	单产	125.70	94.95	125.48	213.83	120.90	104.48	144.60	160.95	158.33	156.75	139.28
	增产/%	10.70	-34.00	5.30	26.70	-4.50	-10.60	38.20	8.00	11.70	11.30	5.10
	位次	9	12	9	5	7	7	5	6	3	1	7

表 5-3　2016~2017 年度参试品种在各试点的产量表现　（单位：kg/亩）

品种	项目	君山	耒阳	浏阳	衡阳县	安乡	安仁	长沙	道县	常宁	平均值
高油酸1号	单产	136.95	150.375	237.6	134.7	167.55	93.825	191.1	201.3	130.575	160.425
	增产/%	23.6	−17.4	13.3	28.1	9.5	−21.1	3.1	34.2	14.3	8.6
	位次	6	8	2	2	3	8	5	1	4	4
湘杂油992	单产	154.725	203.85	217.2	133.35	162.15	115.5	200.25	166.425	148.425	166.875
	增产/%	39.7	12.0	3.6	26.7	6.0	−2.8	8.0	11.0	29.9	13.0
	位次	3	1	6	3	4	6	2	5	1	2
油HO-5	单产	162.3	183.225	225.525	135.225	170.925	116.025	185.25	141.3	125.925	160.65
	增产/%	46.5	0.7	7.6	28.5	11.7	−2.3	−0.1	−5.8	10.2	8.8
	位次	1	3	3	1	1	4	7	8	6	3
野油865	单产	114.675	177.45	220.5	130.35	154.275	116.7	196.8	189	128.625	158.7
	增产/%	3.5	−2.5	5.2	23.9	0.8	−1.8	6.2	26.0	12.6	7.5
	位次	7	6	4	5	6	5	4	3	5	6
湘油708	单产	152.4	179.7	214.275	129.6	170.475	112.125	171.15	192.6	115.875	159.825
	增产/%	37.5	−1.3	2.2	23.1	11.4	−5.6	−7.7	28.4	1.5	8.2
	位次	4	5	7	6	2	7	8	2	7	5
湘杂油763	单产	110.775	182.025	209.7	105.225	153	118.8	185.4	150	114.225	147.675
	增产/%	0.0	0.0	0.0	0.0	0.0	0.0	0.0	0.0	0.0	0.0
	位次	8	4	8	8	7	3	4	7	8	8
湘杂油991	单产	159	186.6	245.925	131.625	155.475	132.15	214.725	152.1	133.725	167.925
	增产/%	43.5	2.5	17.3	25.1	1.6	11.2	15.8	1.4	17.1	13.7
	位次	2	2	1	4	5	1	1	6	3	1
湘油1035	单产	139.95	155.325	219.675	106.95	152.175	120.75	199.2	168.975	139.125	155.775
	增产/%	26.3	−14.7	4.8	1.7	−0.5	1.6	7.4	12.7	21.8	5.5
	位次	5	7	5	7	8	2	3	4	2	7

　　2015~2016 年度，根据测产结果，各组合的产量详见表 5-2。方差分析结果表明，区组间有差异，但未达显著水平，说明区组间的田间肥力有一定差异；组合间的差异达极显著水平。各组合的平均单产水平在 132.53~158.25kg/亩之间，说明组合之间的产量差异很大。本试验中，对照品种'湘杂油 763'的平均单产最低，为 132.53kg/亩。'高油酸 1 号'单产 150.08kg/亩，居组合第五位，比对照增产 13.30%。

　　2016~2017 年度，根据实测结果，各组合的产量详见表 5-3。各组合的平均单产水平在 147.675~167.925kg/亩之间，说明组合之间的产量差异很大。对照品种'湘杂油 763'仍然最低。'高油酸 1 号'平均单产为 160.425kg/亩，居组合第四位，比对照增产 8.6%。

2）品质分析

对所有样品进行品质分析，测定其芥酸、硫苷、含油量 3 项指标。其中芥酸分析样品为各参试单位提供的种子，采用气相色谱法，国家标准（GB/T17377—1998）、ISO5508:1990 测定；硫苷和含油量分析样品为参试品种在各试点收获油菜籽混合样，硫苷测定采用近红外法，国际标准[ISO9167—1; 1992(E)]；含油量采用国家标准（NY/T4—1982）残余法测定（下同）。所有样品均在湖南农业大学国家油料改良中心湖南分中心测定。分析表明，各参试品种均达到品种审定的双低标准（芥酸<1%，硫苷<30μmol/g 饼）。分析结果见表 5-4 和表 5-5。

表 5-4　2015~2016 年度参试品种品质分析结果

品种	芥酸/%	硫苷/（μmol/g 饼）	含油量/%
高油酸 1 号	未检出	20.19	41.72
杂 2013	未检出	21.83	37.48
湘杂油 991	未检出	20.17	48.42
湘油 708	未检出	20.75	43.37
油 796	0.2	20.42	45.94
油 SP-5	0.1	20.25	41.02
湘油 1035	未检出	19.34	46.95
湘杂油 992	未检出	20.82	42.28
湘杂油 763（CK）	未检出	18.15	45.71

表 5-5　2016~2017 年度参试品种品质分析结果

品种	芥酸/%	硫苷/（μmol/g 饼）	含油量/%
野油 865	0.2	20.46	43.78
高油酸 1 号	未检出	22.13	48.29
油 HO-5	0.1	22.14	45.40
湘杂油 992	未检出	22.10	43.28
湘杂油 991	未检出	21.23	44.30
湘油 708	未检出	20.94	45.10
湘油 1035	未检出	22.07	48.42
湘杂油 763	未检出	22.70	46.54

3）农艺性状

对 2015~2016 年度和 2016~2017 年度各参试组合的株高、分枝起点、有效分枝数、主花序长度、总角果数、角粒数、千粒重和单株产量等主要经济性状进行了考查，结果详见表 5-6 和表 5-7。

表 5-6　2015~2016 年度农艺性状表

品种	株高/cm	分枝起点/cm	一次有效分枝数	主花序			总角果数	角粒数	千粒重/g	单株产量/g	不育株率/%
				长度/cm	角果数	结角密度/（个/cm）					
湘油 708	170.59	69.40	6.97	51.05	56.57	1.11	237.18	19.40	3.32	11.83	0.26
杂 2013	174.50	57.98	7.33	58.72	66.14	1.13	293.23	17.65	3.74	12.58	3.99
湘油 1035	174.24	57.93	7.42	50.58	58.73	1.16	271.41	19.41	3.87	13.62	1.00
湘杂油 992	165.13	56.07	7.30	56.90	63.00	1.11	270.55	18.24	3.93	13.15	0.73
高油酸 1 号	166.35	58.48	7.65	51.92	58.35	1.12	246.70	18.41	3.79	13.08	1.56
湘杂油 991	182.02	68.61	7.20	56.32	60.80	1.08	248.71	19.33	3.51	13.61	4.33
油 SP-5	173.63	63.66	7.12	58.52	65.06	1.11	264.54	20.37	3.35	13.08	2.40
湘杂油 763	174.32	57.65	7.84	54.94	60.40	1.10	280.67	18.72	3.42	12.44	1.61
油 796	168.05	54.49	7.31	52.87	60.60	1.15	263.77	18.44	3.61	13.07	0.10

表 5-7　2016~2017 年度农艺性状表

品种	株高/cm	分枝起点/cm	一次有效分枝数	主花序			总角果数	角粒数	千粒重/g	单株产量/g	不育株率/%
				长度/cm	角果数	结角密度/（个/cm）					
高油酸 1 号	167.28	57.02	6.84	56.30	58.83	1.04	222.16	22.03	4.06	14.38	0.55
湘杂油 992	176.84	61.97	7.92	57.46	65.34	1.14	258.57	22.32	3.83	14.54	0.56
油 HO-5	179.07	61.05	8.08	56.22	60.00	1.07	249.93	23.45	3.80	13.68	1.77
野油 865	166.41	52.96	8.86	49.99	50.59	1.01	222.21	23.41	4.02	13.34	3.25
湘油 708	173.22	54.00	7.97	53.76	52.11	0.97	213.54	24.45	3.88	13.43	0.08
湘杂油 763	180.72	66.38	7.66	59.51	65.56	1.10	221.32	22.96	3.86	12.89	0.48
湘杂油 991	169.44	57.03	8.28	52.32	53.57	1.02	219.01	25.54	4.15	14.00	1.27
湘油 1035	163.62	42.55	8.22	61.23	64.39	1.05	249.57	20.16	4.16	14.55	1.25

　　各参试组合的株高为 163~183cm，分枝起点为 42~69cm，一次有效分枝数 6~9 个，单株有效角果数为 220~280 个，差异较大。每角粒数平均为 20~23 粒，千粒重在 3~4g 之间，组合之间的差异不大。单株产量在 11~14g 之间，试验各参试组合的单株产量情况、组合之间的差异与小区产量和单产水平的变化趋势大致相同，单株产量较真实地反映了各组合的产量潜力，说明本试验的取样和考种操作误差较小。其中'高油酸 1 号'植株高度约 167cm，分枝起点在 58cm 左右，一次有效分枝数约 7 个，单株角果数约 230 个，千粒重约 3.9g，单株产量约 13.5g。

　　4）生育期与一致性分析

　　两个年度参试的 5 个组合全生育期无差异，均为 224~225d。生长一致性除'湘杂油 763'在 2015~2016 年度表现为中等之外，其他组合两年度均表现为齐性（表 5-8 和表 5-9）。

表 5-8 2015~2016 年度生育期与一致性观察表

品种名称	全生育期/d	比 CK 早熟天数	一致性
湘油 708	224.5	−0.5	齐
杂 2013	225.1	0.1	齐
湘油 1035	225.1	0.1	齐
湘杂油 992	225.7	0.7	齐
高油酸 1 号	224.2	−0.8	齐
湘杂油 991	225.1	0.1	齐
油 SP-5	224.5	−0.5	齐
湘杂油 763	225.0	0.0	中
油 796	224.1	−0.9	齐

表 5-9 2015~2016 年度生育期与一致性观察表

品种名称	全生育期/d	比 CK 早熟天数	一致性
高油酸 1 号	228.3	−0.3	齐
湘杂油 992	227.0	−1.6	齐
油 HO-5	228.3	−0.3	齐
野油 865	227.3	−1.3	齐
湘油 708	226.9	−1.7	齐
湘杂油 763	228.6	0.0	齐
湘杂油 991	227.9	−0.7	齐
湘油 1035	228.6	0.0	齐

5）抗性分析

依据 DB51/T1035—2010 油菜抗菌核病性田间鉴定技术规程和 DB51/T1036—2010 油菜抗病毒病性田间鉴定技术规程，对各组合病毒病和菌核病进行调查（下同），结果表明各组合均无病毒病；各组合 2016~2017 年度菌核病发病率整体较 2015~2016 年度高，其中‘湘杂油 763’、‘湘油 708’、‘杂 2013’在两个年度发病率均较高，而‘湘杂油 991’、‘湘杂油 992’发病率较低，抗性较好（表 5-10 和表 5-11）。各组合的抗倒性除 2015~2016 年度的‘杂 2013’表现中等之外，其他组合均表现正常，未出现倒伏。

表 5-10 2015~2016 年度抗性观察表

菌核病		病毒病		抗倒性
病害率/%	病害指数	病害率/%	病害指数	
15.56	10.00	0.00	0.00	强
16.37	12.66	0.00	0.00	中
9.73	8.08	0.00	0.00	强

菌核病		病毒病		抗倒性
病害率/%	病害指数	病害率/%	病害指数	
7.66	6.92	0.00	0.00	强
7.57	5.14	0.00	0.00	强
10.68	7.31	0.00	0.00	强
9.54	5.25	0.00	0.00	强
16.88	12.17	0.00	0.00	强
12.71	8.98	0.00	0.00	强

表 5-11　2016~2017 年度抗性观察表

菌核病		病毒病		抗倒性
病害率/%	病害指数	病害率/%	病害指数	
17.5	9.3	0	0	强
13.0	6.9	0	0	强
13.2	6.9	0	0	强
19.3	12.5	0	0	强
24.4	15.0	0	0	强
18.5	9.8	0	0	强
15.8	10.0	0	0	强
16.0	8.8	0	0	强

3. 品种简评

'高油酸 1 号'株高约 167cm，一次有效分枝数约 7 个，单株角果数约 230 个，千粒重约 3.9g，不育株率约占 1%，生育期 226d，平均单产 160.43kg/亩，比对照增产 8.64%，达到极显著水平；菌核病病害率 12%，病害指数 7.1%；病毒病未发病，抗倒伏；芥酸含量 0.0%，硫苷含量约 21μmol/g 饼，含油量 44.29%，油酸含量 83.2%，品质符合油菜审定标准。

第三节　化学杀雄方法选育高含油高油酸油菜新品种

油菜籽的含油量每提高一个百分点，相当于菜籽产量增加 2.3~2.5 个百分点[10]。如果生产中的油菜品种含油量超过 48%，则相当于总产量提高 10%[11]。因此，提高油菜籽中油脂含量是提高菜油产量、保障食用油安全的重要途径之一，同时也可显著增加油菜种植户的经济效益，提高其种植积极性，促进油菜产业发展。

笔者实验室以化学杀雄的方法培育出了高含油高油酸油菜品种'帆鸣1号'、'帆鸣5号'等新品种，含油量均在48%以上，油酸含量在78%以上。

一、化学杀雄法简介

化学杀雄利用杂种优势的方法，具有杂种组合选配自由、有利于育成强优势组合，且杂种中不会出现不育株、推广风险小，同时育种时间比三系及核不育杂种相对较短等优点。湖南农业大学在油菜中通过化学杀雄取得了一系列成果：① 首次育成了高产稳产、优质、抗性强、适应性广的化学杀雄强优势新型杂交油菜品种'湘杂油1号'和'6号'，其中'湘杂油1号'创造了湖南油菜单产最高纪录268kg/亩，两个品种累计推广种植3017.9万亩，获得直接经济效益7.75亿多元，并大规模应用于生产；②创立了包括杀雄药物选用、自交系培育、亲本选择、组合筛选、种子生产等内容的油菜化学杀雄利用杂种优势技术体系，为油菜杂种优势利用提供了一种新的手段；③形成了包括严格隔离、母本密植、父本稀植、大小苗分栽、及时喷药、放蜂传粉、终花割除父本等内容的油菜化学杀雄种子生产技术，并大规模用于种子生产；④最早筛选出高效无毒的油菜化学杀雄剂——杀雄剂1号等，探明了最佳使用时期（为单核期）和最优方法（0.03%杀雄剂，叶片沾满药液，适期按要求喷药1次，即可获得90%左右的不育株），发现其杀雄机制为绒毡层异常增生，花粉粒细胞质收缩。

这些研究成果被傅廷栋著《杂交油菜的育种和利用》、刘后利著《油菜遗传育种学》、Kaul 著 *Male Sterility in Higher Plants* 等引用。这一技术于1987年在第七届国际油菜会议上确认为国际领先技术，2007年获得湖南省科技进步奖一等奖，2013年7月获国家科技进步奖二等奖，并于2012年和2014年在科学出版社分别出版了《油菜杂种优势利用新技术——化学杂交剂的利用》和英文版 *Chemical Hybridizing Agents Principle and Application to Oil Rape Heterosis* 两本专著。2017年，又通过该技术育成高产高油酸'湘杂油992'，该品种目前正在申报中。

二、'帆鸣1号'

（一）选育过程

'帆鸣1号'利用化学杀雄的方法配制而成。母本'E649'的选育始于2009年，通过对品种'湘油11号'的变异株进行连续4年的综合性选择，2012年定型，筛选出对化学杀雄较敏感同时产量高的自交系'E635'，刚现蕾时喷药两次，整个花期达到97%的不育效果。父本'E628'的选育始于2009年，来源于'湘油 13 号'与'571'的杂交后代，通过该组合后代的连续选择，在第 4 代选出稳定的优系'E628'。

'帆鸣 1 号'的选育始于 2013 年，利用与 10 个自交系配制 10 个杂交组合筛选。2013 年冬，用这 10 个组合与对照进行了两个点组合比较试验，2014 年春从这 10 个组合中筛选出'帆鸣 1 号'，表现综合性状好。

（二）品种特征特性

1. 杂交种亲本特性

母本性状：母本'E649'，植株生长习性半直立，叶中等绿色，无裂片，叶翅 2~3 对，叶缘弱，最大叶长 41.2cm（长），叶宽 15.05cm（中），叶柄长度中，刺毛无，叶弯曲程度弱，开花期中，花粉量多，主茎蜡粉无或极少，植株花青苷显色弱，花瓣中等黄色，花瓣长度中，花瓣宽度中，花：花瓣相对位置侧叠，植株总长度 181.2cm（中），一次分枝部位 70.9cm，一次有效分枝 6.45 个，单株果数 229.7 个，果身长度 8.0cm（中），果喙长度 1.0cm（中），角果姿态上举，籽粒黑褐色，千粒重 3.78g（中），全生育期 214d 左右。

父本性状：父本'E628'，植株生长习性半直立，叶中等绿色，无裂片，叶翅 2~3 对，叶缘弱，最大叶长 36.7cm（中），叶宽 15.5cm（中），叶柄长度中，刺毛无，叶弯曲程度弱，开花期中，花粉量多，主茎蜡粉无或极少，植株花青苷显色弱，花瓣中等黄色，花瓣长度中，花瓣宽度中，花：花瓣相对位置侧叠，植株总长度 181.4cm（长），一次分枝部位 70.1cm，一次有效分枝 7.1 个，单株果数 213.1 个，果身长度 7.7cm（中），果喙长度 1.1cm（中），角果姿态上举，籽粒黑褐色，千粒重 3.83g（中），全生育期 213d 左右。

2. '帆鸣 1 号'植物学性状

植株生长习性半直立，叶中等绿色，无裂片，叶翅 2~3 对，叶缘弱，最大叶长 45.2cm（长），最大叶宽 15.2cm（窄），叶柄长度中，刺毛无，叶弯曲程度弱，开花期中，花粉量多，主茎蜡粉无或极少，植株花青苷显色弱，花瓣中等黄色，花瓣长度中，花瓣宽度中，花：花瓣相对位置侧叠，植株总长 187.7cm（长），一次分枝部位 77.9cm，一次有效分枝 6.19 个，单株果数 219.7 个，果身长度 8.0cm（中），果喙长度 1.1cm（中），角果姿态上举，籽粒黑褐色，千粒重 3.98g（中）。该组合在湖南两年多点试验结果表明，在湖南 9 月下旬播种，次年 5 月初成熟，全生育期 214.4d。

芥酸 0%，硫苷 22μmol/g 饼，含油 48.5%，品质测试结果均符合国家标准，油酸含量为 78.5%。菌核病发病株率为 9.85%，表现为中抗菌核病；病毒病的发病株率为 2.63%，表现为高抗病毒病。经转基因成分检测，不含任何转基因成分。

（三）湖南两年多点试验总结

1. 参试组合

参试组合共 7 个，以'沣油 792'为对照，见表 5-12。

表 5-12 各参试组合基本情况

品名	类型	提供单位	芥酸/%	硫苷/（μmol/g 饼）	含油量/%	备注
春云 1 号	杂交种	春云高科	0	29	46.5	
沣油 792（CK）	杂交种	农科院作物所	0	22	43	
杂 958	杂交种	农大油料所	0	26	43.4	
贵 D9824	杂交种	贵州油料所	0	30	43	
春云 2 号	杂交种	春云高科	0	25.5	48.06	
春云油 5 号	杂交种	春云高科	0	27	47	黄籽
159-6×新 8	杂交种	春云高科	0	25	46	
帆鸣 1 号	杂交种	农大油料所		24.7	48.5	油酸 78.5%

2. 承担单位

共 5 个承担单位，分别是：湖南省春云农业科技股份有限公司（春云高科），慈利县旱土作物科学研究所（慈利旱科所），湘西自治州农业科学研究院（自治州农科院），永州市农业科学研究所（永州市农科所），岳阳市农业科学研究所（岳阳市农科所）。

3. 试验设计和田间管理

1）试验设计

试验地要求排灌方便。土壤类型为壤土或砂壤土，肥力中等偏上。前作为一季中稻。试验按油菜正规区域试验的方案实施，随机区组排列，三次重复，小区面积 20m²，直播栽培，播种方式为开沟条播。

2）田间管理

种植密度 1.2 万株/亩（每小区 30 行，每行 12 株）。各生育阶段调查物候期和油菜生长发育情况，成熟期调查病害发生情况，角果成熟后在第二区组取每个组合各 10 个单株进行室内考种。

3）本试验年度的气候特点

2015~2016 年度油菜生育期间，苗前期雨水多，气温较常年低；苗后期阳光充足，油菜生长旺盛；越冬期气温较常年偏高，下过小雪，持续时间较短，对油菜未造成严重影响。油菜花期和角果初期气温适宜，未出现连续阴雨天气，对油菜的授粉结实较有利；角果成熟期雨水多、气温较高，菌核病发生较严重。

2016~2017 年度油菜生育期间，全省平均气温 8.8℃，较常年同期偏高 2.0℃，位居 1951 年以来第二高位（仅次于 1999 年冬季）。冬季各月平均气温均较常年偏高，其中 1 月平均气温偏高 3.0℃（位居 1951 年以来第三高位）。油菜花期和角果初期气温适宜，未出现连续阴雨天气，对油菜的授粉结实较有利；角果成熟期雨水多、气温较高，菌核病发生较严重。

4. 产量表现

2015~2016 年度根据实测结果，各组合的产量详见表 5-13。方差分析结果表明，区组间有差异，但未达显著水平，说明区组间的田间肥力有一定差异；组合间的差异达极显著水平。各组合的平均单产水平为 116.69~148.18kg/亩，说明组合之间的产量差异很大。本试验中，对照品种'沣油 792'的平均单产为 133.95kg/亩。比对照增产的有 5 个组合，减产的有 2 个组合。产量最高的为'春云 2 号'，平均单产 148.18kg/亩，比对照增产 10.62%，增产极显著；组合'帆鸣 1 号'单产 140.03kg/亩，比对照增产 4.54%，'杂 958'比对照减产 12.89%，'贵 D9824'比对照减产 10.16%，均达极显著。

表 5-13　2015~2016 年度各试点参试组合的产量表现　（单位：kg/亩）

品名	岳阳	长沙	慈利	自治州	永州	平均单产	增减幅度/%	显著水平	位次
春云 1 号	152.01	146.29	149.79	152.89	138.70	147.94	10.44	极显著	2
沣油 792（CK）	123.70	134.23	141.28	145.02	133.94	133.95	0	/	6
杂 958	123.10	116.26	114.50	114.14	115.43	116.69	−12.89	极显著	8
贵 D9824	123.72	120.62	122.78	117.97	116.62	120.33	−10.16	极显著	7
春云 2 号	150.80	147.40	151.74	150.83	140.11	148.18	10.62	极显著	1
春云油 5 号	153.77	146.97	152.47	153.84	127.14	146.84	9.62	极显著	3
159-6×新 8	146.86	146.32	149.67	147.90	131.12	144.37	7.78	极显著	4
帆鸣 1 号	139.00	123.21	150.67	147.42	139.87	140.03	4.54	极显著	5

2016~2017 年度，对照品种'沣油 792'的平均单产为 127.71kg/亩（表 5-14）。比对照产量增产的有 5 个组合，产量最高的为'春云 1 号'，平均单产 149.23kg/亩，比对照产量增产 16.85%，增产极显著；其次为'春云 2 号'，平均单产 142.75kg/亩，比对照产量增产 11.78%，增产极显著；组合'帆鸣 1 号'比对照增产 1.34%，增产显著，其余 2 个组合比对照减产。

5. 主要经济性状

对 2015~2016 年度和 2016~2017 年度各参试组合的株高、分枝起点、有效分枝数、单株有效角果数、角粒数、千粒重和单株产量等主要经济性状进行考查，结果详见表 5-15 和表 5-16。

表5-14 2016~2017年度各试点参试组合的产量表现 （单位：kg/亩）

品名	岳阳	长沙	慈利	自治州	永州	平均单产	增减幅度/%	显著水平	位次
春云1号	147.22	149.43	153.93	156.43	139.63	149.23	16.85	极显著	1
D226	123.7	118.3	112.6	130.86	125	127.09	-4.4	显著	7
帆鸣1号	138.26	124.17	134.84	118.68	131.17	129.42	1.34	显著	5
春云2号	143.55	150.23	159.18	137.1	123.7	142.75	11.78	极显著	2
W805	116.6	117.82	113	124.34	106.89	116.13	-9.07	极显著	8
159-6×新8	155.3	129.6	1257	126.1	157.1	138.76	8.65	极显著	3
沣油792（CK）	138.63	134.6	124.13	122.7	118.47	127.71	0	—	6
春云油5号	143.23	134.06	142.29	130.78	139.1	137.89	7.98	极显著	4

表5-15 2015~2016年度各点参试组合的主要经济性状

经济性状	春云1号	杂958	帆鸣1号	春云2号	贵D9824	159-6×新8	沣油792（CK）	春云油5号
株高/cm	179	173.4	184.6	185.4	183	185.8	185.2	184
分枝起点/cm	71.4	59.2	78.2	70.8	72.4	70.4	72.62	80.4
有效分枝数/个	7.02	6.08	6.14	7.1	5.96	6.94	6.42	7.56
单株有效角果数/个	214.6	166	201.8	227.2	173.2	215.2	203.8	219.8
角粒数/粒	21.5	20.48	21.38	21.66	17.6	20.8	20.08	21.78
单株产量/g	11.68	9	10.56	11.8	9.52	10.56	10.9	10.83
千粒重/g	3.95	3.92	4.01	3.96	3.74	3.9	3.76	3.93
成熟一致性	一致	中等	中等	一致	中等	一致	一致	一致
植株整齐度	齐	中等	齐	齐	中等	齐	齐	中等
芥酸/%	0	0	0	0	0	0	0	0
硫苷/（μmol/g饼）	29	26	24.7	25.5	30	25	22	27
粗脂肪/%	46.5	43.4	48.5	48.06	43	46	43	47

表5-16 2016~2017年度各点参试组合的平均主要经济性状

经济性状	春云1号	D226	帆鸣1号	春云2号	W805	159-6×新8	沣油792（CK）	春云油5号
株高/cm	180.1	176	190.8	186.4	182.6	186.8	189.5	189.8
分枝起点/cm	70.6	70.6	77.6	69.6	71.4	71	65.75	78.2
有效分枝数/个	7.36	6.52	6.24	7.08	6.18	6.9	6.47	6.83
单株有效角果数/个	247.2	193.8	237.6	240.2	201.8	242.2	230.5	231.6
角粒数/粒	21.46	20.9	21.32	18.88	21	20.07	20.075	21.42
单株产量/g	14.04	10.98	12.98	13.8	11.2	13.36	13.47	13.25
千粒重/g	3.95	3.91	3.95	3.98	3.76	3.94	3.85	3.92
成熟一致性	好	中	好	好	中	好	好	中
芥酸/%	0	0	0	0	0	0	0	0
硫苷/（μmol/g饼）	27	26	22	28.4	30	27	30	21
粗脂肪/%	46	44	46	46.7	43	46	43.2	47.5

各参试组合的株高为 176~190.8cm，组合'帆鸣 1 号'的植株最高，其次为'春云油 5 号'；各参试组合的分枝起点在 59.2~80.4cm 之间；大部分组合的一次有效分枝数为 6~7 个；单株有效角果数为 193.8~247.2 个，组合间的差异较大。超过 230 个角果数的组合有 6 个，说明本试验年度的气候条件对花芽分化有利。各参试组合的每角粒数基本在 19~22 粒之间，组合之间的差异较大，'春云 1 号'最多，'春云 2 号'最少。千粒重差异较小，在 3.76~3.95g 之间。除'W805'和'沣油 792'外，其他均在 3.9g 以上。各参试组合的单株产量为 10.98~14.04g，以'春云 1 号'最高，'D226'最低。从本年度试验各参试组合的单株产量情况来看，组合之间的差异与小区产量和单产水平的变化趋势大致相同，单株产量较真实地反映了各组合的产量潜力，说明本试验的取样和考种操作误差较小。

质量检测中心对'帆鸣 1 号'品质性状进行检测，种子芥酸 0%，硫苷为 22μmol/g 饼，油酸含量为 78.5%，含油量为 48.5%，品质测试结果均符合国家标准。经转基因成分检测，不含任何转基因成分。

6. 苗期长势和生长一致性

2015~2016 年度各组合冬前苗期，主茎总叶数的变幅为 19.2~23.6 片（表 5-17），绿叶数的变幅 16.4~19.4 片，其中'帆鸣 1 号'主茎总叶数和绿叶数分别为 22.0 片和 18.1 片。最大叶长变幅为 44.4~56.2cm，最大叶宽变幅为 14.1~16.1cm，'帆鸣 1 号'最大叶长 49.3cm，最大叶宽 15.3cm。根茎粗变幅为 18.8~25.9cm，'帆鸣 1 号'根茎粗最细（18.8mm）。除'D226'和'W805'两个组合外，其他各个组合和对照均苗期长势强，生长一致性好。

表 5-17　2015~2016 年度各组合冬前苗期情况

| 品名 | 主茎绿叶数/片 | 主茎总叶数/片 | 最大叶 | | 根茎粗/mm | 苗期一致性 |
			长/cm	宽/cm		
春云 1 号	19.4	23.6	44.5	15.6	20.3	一致
D226	17.6	19.2	48.5	14.3	20.4	中
帆鸣 1 号	18.1	22.0	49.3	15.3	18.8	一致
春云 2 号	19.1	22.2	56.2	15.0	20.2	一致
W805	16.4	20.7	44.4	14.1	20.6	差
159-6×新 8	17.5	21.9	45.1	14.7	25.9	一致
沣油 792（CK）	18.5	22.2	45.4	16.1	22.5	一致
春云油 5 号	18.6	21.3	47.0	15.4	23.1	一致

2016~2017 年度各组合（表 5-18）冬前苗期长势和生长一致性方面，苗期主茎绿叶数 16.4~19.2 片，主茎总叶数 19.1~23.6 片，其中'帆鸣 1 号'主茎总叶数和绿叶数分别为 21.7 和 17.1 片。最大叶长变幅在 40.1~51.2cm，最大叶宽 13.9~15.5cm，

'帆鸣 1 号'最大叶长 41.1cm，最大叶宽 15.0cm。根茎粗变幅在 18.7~23.9mm，'帆鸣 1 号'根茎粗 21.7mm。苗期一致性除'杂 958'和'贵 D9824'外，其他组合均较好。

表 5-18　2016~2017 年度各组合冬前苗期情况

| 品名 | 主茎绿叶数/片 | 主茎总叶数/片 | 最大叶 | | 根茎粗/mm | 苗期一致性 |
			长/cm	宽/cm		
春云 1 号	19.2	23.6	47.1	15.5	20.7	好
沣油 792（CK）	17.6	19.1	41.5	14.0	20.1	好
杂 958	18.5	22.3	40.8	14.7	18.7	中等
贵 D9824	18.2	23.2	51.2	14.6	21.2	中等
春云 2 号	16.4	21.6	42.0	14.3	21.3	好
春云油 5 号	17.5	20.6	40.1	13.9	23.9	好
159-6×新 8	18.4	21.0	41.4	15.1	20.5	好
帆鸣 1 号	17.1	21.7	41.1	15.0	21.7	好

7. 生育期和抗性调查情况

1）生育期

参试的 8 个组合全生育期的变化比较大：'贵 D9824'最早，比对照早 7.2d；其次是'杂 958'，比对照早 6.6d；'帆鸣 1 号'比对照迟 2.4d，其他三个组合相近（表 5-19 和表 5-20）。

2）抗病性

综合两季抗病性调查表明（表 5-21，表 5-22）：各组合的抗倒性，除'杂 958'和'贵 D9824'（2015~2016 年度）与'D226'和'W805'（2016~2017 年度）表现为斜倒外，其他组合均表现正常，未出现倒伏。各组合病毒病病株率（%）较低，均发病轻轻。各组合菌核病发病株率在 5%~15% 之间，抗性差异较大，其中'帆鸣 1 号'抗性最强。

表 5-19　2015~2016 年度参试组合在各点的生育期表现　　（单位：d）

品名	长沙	岳阳	慈利	自治州	永州	平均	比对照
春云 1 号	217	217	221	222	210	217.4	−0.2
沣油 792（CK）	218	217	221	222	210	217.6	
杂 958	205	214	217	215	207	211.6	−6.6
贵 D9824	203	212	216	215	206	210.4	−7.2
春云 2 号	211	217	222	223	211	216.8	−0.8
春云油 5 号	212	218	223	224	212	217.8	0.2
159-6×新 8	217	217	221	221	209	217	−0.6
帆鸣 1 号	220	219	222	223	211	219	2.4

表5-20   2016~2017 年度参试组合在各点的生育期表现   （单位：d）

品名	长沙	岳阳	慈利	自治州	永州	平均	比对照
春云1号	217	220	217	222	207	216.6	0
D226	218	220	218	222	206	216.8	0.2
帆鸣1号	212	217	212	215	203	211.8	−5.2
春云2号	210	215	210	215	203	210.6	−6
W805	218	220	218	223	206	217	0.4
159-6×新8	219	221	219	224	207	218	1.4
沣油792（CK）	217	220	217	222	207	216.6	
春云油5号	220	222	221	223	207	218.6	2

表5-21   2015~2016 年度各参试组合抗性表现

抗性表现	春云1号	杂958	帆鸣1号	春云2号	贵D9824	159-6×新8	沣油792（CK）	春云油5号
抗倒性（正常/斜/倒伏）	正常	斜	正常	正常	斜	正常	正常	正常
病毒病病株率/%	1.4	3.8	2	1	4	1.4	4.4	1
病毒病病情指数	0.66	3.02	1.99	0.6	2.98	1.58	3.18	0.46
菌核病病株率/%	6	11.2	7	5.6	9.8	6.4	8	7.8
菌核病病情指数	4.47	8.07	4.67	4.26	6.29	5.07	6	5.79

表5-22   2016~2017 年度各参试组合抗性表现

抗性表现	春云1号	D226	帆鸣1号	春云2号	W805	159-6×新8	沣油792（CK）	A97×172-1
抗倒性（正常/斜/倒伏）	正常	斜	正常	正常	斜	正常	正常	正常
病毒病病株率/%	3.6	4.8	3.25	1.4	4.6	1.6	4.5	1.2
病毒病病情指数	2.13	3.26	1.73	0.99	3.27	1.06	2.54	0.8
菌核病病株率/%	8.4	14.4	8.5	8.4	14.8	6.8	11.5	7.4
菌核病病情指数	5.56	8.67	4.08	5.47	9	4.26	5.87	5.13

8. 品种简评

‘帆鸣1号’单产约135kg/亩，比对照增产2.9%，达显著水平，居参试组合第5位。植株平均株高约187cm，有效分枝数6.19个，单株角果数219.7个，籽粒黑褐色，千粒重3.98g，单株产量11.5g，油酸含量77.5%。全生育期约214d，为中早熟油菜，菌核病和病毒病较轻。

（四）江西两年多点测试总结

1. 参试组合（品系）

参试组合共7个，以‘沣油792’为对照，参试材料基本情况同湖南多点试验。

2. 承担单位

共 5 个承担单位，分别是：南昌市农科所、九江市农科所、宜春市农科所、进贤县农科所、湘东市农科所。

3. 试验设计和田间管理

1）试验设计与田间管理

参照第五章，第三节，二，（三），3。

2）本试验江西省年度气候特点

2015~2016 年度油菜生育期间，苗期气温较常年同期平均偏高，出现区域性大雾（全省单日 15 站以上大雾）日数较历史同期略偏多，越冬期降水量创历史新高引发罕见冬汛，连阴雨日数创同期新高。花期气温较常年偏高，降水量适宜，对油菜的授粉结实较有利；角果期雨水量偏多，菌核病发生较严重。

2016~2017 年度油菜生育期间，苗期气温及降水量均较常年同期高，而日照偏少。越冬期气温偏高，降水偏少，日照偏多，导致生育进程明显加快。花期、角果期持续阴雨，菌核病发生较严重。

4. 产量情况

2015~2016 年度，根据实测结果，各组合（品系）的产量详见表 5-23。方差分析结果表明，区组间有差异，但未达显著水平，说明区组间的田间肥力有一定差异；组合（品系）间的差异达极显著水平。各组合（品系）的平均单产水平为113.67~153.67kg/亩，说明组合（品系）之间的产量差异很大。本试验中，对照品种'沣油 792'的平均单产为 128.89kg/亩。比对照增产的有 5 个组合，减产的有2 个组合。产量最高的为'春云 1 号'，平均单产 153.65kg/亩，比对照增产 19.20%，增产极显著；其次为'春云油 5 号'，平均单产 149.25kg/亩，比对照增产 15.79%，增产极显著；再次为'春云 2 号'，平均单产 151.69kg/亩，比对照增产 17.69%，增产极显著；第四为高油酸组合'帆鸣 1 号'，单产 136.55kg/亩，比对照产量增产 5.94%，增产显著；'159-6×新 8'平均单产 114.64kg/亩，比对照减产 11.06%，

表 5-23　2015~2016 年度各试点参试组合（品系）的产量表现　（单位：kg/亩）

品名	九江	宜春	湘东	进贤	南昌	平均单产	比对照增减产	增减幅度/%	位次
春云 1 号	159.84	156.18	149.85	146.52	155.86	153.65	24.75	19.20	1
春云 2 号	153.51	158.18	152.18	142.86	151.72	151.69	22.8	17.69	2
春云油 5 号	144.86	149.85	147.19	155.18	149.17	149.25	20.36	15.79	3
帆鸣 1 号	135.86	138.53	137.86	133.87	136.63	136.55	7.66	5.94	4
贵 D9824	127.21	129.54	131.54	126.21	126.2	128.14	−0.75	−0.59	6
杂 958	123.88	118.22	122.21	117.22	125.62	121.43	−7.46	−5.79	7
159-6×新 8	118.22	113.55	109.89	115.22	116.32	114.64	−14.25	−11.06	8
沣油 792（CK）	126.87	133.53	129.54	126.21	128.3	128.89	0	—	5

'杂 958'比对照减产 5.79%,'贵 D9824'比对照减产 0.59%,均达极显著。

2016~2017 年度,根据实测结果,各组合(品系)的产量详见表 5-24。本年度各组合(品系)之间的产量差异很大。本试验中,对照品种'沣油 792'的平均单产为 128.27kg/亩。比对照产量增产的有 6 个组合,产量最高的为'春云 1 号',平均单产 149.65kg/亩,比对照产量增产 16.67%,增产极显著;其次为'春云油 5 号',平均单产 143.10kg/亩,比对照产量增产 11.56%,增产极显著;再次'贵 D9824',平均单产 128.56kg/亩,比对照产量增产 0.23%,'帆鸣 1 号'比对照增产 5.97%,增产显著,其余 1 个组合比对照减产。

表 5-24 2016~2017 年度各试点参试组合(品系)的产量表现 (单位: kg/亩)

品名	南昌	九江	宜春	湘东	进贤	平均单产	比对照增减产	增减幅度/%	位次
春云 1 号	150.85	154.73	150.63	143.30	148.74	149.65	21.3782	16.67	1
春云 2 号	151.74	145.41	155.07	147.74	146.96	149.39	21.1118	16.46	2
春云油 5 号	142.52	143.41	147.08	138.20	144.3	143.10	14.8292	11.56	3
帆鸣 1 号	133.86	135.20	135.53	144.52	130.54	135.93	7.6586	5.97	4
贵 D9824	129.20	130.31	131.31	129.98	121.99	128.56	0.2882	0.23	5
杂 958	127.65	128.32	118.10	128.98	115.66	123.74	−4.5292	−3.53	7
159-6×新 8	120.88	120.32	120.77	118.44	113.89	118.86	−9.4132	−7.33	8
沣油 792(CK)	135.09	125.32	134.64	126.54	119.77	128.27	—	0.00	6

5. 主要经济性状

对各参试组合(品系)的株高、分枝起点、有效分枝数、主花序长度、单株有效角果数、角粒数、千粒重和单株产量等主要经济性状进行了考查,结果详见表 5-25 和表 5-26。

表 5-25 2015~2016 年各点参试组合(品系)的主要经济性状

经济性状	春云 1 号	杂 958	帆鸣 1 号	春云 2 号	贵 D9824	159-6×新 8	沣油 792	春云油 5 号
株高/cm	175	177.4	186.6	185.7	183.5	185.4	186.2	187
分枝起点/cm	70.4	69.2	76.2	70.8	72.4	70.4	72.61	77.4
有效分枝数/个	7.12	6.48	6.34	7.14	6.96	6.54	6.47	7.36
不育株率/%	—	0.56	—	—	1.24	—	1.28	—
单株有效角果数/个	224.6	196	200.8	227.1	193.2	215.2	203.5	219.7
角粒数/粒	22.5	21.48	21.30	21.61	19.6	20.7	21.08	21.18
单株产量/g	11.68	9.47	11.56	12.8	9.92	10.58	11.9	10.87
千粒重/g	3.94	3.91	4.01	3.86	3.84	3.94	3.76	3.97
成熟一致性	一致	中等	中等	一致	中等	一致	一致	一致
植株整齐度	齐	中等	齐	齐	中等	齐	齐	中等
芥酸/%	0	0	0	0	0	0	0	0
硫苷/(μmol/g 饼)	27	26.8	24.7	24.5	29	25.7	27	25
粗脂肪/%	48.4	43.4	48.5	48.16	43.8	46.34	43.89	50.7

表 5-26　2016~2017 年各点参试组合（品系）的平均主要经济性状

经济性状	春云 1 号	帆鸣 1 号	春云 2 号	贵 D9824	杂 958	159-6×新 8	沣油 792	春云油 5 号
株高/cm	179.1	191.8	186.4	186.6	183.8	189.5	188.8
分枝起点/cm	71.6	76.6	69.6	70.4	71	67.75	77.2
有效分枝数/个	7.26	6.24	7.18	6.58	6.9	6.57	6.83
不育株率/%	0	—	0	1.46	0	1.17	0
单株有效角果数/个	237.2	227.6	230.2	211.8	232.2	230.5	231.6
角粒数/粒	20.46	21.42	18.88	21.78	20.47	20.07	21.32
单株产量/g	14.04	12.98	12.8	11.2	13.16	12.47	13.25
千粒重/g	3.95	3.85	3.98	3.76	3.94	3.85	3.92
苗期一致性	一致	好	好	中等	好	好	好
植株整齐度	齐	齐	齐	齐	齐	齐	齐
成熟一致性	好	好	好	中	好	好	中
芥酸/%	0	0	0	0	0	0	0
硫苷/（μmol/g 饼）	29	22	27	30	27	32	24.0
粗脂肪/%	48.1	48.6	47	43	46	43	51.3

　　株高：各参试组合（品系）的株高为 175~187cm，'春云油 5 号'与'帆鸣 1 号'均较高，平均在 186cm 以上。组合'春云 1 号'最矮，其余材料株高均在 177~186cm 之间。

　　分枝起点：各参试组合（品系）的分枝起点为 69~78cm，'春云油 5 号'最高，'杂 958'最低，其他组合为 70~76cm。

　　有效分枝数：各参试组合（品系）的一次有效分枝数为 6~8 个，'春云 1 号'与'春云 2 号'在两年表现中均较多，平均在 7 个以上；其余材料平均 6~7 个。

　　不育株率（%）：有三个组合'杂 958'，'贵 D9824'和对照'沣油 792'在两年表现中均出现不育株，不育株率（%）在 1% 左右。

　　单株有效角果数：各参试材料的单株有效角果数为 196~227.1 个之间，材料间的差异较大，以'春云 1 号'和'春云 2 号'最多，其次'春云油 5 号'，'贵 D9824'最少。2015~2016 年度超过 200 个角果数的材料有 6 个，2016~2017 年度所有组合均超过 200 个角果数，说明试验年度的气候条件对花芽分化有利。

　　每角粒数：各参试材料的每角粒数平均为 18~23 粒，材料之间的差异较大，'春云 1 号'最多，'贵 D9824'最少。

　　千粒重：各参试材料的千粒重差异较大，在 3.7~4.0g 之间。组合间差异不大。

　　单株籽粒重：各参试组合（品系）的单株产量在两个年度略有差异，2015~2016 年度在 9.47~12.8g 之间，以'春云 2 号'最高（12.8g），其次为'春云 1 号'（11.68g），再次'帆鸣 1 号'为（11.56g），'杂 958'最低。2016~2017 年度各参试组合（品系）的单株产量在 11.2~13.25g 之间，以'春云 1 号'最高（14.04g），其次'春云油 5 号'为（13.25g），'贵 D9824'最低为 11.2g。从试验各参试材料的单株产量情况来看，材料之间的差异与小区产量和单产水平的变化趋势大致相同，单株产量较真实地反映了各材料的产量潜力，说明本试验的取样和考种操作误差较小。

6. 生育期及长势和抗病性调查

1）全生育期

参试的 8 个材料全生育期的变化不大，在 214~218d，'帆鸣 1 号'最迟，比对照迟 2.42d，'97A×新 8'迟 1.74d，其他 4 个组合生育期相近（表 5-27 和表 5-28）。

表 5-27　2015~2016 年度参试组合在各点的生育期表现　（单位：d）

品名	南昌	九江	宜春	湘东	进贤	平均	比对照
春云 1 号	220	218.6	218.9	214.8	217.58	217.98	1.28
沣油 792（CK）	218.5	217.7	217.6	214.4	215.3	216.7	
杂 958	216.5	217.6	217.7	214.4	215.3	216.7	−0.06
贵 D9824	217.5	219.2	216.3	215.4	215.7	216.82	0.12
春云 2 号	218.3	219.4	216.4	215.7	216.5	217.26	0.56
春云油 5 号	219.7	218.8	217.4	215.6	216.4	217.58	0.88
159-6×新 8	219.4	218.8	220	217.4	216.5	218.4	1.74
帆鸣 1 号	219.3	219.7	220	218.4	217.7	219.12	2.42

表 5-28　2016~2017 年度各组合在各点的生育期表现　（单位：d）

品名	南昌	九江	宜春	湘东	进贤	平均	比对照
春云 1 号	218.6	216.7	215.5	216.3	214.4	216.19	−0.39
贵 D9824	217.7	216.7	217.9	216.4	215	216.74	0.16
帆鸣 1 号	217.3	216.5	214.4	215.6	213.7	215.5	−1.08
春云 2 号	218.3	216.6	218.4	219.7	216.5	217.9	1.3
杂 958	216.3	215.7	215.4	214.4	214.7	215.3	−1.55
159-6×新 8	216.3	215.5	214	213.7	213.5	214.6	−1.89
沣油 792（CK）	217.5	219.3	215.4	214.6	216.1	216.58	
春云油 5 号	218.4	219.6	217.3	216.1	214.7	217.22	0.64

2）冬前长势

冬前苗势调查结果表明（表 5-29 和表 5-30）：主茎绿叶数变幅为 16~20 片，主茎总叶数变幅为 19~23 片，最大叶长在 43~53cm，最大叶宽变幅为 14~16cm。根茎粗 18.6~25.4mm。除'杂 958'（2015~2016 年度）和'贵 D9824'（2016~2017 年度）苗期长势和生长一致性一般外，其他组合和对照均苗期长势强，生长一致性好。

表 5-29　2015~2016 年度各材料冬前苗期情况

品名	主茎绿叶数/片	主茎总叶数/片	最大叶		根茎粗/mm	苗期一致性
			长/cm	宽/cm		
春云 1 号	19.2	23.1	49.2	15.0	20.3	好
沣油 792（CK）	17.6	19.5	48.3	14.3	20.2	好
杂 958	18.0	21.0	47.8	15.4	18.9	中等
贵 D9824	19.1	22.2	52.2	15.3	21.0	中等
春云 2 号	16.8	20.4	47.0	14.7	20.6	好
春云油 5 号	19.4	21.6	47.1	14.8	25.4	好
159-6×新 8	18.7	22.0	46.4	16.1	21.5	好
帆鸣 1 号	19.2	21.4	47.8	15.9	20.7	好

注：表中数据为各材料 5 个点、每个点 5 个单株的调查平均值。

表 5-30　2016~2017 年度各材料冬前苗期情况

品名	主茎绿叶数/片	主茎总叶数/片	最大叶		根茎粗/mm	苗期一致性
			长/cm	宽/cm		
春云 1 号	19.2	22.6	51.0	15.2	21.7	一致
杂 958	18.6	19.2	47.5	14.9	20.9	中
帆鸣 1 号	18.9	22.0	49.7	15.8	18.6	一致
春云 2 号	20.2	23.2	53.2	15.6	21.1	一致
贵 D9824	16.8	20.6	47.5	14.7	20.7	差
159-6×新 8	17.8	21.6	45.7	14.8	24.9	一致
沣油 792（CK）	18.4	22.4	45.8	16.1	20.2	一致
春云油 5 号	18.3	22.4	43.5	15.4	23.5	一致

3）抗性

菌核病：病株率为 2.1%~7.88% 之间（表 5-31，表 5-32）。两年中'杂 958'的发病株率均较高，其次为 CK '沣油 792'（5.17%），'春云 1 号'和'春云 2 号'和'帆鸣 3 号'发病株率均较低。

表 5-31　2015~2016 年度各参试组合（品系）抗性表现

	春云 1 号	杂 958	帆鸣 1 号	春云 2 号	贵 D9824	159-6×新 8	沣油 792	春云油 5 号
抗倒性（正常/斜/倒伏）	正常	斜	正常	正常	斜	正常	正常	正常
病毒病病株率/%	1.76	3.34	1.56	1.56	4.42	0.98	3.76	1.62
菌核病病株率/%	3.1	7.88	3.64	2.1	5.06	3.66	5.17	3.95

注：病株率为 5 个点、每个点 3 个重复的调查平均值。

表 5-32　2016~2017 年度各参试组合（品系）抗性表现

	春云 1 号	杂 958	帆鸣 1 号	春云 2 号	贵 D9824	159-6×新 8	沣油 792	春云油 5 号
抗倒性（正常/斜/倒伏）	正常	斜	正常	正常	斜	正常	正常	正常
病毒病病株率/%	2.71	3.12	1.70	1.51	4.28	0.94	3.76	1.62
菌核病病株率/%	3.58	7.86	3.74	4.1	5.06	3.42	5.37	4.15

病毒病：本试验年度病毒病的发生不太严重，'159-6×新8'发病株率最低为0.98%，'春云2号'、'春云油5号'，发病均较轻，'贵D9824'发病最严重，其余材料均有一定的发病率。

抗倒性：除'杂958'和'贵D9824'两个组合表现为斜外，其他组合均生长正常。

（五）结论

'帆鸣1号'在湖南省两年平均单产134.73kg/亩，增产2.98%，产油量增加13.02%，平均株高187.7cm，油酸含量75%以上，芥酸和硫苷含量符合双低油菜标准，千粒重3.98g，抗倒伏，高抗病毒病，中抗菌核病，生育期214.4d，为中早熟品种，适合在湖南省大面积秋播种植。

在江西省，两年平均单产136.24kg/亩，增产5.96%，产油量增加17.30%，平均株高189.2cm，油酸含量75%以上，芥酸和硫苷含量符合双低油菜标准，千粒重3.93g，抗倒伏，高抗病毒病，中抗菌核病，生育期217.31d，为中早熟品种，适合在江西省大面积秋播种植。

综上所述，该品种符合双低要求，抗倒、抗病性强，产油量增幅大，油酸含量大于75%，中早熟，是适合在湖南、江西两省大面积秋播种植的高油酸油菜新品种，2017年12月通过农业部认定（GPD油菜2018430307）。

三、'帆鸣5号'

在相同遗传背景下，黄籽油菜普遍比黑籽油菜的含油量高[12]；种子颜色与种子含油量呈极显著的正相关，最高可达46.4%[13]；甘蓝型黄籽油菜比黑籽油菜皮壳含油量和种子含油量分别高1.99%和0.87%[14]，在育种中有较大应用价值，可作为亲本选育高含油油菜新品种。湖南农业大学刘忠松教授将芥菜型黄籽油菜转育到甘蓝型油菜中，经长期选择培育，创制出含油量高达52.38%的"黄矮早"等新种质[15]，且性状遗传稳定。

（一）选育过程

甘蓝型化学杀雄两系杂交油菜新组合'帆鸣5号'（C117×D24），由湖南农业大学选育而成。母本'C117'的选育始于2008年，2010年定型，2011年对12个优良的自交系进行化学杀雄敏感性和产量试验，结果筛选出对化学杀雄较敏感同时产量高的高含油自交系'C117'，刚现蕾时喷药两次，整个花期达到98%的不育效果。父本'D24'的选育始于2008年，来源于'湘油15'变异株的后代，通过该自交系后代的连续选择，在第4代，选出稳定的高油酸优系'D24'。

'帆鸣5号'的选育始于2015年,利用'B-15'与12个自交系配制12个杂交组合,进行了两个点的组合比较试验,2016年春从这12个组合中筛选出新组合'帆鸣5号',其表现综合性状好,比对照增产4.80%。随后'帆鸣5号'参加了3个单位9个组合9个点的联合品比试验,二年平均比对照增产4.65%,产油量增加10.07%,增产显著。

(二)品种特征特性

1. 杂交种亲本特征

母本特征：母本'C117'植株生长习性半直立,叶中等绿色,无裂片,叶翅2~3对,叶缘弱,最大叶长45.66cm(长),叶宽16.12cm(中),叶柄长度中,刺毛无,叶弯曲程度弱,开花期中,花粉量多,主茎蜡粉无或极少,植株花青苷显色弱,花瓣中等黄色,花瓣长度中,花瓣宽度中,花：花瓣相对位置侧叠,植株总长度175.98cm(长),一次分枝部位68.10cm,一次有效分6.80个,单株果数274.60个,果身长度7.56cm(中),果喙长度1.24cm(中),角果姿态上举,籽粒黄色,千粒重4.62g(中),全生育期217.6d左右。

父本特征：父本'D24'植株生长习性半直立,叶中等绿色,无裂片,叶翅2~3对,叶缘弱,最大叶长41.90cm(长),叶宽17.05cm(中),叶柄长度中,刺毛无,叶弯曲程度弱,开花期中,花粉量多,主茎蜡粉无或极少,植株花青苷显色弱,花瓣中等黄色,花瓣长度中,花瓣宽度中,花：花瓣相对位置侧叠,植株总长度180.10cm(长),一次分枝部位70.90cm,一次有效分枝6.80个,单株果数263.20个,果身长度6.90cm(中),果喙长度1.16m(中),角果姿态上举,籽粒黑褐色,千粒重3.83g(中),全生育期218d左右。

2. '帆鸣5号'(C117×D24)植物学性状

植株生长习性半直立,叶中等绿色,无裂片,叶翅2~3对,叶缘弱,二年测试平均最大叶长49.2cm(长),最大叶宽14.8cm(中),叶柄长度中,刺毛无,叶弯曲程度弱,开花期中,花粉量多,主茎蜡粉无或极少,植株花青苷显色弱,花瓣中等黄色,花瓣长度中,花瓣宽度中,花：花瓣相对位置侧叠,植株总长度178.5cm(长),一次分枝部位72.6cm,一次有效分枝6.42个,单株果数233.8个,果身长度8.15cm(中),果喙长度1.31cm(中),角果姿态上举,籽粒黄色,千粒重3.99g(中)。该组合在湖南两年多点试验结果表明,在湖南9月下旬播种,次年5月初成熟,全生育期214d左右。

芥酸0%,硫苷17.0μmol/g饼,含油为48.3%,测试结果均符合国家标准,含油量高,黑褐色籽。菌核病平均病株率为6.90%,中抗菌核病;病毒病的平均病株率为 3.80%，高抗病毒病。经转基因成分检测，不含任何转基因成分。

（三）两年多点试验表现

1. 参试组合

参试组合共 5 个，'华杂油 12 号'为对照，见表 5-33。

表 5-33　各参试组合基本情况

品名	类型	提供单位	芥酸/%	油酸/%	硫苷/（μmol/g 饼）	含油量/%	备注
春云油 6 号	杂交种	春云高科	0	78.5	25	48.2	黄籽
C114×E16	杂交种	春云高科	0		23	45.2	黑籽
E13×C102	杂交种	湖南农大	0		27	47.1	黄籽
帆鸣 5 号	杂交种	春云高科	0	75.6	17	48.3	黑籽
华杂油 12 号	杂交种	华中农大	0		28	44.2	黑籽

2. 参试单位

参试单位共 9 个：湖南农业大学、常德市农科所、衡阳市农科所、九江市农科所、南昌市农科所、宜春市农科所、恩施市农科所、荆州市农科所、华中农业大学。

3. 试验设计和田间管理

1）试验设计

试验地要求排灌方便。土壤类型为壤土或砂壤土，肥力中等偏上。前作为一季中稻。试验按油菜正规区域试验的方案实施，随机区组排列，三次重复，小区面积 20m²，直播栽培，播种方式为开沟条播。

2）田间管理

田间管理同油菜常规直播栽培。种植密度 1.2 万株/亩（每小区 30 行，每行留苗 12 株）。各生育阶段调查物候期和油菜生长发育情况，角果期调查病害发生情况，角果成熟后在第二区组取每个组合各 10 个单株进行室内考种。

3）本试验年度的气候特点

试验年度油菜生育期间，苗前期雨水较多，气温较常年低；苗后期阳光充足，油菜生长旺盛；越冬期气温较常年偏高，下过小雪，持续时间短，对油菜未造成严重影响。油菜花期和角果初期气温适宜，未出现连续阴雨天气，对油菜的授粉结实较有利；角果成熟期雨水多气温较高，菌核病发生较严重。

4. 产量表现

2016~2017 年度根据实测结果，各组合的产量详见表 5-34。方差分析结果表明，区组间有差异，但未达显著水平，说明区组间的田间肥力有一定差异；组合间的差异达极显著水平。各组合的平均单产水平为 156.52~183.95kg/亩，说明组合之间的产量差异很大。本试验中，对照品种的平均单产为 159.04kg/亩。比对照增产的有 3 个组合，减产的有 1 个组合。其中'帆鸣 5 号'，单产 165.02kg/亩，比对照增产 3.76%，增产极显著。

表 5-34　2016~2017 年度各试点参试组合的产量表现　（单位：kg/亩）

产量表现	春云油 6 号	C114×E16	E13×C102	帆鸣 5 号	华杂油 12 号（CK）
长沙	182.01	153.72	183.1	169	159
常德	194.3	160.8	178.4	167.4	167.4
衡阳	173.7	143.8	175.3	158.5	158.5
九江	170.6	161.7	183.8	164.6	154.8
南昌	178.1	153.9	177.6	163.7	149.7
宜春	186.29	157.6	179.1	163.2	163.2
恩施	182.79	162.7	185.5	170.6	160.6
荆州	196.89	157.9	180.1	161.4	161.4
武汉	188.7	156.6	179.6	166.8	156.8
平均	183.9533	156.5244	180.2778	165.02	159.04
增减/%	15.66	−1.58	13.35	3.76	—
显著水平	极显著	极显著	极显著	极显著	极显著
位次	1	5	2	3	4

2017~2018 年度，根据实测结果，各组合的产量详见表 5-35。方差分析结果表明，区组间的田间肥力有一定差异，组合间的差异达极显著水平。本年度各组合的平均单产水平为 180.55~159.97kg/亩，说明组合之间的产量差异很大。本试验中，对照品种'华杂油 12 号'平均单产为 162.13kg/亩。比对照产量增产的有 3 个组合，其中'帆鸣 5 号'单产 169.05kg/亩，比对照产量增产 4.27%，增产显著。

表 5-35　2017~2018 年度各试点参试组合的产量表现　（单位：kg/亩）

产量表现	春云油 6 号	C114×E16	E13×C102	帆鸣 5 号	华杂油 12 号（CK）
长沙	182.01	168.7	172.54	168.53	169.32
常德	178.1	170.3	170.51	171.7	163.11
衡阳	169.65	166.7	167.87	162.21	153.27
九江	185.4	168.5	169.4	175.64	160.76
南昌	184.65	155.8	178.3	168.86	158.43
宜春	170.54	147.81	166.57	168.63	165.32
恩施	178.98	152.78	175.3	163.33	160.67
荆州	186.89	156.7	181.31	170.21	161.42
武汉	188.7	152.4	179.6	172.31	166.87
平均	180.55	159.97	173.49	169.05	162.13
增减/%	11.36	−1.34	7.01	4.27	0
显著水平	极显著	极显著	极显著	极显著	极显著
位次	1	5	2	3	4

5. 主要经济性状

对 2016~2017 年度和 2017~2018 年度各参试组合的株高、分枝起点、有效分枝数、主花序长度、单株有效角果数、角粒数、千粒重和单株产量等主要经济性状进行了考查，结果详见表 5-36 和表 5-37。

表 5-36　2016~2017 年度各点参试组合的平均主要经济性状

经济性状	春云油 6 号	C114×E16	E13×C102	帆鸣 5 号	华杂油 12 号
株高/cm	177.1	181.5	180.4	183.5	184.3
分枝起点/cm	59.9	74.2	70.8	72.62	71.4
有效分枝数/个	6.98	6.14	7.1	6.42	7.16
单株有效角果数/个	256.9	231.8	247.2	233.8	241.8
角粒数/粒	22.68	21.38	21.66	20.08	21.48
单株产量/g	15.8	13.06	14.5	13.9	13.89
千粒重/g	4.16	3.71	3.91	3.76	3.93
成熟一致性	一致	中等	一致	一致	一致
植株整齐度	齐	齐	齐	齐	齐
芥酸/%	0	0	0	0	0
硫苷/（μmol/g 饼）	24	26	28	25	24
粗脂肪/%	48.2	45.2	47.1	48.3	44.2
油酸/%	78.5%				

表 5-37　2017~2018 年度各点参试组合的平均主要经济性状

经济性状	春云油 6 号	C114×E16	E13×C102	帆鸣 5 号	华杂油 12 号
株高/cm	179.1	181.7	180.4	178.4	182.7
分枝起点/cm	59.9	70.21	70.1	67.1	70.1
有效分枝数/个	6.78	6.5	7.05	6.3	6.98
单株有效角果数/个	266.6	237.81	255.58	239.7	248.98
角粒数/粒	22.65	21.48	21.59	21.82	22.7
单株产量/g	16.84	14.88	16.17	15.9	15.68
千粒重/g	4.19	3.89	3.98	3.99	3.97
成熟一致性	一致	中等	一致	一致	一致
植株整齐度	齐	齐	齐	中	中
芥酸/%	0	0	0	0	0
硫苷/（μmol/g 饼）	27	25	22	21	28
粗脂肪/%	48.7	45.2	48.1	43.3	50.1

各参试组合的株高为 177~184cm，'华油杂 12 号'组合的植株最高，'帆鸣 5 号'组合其次，'春云油 6 号'组合最矮。分枝起点为 59~74cm，'帆鸣 5 号'组

合在 70cm 左右；参试组合一次有效分枝数均 6~7 个；单株有效角果数为 230~270 个，组合间的差异较大，'帆鸣 5 号'约 236 个，所有组合均超过 230 个角果数，说明本试验年度的气候条件对花芽分化有利。每角粒数平均为 20~23 粒，组合之间的差异不大。千粒重差异较大，在 3.7~4.2g 之间，其中'帆鸣 5 号'千粒重约为 3.85g，'C114×E16'最小；单株产量为 13~17g，'帆鸣 5 号'约 14.9g，试验各参试组合的单株产量情况，组合之间的差异与小区产量和单产水平的变化趋势大致相同，单株产量较真实地反映了各组合的产量潜力，说明本试验的取样和考种操作误差较小。

6. 苗期长势和生长一致性

2017 年 1 月对各组合进行了冬前调查结果表明（表 5-38）：主茎绿叶数为 20.4~17.1 片，主茎总叶数为 21.1~23.4 片，最大叶长为 50.2~41.3cm，最大叶宽 16.0~14.8cm。根茎粗 21.6~20.8mm，除'C114×E16'组合苗期长势一般外，其他组合和对照均苗期长势强，生长一致性好。

表 5-38 各组合冬前苗期情况（2017.1.14）

品名	主茎绿叶数/片	主茎总叶数/片	最大叶		根茎粗/mm	苗期一致性
			长/cm	宽/cm		
春云油 6 号	20.4	23.4	42.5	16.0	21.3	一致
C114×E16	18.6	21.1	45.5	14.8	20.8	中
E13×C102	17.1	23.0	41.3	15.1	21.6	一致
帆鸣 5 号	18.1	22.0	50.2	15.0	20.2	一致
华杂油 12 号	18.8	21.4	42.1	16.0	21.5	一致

2018 年 1 月对各组合进行了冬前调查（表 5-39），主茎总叶数的变幅 20.4~23.4 片，主茎绿叶数的变幅 21.1~18.1 片。最大叶长变幅为 50.2~39.5cm，最大叶宽变幅为 16.8~15cm。根茎粗变幅为 23.8~20.2cm。其中'帆鸣 5 号'主茎总叶数和绿叶数分别为 21 片和 18.1 片，最大叶长和叶宽分别为 50.2cm 和 15.0cm，根茎粗 20.2mm。除'C114×E16'外，其他组合苗期一致性好。

表 5-39 各组合冬前苗期情况（2018.1.14）

品名	主茎绿叶数/片	主茎总叶数/片	最大叶		根茎粗/mm	苗期一致性
			长/cm	宽/cm		
春云油 6 号	20.8	23.4	44.5	16.8	23.3	一致
C114×E16	18.6	21.1	39.5	15.8	20.8	中
E13×C102	21.1	23.0	41.3	16.1	23.8	一致
帆鸣 5 号	18.1	21.0	50.2	15.0	20.2	一致
华杂油 12 号	19.7	20.4	40.2	15.5	21.4	一致

7. 生育期和抗性分析

1）全生育期

2016~2017 年度参试的 5 个组合全生育期的变化较大（表 5-40），'C114×E16'和'帆鸣 5 号'最早，比对照早 3.55d 和 1.11d，'春云油 6 号'比对照迟 1.45d。

表 5-40   2016~2017 年度参试组合在各点的生育期表现   （单位：d）

品名	长沙	常德	衡阳	九江	南昌	宜春	恩施	荆州	武汉	平均	比对照
春云油 6 号	217	218	216	218	219	218	222	223	220	219.00	1.45
C114×E16	214	216	210	217	215	214	211	219	210	214.00	−3.55
E13×C102	218	219	215	218	217	217	225	221	220	218.88	1.33
帆鸣 5 号	211	216	216	218	217	215	219	220	218	216.44	−1.11
华杂油 12 号	218	216	215	218	217	216	220	220	218	217.55	—

2017~2018 年度各参试组合的全生育期在 209.89~214.67d（表 5-41），组合之间差异不大，'C114×E16'成熟最早，比对照早 4.22d，'帆鸣 5 号'比对照早 1.67d。

表 5-41   2017~2018 年度参试组合在各点的生育期表现   （单位：d）

品名	长沙	常德	衡阳	九江	南昌	宜春	恩施	荆州	武汉	平均	比对照
春云油 6 号	218	216	209	214	213	208	222	221	211	214.67	0.56
C114×E16	205	213	207	206	211	205	217	215	210	209.89	−4.22
E13×C102	218	217	208	216	217	210	220	219	216	215.66	1.55
帆鸣 5 号	207	215	210	212	212	211	217	216	212	212.44	−1.67
华杂油 12 号	218	218	208	215	209	210	220	218	211	214.11	0

2）抗性分析

各组合的抗倒性，除'C114×E16'和'帆鸣 5 号'表现为斜倒外，其他组合均表现正常，未出现倒伏（表 5-42）。各组合病毒病病株率较低，均发病较轻。各组合菌核病病株率为 5%~7%，抗性差异略小，'春云油 6 号'和'帆鸣 5 号'抗性最强。

表 5-42   2016~2017 年度各参试组合抗性表现

抗性	春云油 6 号	C114×E16	E13×C102	帆鸣 5 号	华杂油 12 号
抗倒性（正常/斜/倒伏）	正常	斜	正常	斜	正常
病毒病病株率/%	2.4	5.6	2.7	3.8	4.7
病毒病病情指数	0.68	2.1	1.5	1.02	1.8
菌核病病株率/%	5.8	6.8	6.3	6.9	7.1
菌核病病情指数	4.07	5.7	4.51	5.07	5.85

（四）结论

'帆鸣 5 号'单产 167kg/亩，比对照产量增产 4%左右，差异极显著，居参试组合第三位。平均株高约 180cm，一次有效分枝数 6.4 个，单株有效角果数约 236 个，每角粒数约 21 粒，千粒重约 3.85g，单株产量约 14.9g。全生育期 214d 左右，为早中熟油菜，具有较高的栽培价值。研究表明，在相同的遗传背景下，黄籽油菜与黑籽油菜相比，具有种皮薄、木质素含量低、油分高、饼粕中蛋白质含量高等优势，而'帆鸣 5 号'籽粒为黄色，含油量高达 48.3%，同时又具有高油酸（油酸含量 76.5%）的优点，芥酸和硫苷含量符合双低油菜标准，抗倒伏，高抗病毒病，中抗菌核病，可作为高产高质的优良品种，在湖南地区种植推广。

四、'春云油 6 号'

（一）选育过程

甘蓝型化学杀雄两系杂交油菜新组合'春云油 6 号'（B145×B205），由湖南省春云农业科技股份有限公司以'B145×B205'配组选育而成。母本'B145'来源于'湘油 15 号'自交系，选育始于 2008 年，对油酸含量较高、产量性状较好的自交系进行筛选，2010 年定型，2011 年对 12 个高油酸自交系进行化学杀雄敏感性和产量试验，结果筛选出对化学杀雄较敏感同时产量高的高油酸自交系'B145'，刚现蕾时喷药两次，整个花期达到 98%的不育效果。父本'B205'来源于'湘农油 571'的后代，选育始于 2008 年，通过该自交系后代的连续选择，在第 4 代，选出稳定的高油酸优系'B205'，两个亲本在 2013 年定型配组。

'春云油 6 号'（B145×B205）的配组始于 2013 年，2014 年利用'B145'与 12 个自交系配制 12 个杂交组合，进行了两个点组合比较试验，2015 年春，从这 12 个组合中筛选出新组合（B145×B205），其表现综合性状好，油酸含量高，产量比对照增产 12.60%。2016 年，'春云油 6 号'参加了 3 个单位 5 个组合 9 个长江中游点的联合品比试验，结果产量居参试组合第 1 位，比对照增产 15.66%，产油量增加 17.08%。2017 年'春云油 6 号'参加了 3 个单位 5 个组合 9 个长江中游点的联合品比试验，产量居参试组合第 1 位，比对照增产 11.36%，产油量增加 12.39%。两年平均比对照增产 14.01%，产油量增加 14.74%，油酸达到 78.50%。

（二）品种特征

1. 杂交种亲本特征

母本特征：母本'B145'，植株生长习性半直立，叶中等绿色，无裂片，叶翅 2~3 对，叶缘弱，最大叶长 41.00cm（长），叶宽 15.40cm（宽），叶柄长度中，刺毛无，叶弯曲程度弱，开花期中，花粉量多，主茎蜡粉无或极少，植株花青苷显色弱，花瓣中等黄色，花瓣长度中，花瓣宽度中，花：花瓣相对位置侧叠，植株总长度 176.60cm（长），一次分枝部位 65.00cm，一次有效分枝 7.91 个，单株果数 238.90 个，果身长度 7.80cm（中），果喙长度 1.21cm（中），角果姿态上举，籽粒黑褐色，千粒重 3.92g（中），全生育期 214d 左右。

父本特征：父本'B205'，植株生长习性半直立，叶中等绿色，无裂片，叶翅 2~3 对，叶缘弱，最大叶长 43.00cm（长），叶宽 13.50cm（中），叶柄长度中，刺毛无，叶弯曲程度弱，开花期中，花粉量多，主茎蜡粉无或极少，植株花青苷显色弱，花瓣中等黄色，花瓣长度中，花瓣宽度中，花：花瓣相对位置侧叠，植株总长度 181.21cm（长），一次分枝部位 64.00cm，一次有效分枝 7.40 个，单株果数 237.10 个，果身长度 7.40cm（中），果喙长度 1.20cm（中），角果姿态上举，籽粒黄色，千粒重 3.99g（中），全生育期 215d 左右。

2.'春云油 6 号'（B145×B205）植物学性状

植株生长习性半直立，叶中等绿色，无裂片，叶翅 2~3 对，叶缘弱，二年测试平均，最大叶长 43.5cm（长），最大叶宽 16.4cm（长），叶柄长度中，刺毛无，叶弯曲程度弱，开花期中，花粉量多，主茎蜡粉无或极少，植株花青苷显色弱，花瓣中等黄色，花瓣长度中，花瓣宽度中，花：花瓣相对位置侧叠，植株总长度 178.1cm（中），一次分枝部位 68.50cm，一次有效分枝 6.88 个，单株果数 261.75 个，果身长度 12.5cm（中），果喙长度 1.21cm（中），角果姿态上举，籽粒黄色，千粒重 4.18g（中）。该组合在湖南二年多点试验结果表明，在湖南 9 月下旬播种，次年 5 月初成熟，全生育期 216.84d。

芥酸 0%，硫苷 25.00μmol/g 饼，含油为 48.2%，油酸达到 78.5%，测试结果均符合国家标准，含油量高。菌核病平均发病株率为 5.80%，中抗菌核病；病毒病的平均发病株率为 2.40%，高抗病毒病。经转基因成分检测，不含任何转基因成分。

（三）两年多点试验表现

同第五章，第三节，三，（三）。

（四）结论

'春云油 6 号'在湖南省两年平均单产 182.25kg/亩，两年平均比对照增产 14.01%，产油量增加 9%，油酸达到 78.5%。平均株高 178.1cm，芥酸和硫苷含量符合双低油菜标准，千粒重 4.18g，抗倒伏，高抗病毒病，中抗菌核病，生育期 216.84d，为中早熟品种，适合在湖南省大面积秋播种植。

综上所述，该品种符合双低要求，抗倒抗病性强，产油量增幅大，油酸含量大于 75%，中早熟，是适合在湖南、江西两省大面积秋播种植的高油酸油菜新品种，2017 年 12 月通过农业部认定。

第四节　菜油两用高油酸油菜新品种选育

菜油两用油菜通过改善品质，与普通油菜相比，去除了甘蓝型油菜的苦涩味，油菜菜薹清绿、鲜嫩、爽口清香，富含维生素 C 和矿物质等微量元素，对人体健康非常有益，深受消费者喜爱。此外，植株生长旺盛，分枝较多而粗壮，再生力强，适合菜油两用栽培，只要综合运用技术措施，可摘收菜薹 250~300kg/亩，仅此就能获利上千元，而油菜籽产量几乎不受影响。同时，菜薹上市时正值春季蔬菜供应淡季，有利于缓解淡季蔬菜供应，值得大力推广。

菜油两用油菜成熟期较早，还可作为早熟油菜在双季稻区大面积推广稻-稻-油种植，其栽培是一项简单易行、费省效宏的增产增收技术，对于提高农民种油菜积极性、充分利用冬闲稻田光照资源、扩大油菜种植面积，都有极其重大而深远的战略意义。

在此基础上，推出了'帆鸣 3 号'高油酸菜油两用油菜。'帆鸣 3 号'生育期早，冬发性强，分枝多，菜薹和菜籽产量高，综合效益高，每亩可增收 1000 元以上，抗倒抗病性强。且其油酸含量高，纤维素含量 10.65mg/100g，维生素 C 含量 70.10mg/100g，蛋白质含量 1.31g/100g，品质高于对照梅花红菜薹。

（一）选育过程

'帆鸣 3 号'利用化学杀雄的方法配制而成。母本'261'的选育始于 2011 年，对 10 个'湘油 15 号'优良的自交系进行化学杀雄敏感性和产量试验，结果筛选出对化学杀雄较敏感同时产量高的自交系'261'，刚现蕾时喷药两次，整个花期达到 98% 的不育效果。父本'C112'的选育始于 2009 年，来源于'湘油 15'与'中双 11 号'的杂交后代，通过该组合后代的连续选择，在第 4 代选出稳定的优系'C112'。

'帆鸣 3 号'的选育始于 2014 年，利用'261'与 10 个自交系配制 10 个杂交组合，进行了两个点组合比较试验，2015 年春从这 10 个组合中筛选出新组合 261×C112，其表现综合性状好，比对照增产 5.2%。

（二）品种特征

1. 杂交种亲本特征

母本特征：母本'261'，植株生长习性半直立，叶中等绿色，无裂片，叶翅

2~3 对，叶缘弱，最大叶长 33.0cm（中），叶宽 14.2cm（中），叶柄长度短，刺毛无，叶弯曲程度弱，开花期中，花粉量多，主茎蜡粉无或极少，植株花青苷显色弱，花瓣中等黄色，花瓣长度中，花瓣宽度中，花：花瓣相对位置侧叠，植株总长度 170.1cm（中），一次分枝部位 58.2cm，一次有效分枝 7.5 个，单株果数 215 个，果身长度 7.9cm（中），果喙长度 1.2cm（中），角果姿态上举，籽粒黑褐色，千粒重 3.98g（中），全生育期 206d 左右。

父本特征：父本 'C112'，植株生长习性半直立，叶中等绿色，无裂片，叶翅 2~3 对，叶缘弱，最大叶长 33.0cm（中），叶宽 12.5cm（窄），叶柄长度中，刺毛无，叶弯曲程度弱，开花期中，花粉量多，主茎蜡粉无或极少，植株花青苷显色弱，花瓣中等黄色，花瓣长度中，花瓣宽度中，花：花瓣相对位置侧叠，植株总长度 167.4cm（短），一次分枝部位 57cm，一次有效分枝 7.8 个，单株果数 216 个，果身长度 8.3cm（中），果喙长度 1.1cm。

2. '帆鸣 3 号' 植物学性状

植株生长习性半直立，叶中等绿色，无裂片，叶翅 2~3 对，叶缘弱，二年测试平均，最大叶长 30.6cm（中），最大叶宽 11.6cm（窄），叶柄长度中，刺毛无，叶弯曲程度弱，开花期中，花粉量多，主茎蜡粉无或极少，植株花青苷显色弱，花瓣中等黄色，花瓣长度中，花瓣宽度中，花：花瓣相对位置侧叠，植株总长度 165cm（短），一次分枝部位 61.4cm，一次有效分枝 6.26 个，单株果数 174.2 个，果身长度 7.9cm（中），果喙长度 1.2cm（中），角果姿态上举，籽粒黑褐色，千粒重 4.04g（中）。该组合在湖南两年多点试验结果表明，在湖南 9 月下旬播种，次年 4 月下旬成熟，全生育期 205.6d。

芥酸 0%，硫苷 21.50μmol/g 饼，含油量为 44.0%，油酸含量 80.63%，测试结果均符合国家标准；菜薹维生素含量 10.65mg/100g，维生素 C 含量 70.10mg/100g，蛋白质含量 1.31g/100g，品质高于对照高于梅花红菜薹。菌核病平均发病株率为 5.8%，中抗菌核病；病毒病的平均发病株率为 4.0%，高抗病毒病。经转基因成分检测，不含任何转基因成分。

（三）两年多点试验表现

1. 产量表现

2016~2017 年度根据实测结果，各组合的产量详见表 5-43。方差分析结果表明，区组间有差异，但未达显著水平，说明区组间的田间肥力有一定差异；组合间的差异达极显著水平。本年度各组合的平均单产水平为 166.42~151.9kg/亩，组合之间的产量差异较大。本试验中，对照品种 '沣油 520' 的平均单产为 157.64kg/亩。比对照产量增产的有 3 个组合，产量最高的为 '帆鸣 3 号'，单产 166.42kg/亩，比对照产量增产 5.57%，增产极显著；其次为‘春云油薹 1 号’，单产 164.58kg/亩，比对照产量增 4.40%，增产极显著；再次为‘261×C901’，单产 162.00kg/亩，比对照产量增产 2.77%，增产极显著；其余 2 个组合比对照减产。

表 5-43　2016~2017 年度各试点参试组合的菜薹和菜籽产量及产值（单位：kg/亩）

参试组合		品名					
		春云油薹 1 号	261×C901	261×C241	261×C306	帆鸣 3 号	沣油 520（CK）
岳阳	菜籽	167.3	162.3	158.9	149.5	161.2	154.75
	菜薹	458.0	432.1	452.5	448.3	475.3	
长沙	菜籽	164.9	157.1	151.5	152.1	165.7	162.64
	菜薹	420.6	422.2	434.7	4301	447.1	
慈利	菜籽	159.1	158.1	153.1	157.5	170.5	154.53
	菜薹	445.3	416.7	408.3	481.4	472.7	
自治州	菜籽	164.2	165.2	159.8	147.2	165.5	160.85
	菜薹	476.3	427.6	436.1	427.8	533.6	
永州	菜籽	167.4	167.3	157.6	153.2	169.2	155.43
	菜薹	465.1	451.4	432.1	451.3	496.2	
菜籽	平均产量	164.58	162.00	156.18	151.90	166.42	157.64
	增减/%	4.4	2.77	−0.9	−3.64	5.57	
	显著水平	极显著	极显著	显著	极显著	极显著	—
	位次	2	3	5	6	1	4
菜薹	平均产量	453.06	430	432.74	447.78	484.98	
	位次	2	5	4	3	1	
产值	菜籽产值	987.48	972.00	937.08	911.40	998.52	945.84
	菜薹产值	1359.18	1290.00	1298.22	1343.34	1454.94	
	总产值	2346.66	2262.00	2235.30	2254.74	2453.46	945.84
	位次	2	3	5	4	1	6

注：菜籽产值为 6.0 元/kg（300 元/亩成本），菜薹产值为 3 元/kg（500 元/亩成本）。

本试验中，各组合的平均菜薹产量在 484.98~430.00kg/亩之间，说明组合之间差异很大。其中产量最高为‘帆鸣 3 号’，其次‘春云油薹 1 号’为 453.06kg/亩，再次‘261×C306’为 447.78kg/亩，产量最低为‘261×C901’。

2017~2018 年度，根据实测结果，各组合的产量详见表 5-44。方差分析结果表明，区组间有差异，但未达显著水平，说明区组间的田间肥力有一定差异；组合间的差异达极显著水平。各组合的平均单产水平为 163.06~145.04kg/亩，说明组合之间的产量差异很大。本试验中,对照品种的平均单产为 154.64kg/亩。比对照增产的有 2 个组合,减产的有 2 个组合。产量最高的为'帆鸣 3 号',增产极显著;其次为'春云油薹 1 号'单产 157.30kg/亩,增产极显著。

表5-44　2017~2018 年度各试点参试组合的菜薹和菜籽产量及产值（单位：kg/亩）

参试组合		品名					
		春云油薹 1 号	261×C901	261×C241	261×C306	帆鸣 3 号	沣油 520（CK）
岳阳	菜籽	156.4	153.3	148.6	139.6	159.2	156.5
	菜薹	568.3	542.3	532.5	518.7	525.5	
长沙	菜籽	158.9	152.5	152.5	143.1	165.3	152.6
	菜薹	520.6	512.7	484.7	480.1	537.4	
慈利	菜籽	150.1	146.1	143.5	149.5	159.6	168.4
	菜薹	515.8	513.6	456.5	451.8	510.7	
自治州	菜籽	162.5	148.8	149.8	146.8	163.5	150.1
	菜薹	545.3	477.4	526.6	517.8	538.6	
永州	菜籽	158.6	153.6	149.7	146.2	167.7	145.6
	菜薹	575.1	496.4	511.4	483.5	556.2	
菜籽	平均单产	157.30	150.86	148.82	145.04	163.06	154.64
	显著水平	极显著	极显著	极显著	极显著	极显著	—
	位次	2	4	5	6	1	3
菜薹	平均产量	545.02	508.48	502.30	490.38	533.68	
	位次	1	3	4	5	2	
产值	菜籽产值	943.80	905.16	892.92	870.24	978.36	927.84
	菜薹产值	1635.06	1525.44	1506.90	1471.14	1601.04	
	总产值	2578.86	2430.60	2399.82	2341.38	2579.40	
	位次	2	3	4	5	1	6

本试验中,各组合的平均菜薹产量在 545.02~490.38kg/亩之间,说明组合之间差异很大。其中产量最高的为'春云油薹 1 号',单产 545.02kg/亩;其次为'帆鸣 3 号',单产 533.68kg/亩;再次为'261×C901',单产 508.48kg/亩;产量最低的为'261×C306',单产 490.38kg/亩。

2. 主要经济性状

对 2016~2017 年度和 2017~2018 年度各参试组合的株高、分枝起点、有效分枝数、主花序长度、单株有效角果数、角粒数、千粒重和单株产量等主要经济性状进行考查,结果详见表 5-45 和表 5-46。

表 5-45 2016~2017 年度各点参试组合的平均主要经济性状

经济性状	春云油薹 1 号	261×C901	261×C241	261×C306	帆鸣 3 号	沣油 520（CK）
株高/cm	167.20	160.10	163.00	158.40	157.00	164.80
分枝起点/cm	58.30	55.40	54.60	61.80	58.10	60.70
有效分枝数/个	6.80	6.30	6.01	7.10	6.24	6.51
单株有效角果数	187.20	185.50	179.50	165.00	172.10	163.20
角粒数/粒	21.60	20.32	18.65	20.23	19.90	19.80
单株产量/g	13.70	13.10	12.54	12.40	11.82	11.76
千粒重/g	3.99	3.94	3.83	3.95	4.01	3.94
成熟一致性	一致	中等	中等	一致	一致	一致
植株整齐度	齐	中等	齐	齐	齐	齐

表 5-46 2017~2018 年度各点参试组合的油菜平均主要经济性状

经济性状	春云油薹 1 号	261×C901	261×C241	261×C306	帆鸣 3 号	沣油 520（CK）
株高/cm	160.70	162.40	157.60	161.40	165.00	164.60
分枝起点/cm	58.50	59.40	54.20	60.80	61.40	62.40
有效分枝数/个	7.00	6.38	6.14	6.91	6.26	6.94
单株有效角果数	188.50	186.50	179.10	177.20	174.20	175.20
角粒数/粒	21.04	20.48	18.38	21.06	19.60	19.80
单株产量/g	14.20	13.20	11.56	12.80	13.52	12.56
千粒重/g	4.01	3.91	3.71	3.91	4.04	3.90
成熟一致性	一致	中等	中等	一致	中等	一致
植株整齐度	齐	中等	齐	齐	中等	齐

各参试组合的株高为 157.00~167.20cm，整体差异不大；各参试组合的分枝起点为 54~63cm，CK '沣油 520' 最高，261×C241 最低；一次有效分枝数均有 6~7 个，单株有效角果数为 163~188 个，组合间的差异较大，以 '春云油薹 1 号' 最多，其次为 '261×C901' 每角粒数平均为 21.60~18.65 粒，组合之间的差异较大，'春云油薹 1 号' 最多，'261×C241' 最少。各参试组合的千粒重差异不大，为 3.7~4.1g。'帆鸣 3 号' 最重，'261×C241' 最轻，其他均在 3.95g 左右。各参试组合的单株产量在 11.5~14.2g 之间，以 '春云油薹 1 号' 最高，'沣油 520' 最低，从本年度试验各参试组合的单株产量情况来看，组合之间的差异与小区产量和单产水平的变化趋势大致相同，单株产量较真实地反映了各组合的产量潜力，说明本试验的取样和考种操作误差较小。

质量检测中心对 '帆鸣 3 号' 品质性状进行检测，种子芥酸 0%，硫苷 21.0mol/g 饼，含油为 44.0%，油酸含量 80.63%，测试结果均符合国家标准；菜薹维生素含量 10.65mg/100g，维生素 C 70.10mg/100g，蛋白质 1.31g/100g，品质高于对照高于梅花红菜薹。经转基因成分检测，不含任何转基因成分。

3. 苗期长势和生长一致性

2016~2017 年度在苗期长势和生长一致性方面（表 5-47），主茎总叶数的变幅 18.6~15.4 片，主茎绿叶数的变幅 18.4~15.4 片，主茎总叶数和绿叶数以 CK '沣油 520' 最多，分别为 21.3 片和 18.6 片，其次是 '261×C241'，主茎总叶数和绿叶数分别为 18.4 和 20.0 片。最大叶长变幅为 43.0~25.4cm，最大叶宽变幅为 15.4~9.9cm。根茎粗变幅为 20.1~16.6cm。'261×C901' 的苗期一致性一般，其他组合苗期一致性好。'春云油薹 1 号' 及 '帆鸣 3 号' 主茎叶短而小，适合作菜薹。

表 5-47　2016~2017 年度各组合冬前苗期情况（2017.1.14）

品名	主茎绿叶数/片	主茎总叶数/片	最大叶		根茎粗/mm	苗期一致性
			长/cm	宽/cm		
春云油薹 1 号	16.7	20.1	25.4	9.9	17.2	一致
261×C901	16.0	17.9	40.5	12.6	19.2	中
261×C241	18.4	20.0	38.8	12.7	16.7	一致
261×C306	16.1	18.2	40.6	13.6	17.7	一致
帆鸣 3 号	15.4	19.6	29.4	12.9	16.6	一致
沣油 520（CK）	18.6	21.3	43.0	15.4	20.1	一致

2017~2018 年度（表 5-48），主茎绿叶数为 18.64~16.2 片，主茎总叶数为 21.1~17.9 片，主茎叶长 42.0~27.4cm，最大叶宽 13.8~9.8cm。根茎粗 18.9~16.3mm，除 2 个组合苗期长势和生长一致性一般外，其他组合和对照均苗期长势强，生长一致性好。'春云油薹 1 号' 的一个最大特点是叶片短而小，最适合作菜薹品种。

表 5-48　2017~2018 年度各组合冬前苗期情况（2018.1.14）

品名	主茎绿叶数/片	主茎总叶数/片	最大叶		根茎粗/mm	苗期一致性
			长/cm	宽/cm		
春云油薹 1 号	17.1	21.1	27.4	9.8	17.7	好
261×C901	16.6	17.9	40.5	12.6	18.2	好
261×C241	18.6	20.3	38.8	12.6	16.7	中等
261×C306	16.2	19.2	40.2	13.8	17.2	中等
帆鸣 3 号	17.4	19.6	30.6	12.9	16.3	好
沣油 520（CK）	16.5	20.6	38.1	11.9	18.9	好

4. 生育期和抗性分析

1）生育期

2016~2017 年度，各参试组合的全生育期平均在 204.08~207.80d（表 5-49），

组合之间差异不大,'春云油薹 1 号'成熟最早,比对照早 2.6d,其次'261C×241'比对照早 1.6d。

表 5-49　2016~2017 年度参试组合在各点的生育期表现　（单位：d）

品名	长沙	岳阳	慈利	自治州	永州	平均	比对照
春云油薹 1 号	206	204	203	208	203	204.8	−2.6
261×C901	209	208	210	209	203	207.8	+0.4
261×C241	205	207	207	205	201	205.0	−1.6
261×C306	208	207	210	211	206	208.4	+1.0
帆鸣 3 号	204	204	208	211	201	207.4	0
沣油 520（CK）	204	208	211	208	206	207.4	—

2017~2018 年度参试的 6 个组合全生育期的变化不大（表 5-50），'帆鸣 3 号'最早,比对照早 2d,'261×C241'早 1.6d,'春云油薹 1 号'早 1.4d,其他组合与对照相近,对照稍迟。

表 5-50　2017~2018 年度参试组合在各点的生育期表现　（单位：d）

品名	长沙	岳阳	慈利	自治州	永州	平均	比对照
春云油薹 1 号	206	204	208	210	203	206.2	−1.4
261×C901	208	207	210	209	202	207.2	−0.2
261×C241	205	204	207	210	204	206.0	−1.6
261×C306	208	209	206	211	203	207.4	−0.2
帆鸣 3 号	205	207	206	208	202	205.6	−2.0
沣油 520（CK）	206	208	211	209	204	207.6	—

2）各组合的抗性表现

各组合的抗倒性,除'261×C901'为斜外,其他组合均表现正常,未出现倒伏（表 5-51）。各组合病毒病病株率变化范围为 2.4%~8.4%,均发病轻。各组合菌核病病株率变幅为 6.3%~11.6%,'261×C241'发病最重为 11.6%,'春云油薹 1 号'最轻为 6.3%。

表 5-51　各参试组合抗性表现

抗性	春云油薹 1 号	261×C901	261×C241	261×C306	帆鸣 3 号	沣油 520（CK）
抗倒性（正常/斜/倒伏）	正常	斜	正常	正常	正常	正常
病毒病病株率/%	2.4	3.8	8.4	3.5	4	4.4
病毒病病情指数	1.68	1.02	3.99	0.6	2.96	1.58
菌核病病株率/%	6.3	7.9	11.6	7.7	6.9	7.8
菌核病病情指数	5.47	6.07	9.64	6.46	5.69	6.21

（四）结论

'帆鸣3号'产量164.74kg/亩，比平均产量增产5.51%，差异极显著，居参试组合第1位。平均株高161cm，一次有效分枝数6.25个，单株有效角果数173.15个，每角粒数19.75粒，千粒重4.03g，单株产量12.67g。全生育期206d。菌核病和病毒病均较轻。该组合发育早，2017年1月与2018年1月分别摘薹484.9kg和533.68kg后，菜籽产量仍比对照油菜品种分别增产5.57%和5.44%，而且该组合主茎叶特别小，经品质测定维生素C、维生素和蛋白质含量比红菜薹高，适合作菜用油菜，菜籽加菜薹产值约2500元/亩，除去施肥和摘薹500元费用，比对照油菜品种增收约1050元/亩，经济效益显著。菌核病和病毒病均较轻，全生育期206d，适合在湖南省大面积秋播种植。

参 考 文 献

[1] 关周博, 田建华, 董育红. 我国油菜发展的现状、面临的问题以及应对策略. 陕西农业科学, 2016, 62(3): 99-101.

[2] 卢世红. 浅析农作物品种混杂退化原因及其保纯对策. 种子, 2003, (6): 86-88.

[3] 涂金星, 傅廷栋. 油菜品质育种现状及展望. 植物遗传资源科学, 2001, (4): 53-58.

[4] 官春云, 王国槐. 油菜品质育种的研究 II——双低油菜湘油11号的选育. 湖南农学院学报, 1989, 15(2): 20-24.

[5] 张振乾, 胡庆一, 官春云. 高油酸油菜研究现状、存在的问题及发展建议. 作物研究, 2016, 30(4): 462-474.

[6] 帅玉, 陈红琳. 甘蓝型油菜育苗移栽高产栽培技术. 四川农业科技, 2014, (6): 23-24.

[7] 刘忠松. 不同用途油菜对品种特性的基本要求. 作物研究, 2017, 31(6): 623-625.

[8] 张天真. 作物育种学总论. 北京: 中国农业出版社, 2011.

[9] 张振乾, 王国槐, 官春云, 等. 油菜化学杀雄剂研究进展. 湖南农业科学, 2011, (5): 19-22.

[10] 王汉中. 中国油菜品种改良的中长期发展战略. 中国油料作物学报, 2004, (2): 99-102.

[11] 沈金雄, 傅廷栋. 我国油菜生产、改良与食用油供给安全. 中国农业科技导报, 2011, 13(1): 1-8.

[12] 刘后利. 甘蓝型黄籽油菜的遗传研究. 作物学报, 1992, 18(4): 241-249.

[13] 刘后利, 韩继祥. 中国黄籽油菜种质资源的现状及其研究和利用前景. 北京: 北京农业大学出版社, 1994: 114.

[14] 张子龙. 甘蓝型黄籽油菜主要营养特性及其产量和品质的形成与调控规律研究. 重庆: 西南大学博士学位论文, 2007.

[15] 刘忠松. 油菜远缘杂交的遗传育种研究 II. 甘蓝型油菜与芥菜型油菜杂交的亲和性及其杂种一代. 中国油料, 1994, (3): 1-5, 10.

第六章　高油酸油菜理化特性研究

随着高油酸油菜产业的发展，育种家发现单一的育种学方面的研究无法确切掌握油菜的生长机制和对外界条件的适应性[1]，需从油菜生长过程中的农艺性状和生理生化指标出发，或借助光谱等高精密仪器进行辅助研究，才能深入地建立油菜自身代谢与品质、产量的联系[2]，常见手段是通过农艺性状、生理生化指标、光谱技术进行研究。农艺性状是指农作物的生育期、株高、叶面积等可以代表作物特点的相关性状，是影响农作物产量和品质的重要依据[3]。生理生化指标反映植物最基本的活动，常见指标包括可溶性糖/蛋白、过氧化物酶（peroxidase，POD）、超氧化物歧化酶（superoxide dismutase，SOD）、光合作用等[4]。光谱反射特征可以反映地面植物发育、健康状况及生长条件，与其化学特征和形态学特征密切相关[5]。

第一节　高油酸油菜农艺性状研究

农艺性状是作物生长状况最基本的指标，可以直观地反映作物的生长情况，其好坏在一定程度上对油酸合成造成影响。油酸99%的遗传性状是由一些主效基因控制的，种子中的油酸含量在不同环境下均能稳定表达，但会受到栽培因子和微肥等因素的制约[5-8]。选择合适的栽培条件和合理施用微肥是保证高油酸油菜品质优良的重要手段。

一、不同处理对高油酸油菜农艺性状和品质的影响

（一）不同栽培措施对农艺性状的影响

栽培方式的恰当与否直接影响油菜的农艺性状，不同种植时期、密度、肥料的施用等栽培方面的问题都直接影响油菜的产量[2-6]。屠定玉等[9]发现不同的播种方式会导致油菜的长势不同，株高、根茎粗、有效分枝部位、单株有效角果数都表现出明显的不同。吴永成等[10]提到，株高和一次分枝数随种植密度增加而降低，但分枝部位则随种植密的增加而增加，该结论与前人研究的结论接近[11-15]。目前高油酸油菜栽培技术研究较少，本研究针对密度、肥料、播种方式及除草方式进行了研究，以期得到一种较适宜的栽培方式，为高油酸油菜大面积推广应用提供参考。

1. 试验设计

本研究以性状稳定的高油酸油菜（油酸含量 81.4%）为对象，在相同的生长条件下，于蕾薹期和收获期分别测定 10 株植株的对应指标，取平均数值。在湖南农业大学耘园油菜基地播种，前作为水稻，按照 16 种处理（有机/复合，DP/TP，1W/2W，化除/机除），共 3 个重复，48 个小区播种（每个小区 10m²），定时观察油菜长势。

（1）施肥方式：包括有机肥和复合肥两种不同方式（简称"有机"和"复合"）。

（2）播种方式：包括直播和移栽两种播种方式（简称"DP"和"TP"）。

（3）种植密度：包括 1 万株/亩和 2 万株/亩两种（简称"1W"和"2W"）。

（4）除草方式：包括化除除草和机械除草两种（简称"化除"和"机除"）。

1）蕾薹期测定

于 2015 年 3 月 1 日对蕾薹期农艺性状进行测量（每个小区取 5 株，取平均值），再进行方差分析和多重比较。采用直接测量的方法，利用游标卡尺及卷尺对油菜的生理指标进行记录和考察。例如，株高（cm）、主茎总叶片数（片）、最大叶长（cm）、最大叶宽（cm）、根茎粗（mm）和绿叶叶片数（片）等。

2）收获期测定

于 2015 年 4 月下旬及 5 月上旬对油菜进行收获及考察。收获后选 10 株长势相近的植株，按照如下指标对油菜的经济性状进行考察：株高（cm）、有效分枝高度（cm）、主花序有效长度（cm）、一次有效分枝高度（cm）、主花序有效角果数（个）、总角果数（个）、角果长度（cm）、角果粒数（No.）单株产量（g）和千粒重（g）[9]。

2. 结果与分析

1）高油酸油菜蕾薹期农艺性状分析

在蕾薹期，农艺性状保持中上水准有利于单株产量的提升，而最优的蕾薹期农艺性状单株产量较蕾薹期农艺性状保持中上水准的单株产量低。

由表 6-1 可知，复合 TP1W 化除的绿叶数最多，有机 DP1W 化除的绿叶数最少。复合 TP1W 机除的总叶数最多，有机 DP2W 机除的总叶数最少。复合 TP1W 化除的最大叶长最长，有机 TP2W 化除的最大叶长最短。复合 TP1W 化除的最大叶宽最宽，有机 TP2W 化除的最大叶宽最窄。复合 TP1W 化除的根茎粗最大，有机 TP2W 化除的根茎粗最小。复合油菜总叶数和根茎粗有显著差异，最大叶长和宽及绿叶数差异不显著。

表 6-1 不同处理蕾薹期农艺性状的方差分析

变异来源	绿叶数/片	总叶数/片	最大叶长/cm	最大叶宽/cm	根茎粗/mm
复合 DP1W 化除	9.667	10.867	18.933	11.573	11.000
复合 DP1W 机除	9.400	10.533	17.980	11.233	13.133
复合 DP2W 化除	8.533	10.000	18.160	11.327	11.067
复合 DP2W 机除	9.200	10.733	17.880	11.147	11.400
复合 TP1W 化除	10.600	12.067	20.793	12.293	13.533
复合 TP1W 机除	9.867	12.133	17.667	11.013	12.600
复合 TP2W 化除	9.733	11.267	18.280	10.873	11.333
复合 TP2W 机除	8.533	10.067	17.627	10.573	11.533
有机 DP1W 化除	8.267	9.600	16.927	10.647	10.467
有机 DP1W 机除	8.867	10.067	16.340	10.300	9.933
有机 DP2W 化除	8.533	9.600	16.940	11.127	9.667
有机 DP2W 机除	8.333	9.533	16.033	9.973	9.667
有机 TP1W 化除	9.533	11.067	17.533	10.680	11.400
有机 TP1W 机除	10.200	11.867	16.727	10.587	11.333
有机 TP2W 化除	8.800	9.933	15.207	8.760	9.333
有机 TP2W 机除	8.867	10.467	15.473	9.620	10.600
处理间（SSt）	22.143	34.166	84.984	30.368	66.077
误差（SSe）	25.413	29.467	105.216	33.100	65.013
F 值	1.8612	2.4736*	1.7230	1.9570	2.1678*

注：*和**分别表示差异达显著水平（$P<0.05$）和极显著水平（$P<0.01$）。

2）收获期各性状对比分析

对单株产量贡献较大的前几个农艺性状依次是：千粒重>一次有效分枝数>角果粒数>株高>主花序角果数。油菜产量与农艺性状的关联度依次为：单株角果数>株高>千粒重>茎粗>角果数>实际密度>每角粒数>一次有效分枝高度。通过对比可以看出，复合 DP1W 机除和有机 DP1W 机除的处理方式产量最优，株高方面处于较高一类；有效分枝高度方面处于较矮一类；主花絮有效长度处于较高一类；总角果数处于较多一类；主花絮有效角果数处于较多一类；总角果数也出于较多一类。两种栽培方式均有高油菜产量的农艺性状特征，且在单株产量方面具有领先地位。但有效分枝高度方面，有机 DP1W 机除显著小于复合 DP1W 机除；主花絮有效长度方面，复合 DP1W 机除显著高于有机 DP1W 机除。所以最优的栽培方式是复合 DP1W 机除和有机 DP1W 机除。

由表 6-2 可知，不同处理之间有极大的差异。株高方面复合 TP1W 化除最高，有机 DP2W 机除最矮。有效分枝高度方面复合 TP2W 化除最高，有效 DP1W 机除

表 6-2 经济性状的方差分析

变异来源	株高/cm	有效分枝高度/cm	主花絮有效长度/cm	分枝起点/个	主花絮有效角果数/个	总角果数/个	角果长度/cm	角粒数/个	单株产量/g	千粒重/g
有机 TP1W 机除	163.583	69.537	63.103	4.967	66.233	165.233	7.031	26.547	11.517	3.743
有机 TP1W 化除	161.103	72.180	60.487	4.933	62.500	143.933	6.593	25.410	8.867	3.740
有机 TP2W 机除	159.240	81.860	56.113	4.300	58.933	120.467	6.409	24.013	7.250	3.573
有机 TP2W 化除	150.163	81.857	57.097	3.433	52.667	94.567	6.383	24.280	5.750	3.450
有机 DP1W 机除	156.617	59.520	64.940	4.533	65.400	171.433	6.788	27.087	12.883	3.533
有机 DP1W 化除	158.303	70.397	61.200	4.133	60.567	148.500	6.753	27.147	9.700	3.503
有机 DP2W 机除	145.070	67.580	54.053	3.833	51.500	123.367	6.472	25.697	6.383	3.630
有机 DP2W 化除	148.663	68.103	59.087	3.800	57.667	128.967	6.486	26.320	8.417	3.597
复合 TP1W 机除	171.450	73.613	63.257	5.733	66.267	185.667	6.597	25.220	10.633	3.293
复合 TP1W 化除	173.547	80.767	65.840	4.800	74.333	173.333	6.537	25.027	10.817	3.680
复合 TP2W 机除	157.123	84.933	55.290	4.000	58.467	125.533	6.627	25.200	8.000	3.553
复合 TP2W 化除	160.980	88.663	55.373	3.833	63.200	125.700	6.519	24.647	7.800	3.610
复合 DP1W 机除	169.117	72.493	75.287	4.400	69.300	168.400	6.624	25.873	13.017	3.697
复合 DP1W 化除	162.783	73.033	58.787	4.500	59.667	149.833	6.407	25.920	10.900	3.627
复合 DP2W 机除	158.397	76.973	60.413	4.100	62.967	133.100	6.487	26.370	8.133	3.717
复合 DP2W 化除	162.407	79.700	61.680	4.000	60.667	137.933	6.657	25.953	7.633	3.623
处理间 (SSt)	2700.08	2555.70	1238.64	14.77	1632.30	57785.4	1.26	38.04	217.95	0.615
误差 (SSe)	2405.40	1071.43	941.23	9.43	1046.43	19448.4	2.56	54.56	247.95	0.944
F值	2.394*	5.088**	2.807**	3.342**	3.272**	6.179**	1.046	1.487	1.875	1.389

注：*和**分别表示差异达显著水平（$P<0.05$）和极显著水平（$P<0.01$）。

最矮。主花絮有效长度方面复合 DP1W 机除最长，有机 DP2W 机除最短。一次有效分枝数方面复合 TP1W 机除最多，有机 DP2W 化除最少。主花絮有效角果数方面复合 TP1W 化除最多，有机 DP2W 机除最少。总角果数方面复合 TP1W 机除最多，有机 TP2W 化除最少。角果长度方面有机 TP1W 机除最长，有机 TP2W 化除最短。角果粒数方面，有机 DP1W 化除最多，有机 TP2W 机除最少。单株产量方面，有机 DP1W 机除最高，有机 TP2W 化除最低。千粒重方面，有机 TP1W 机除最重，有机 TP2W 化除最轻。株高差异显著，并且有效分枝高度、主花絮有效长度、一次有效分枝数、主花絮有效角果数、总角果数差异极显著。角果长度、角果粒数、千粒重并未达到显著差异，但仍然存在差异。复合 DP1W 机除、有机 DP1W 机除两种栽培方式单株产量虽然不显著高于其他处理，但以 12g 为分界线而言，则大于其他处理。

3. 讨论

1）蕾薹期农艺性状与收获期性状、产量的联系

蕾薹期时复合肥、移播、1 万株/亩、化学除草的处理方式各方面农艺性状最优，都保持在前 3 之内，在收获期时，其各方面性状同样保持着一定的优势地位，但是在单株产量方面并不是处于极为靠前的位置，仅处于靠前部分。复合肥、移播、1 万株/亩、机械除草的处理方式在蕾薹期的各方面农艺性状同样也处于前列位置，但并不如复合肥、移播、1 万株/亩、化学除草的处理方式明显，仅处于靠前位置，在收获期时，各部分性状均处于前列，也有处于极前列的部分，其单株产量最高。而对于有机肥、移播、2 万株/亩、对化学除草的处理方式而言，其蕾薹期个方面农艺性状都处于低或极低的水准，在收获期时也同样处于低水平，在单株产量方面是各栽培方式中最低的。因此，蕾薹期农艺性状的好坏程度会直接影响收获期的单株产量品质，即优质对应优质、中上品质对应显著优质、低品质对应低质。

2）收获期性状与产量关系

黑龙江省农科院经济作物研究所发现，对单株产量贡献较大的前几个农艺性状依次是：千粒重>一次有效分枝数>角果粒数>株高>主花序角果数[16]。彭弛[17]研究表明，油菜产量与农艺性状的关联度依次为：单株角果数>株高>千粒重>茎粗>角果数>实际密度>每角粒数>一次有效分枝高度。通过对比可以看出，复合肥、直播、1 万株/亩、机械除草的处理方式和有机肥、直播、1 万株/亩、机械除草的处理方式产量最优，株高方面处于较高一类；有效分枝高度方面处于较矮一类；主花絮有效长度处于较高一类；总角果数处于较多一类；主花絮有效角果数处于较多一类；总角果数也出于较多一类。两种栽培方式均有高油菜产量的农艺性状特征，且在单株产量方面具有领先地位。但有效分枝高度方面，有机肥、直播、1

万株/亩、机械除草的处理方式显著小于复合肥、直播、1 万株/亩、机械除草的
处理方式，主花絮有效长度方面，复合肥、直播、1 万株/亩、机械除草的处理
方式显著高于有机肥、直播、1 万株/亩、机械除草的处理方式。所以最优的栽
培方式是复合肥、直播、1 万株/亩、机械除草和有机肥、直播、1 万株/亩、机
械除草。

4. 结论

高油酸油菜的最优栽培方式为复合肥、直播、1 万株/亩、机械除草和有机肥、
直播、1 万株/亩、机械除草。在蕾薹期时农艺性状保持中上水准有利于单株产量
的提升，而最优的蕾薹期农艺性状单株产量并不如蕾薹期农艺性状保持中上水准
的单株产量。

（二）不同栽培措施对品质的影响

生长环境对油菜的品质和产量都存在一定影响[6,7]，施肥方式、播种方式、
除草方式和种植密度等因素都能在不同程度上改变油菜的产量[8-10]。余艳锋
等[13]对油菜栽培模式与产量之间的关系进行了研究，认为环境因素对油菜的
品质造成了一定的影响，选用适合的栽培模式可以在提高菜油产量的前提下
进一步改善菜油的品质。本研究通过选用施肥量、施肥类型和种植密度等栽
培因子，研究在不同因子组合下油菜品质和产量间的差异，为高产优质栽培
提供参考。

1. 试验设计

试验于 2018 年在湖南农业大学校内耘园基地进行，试验用地为水旱轮作地，
使用高油酸油菜新品种'湘油 708'。按种植密度、施肥类型、施肥量三因子随机
区组设计，每个小区三个重复。设两个空白对照 CK1、CK2，均不施肥，种植密
度为 15 万株/hm²。施肥类型设为两个水平，分别为 Y（有机肥）、F（俄罗斯进口
复合肥，NPK 含量 45%）；施肥量设为三个水平，分别为 D（75 kg/hm²）、Z（162.5
kg/hm²）、G（250 kg/hm²）；种植密度设三个水平，分别为 1（15 万株/hm²），2（30
万株/hm²），3（45 万株/hm²），共 60 个小区，小区面积 16m²。各小区随机选择长
势均一的材料 5 株，每株取 5 个角果分别收种子。

2. 结果分析

油菜的品质改良主要是指油菜的脂肪酸成分和含量改良，当前油菜研究以高
油酸、低芥酸为主，本试验测定了所有处理下的脂肪酸成分，结果见表 6-3。

表 6-3 不同处理下油菜脂肪酸含量比较

小区	饱和脂肪酸/%				不饱和脂肪酸/%				
	棕榈酸	硬脂酸	芥酸	总占比	亚油酸	亚麻酸	花生一烯酸	油酸	总占比
CK1	3.759pP	1.384qQ	0.076cC	5.20	4.124sS	0.434lL	0.787aA	78.381dD	83.63
CK2	3.453 qQ	1.621pP	0.082bB	5.15	4.912oO	0.481kK	0.651bB	77.467gG	83.44
FG1	4.416 fF	2.133cC	0.094aA	6.63	6.751iI	0.705bB	0.060oO	77.075hH	84.51
FG2	4.152 jJ	1.757nN	0.072cC	5.97	8.796cC	0.548hH	0.073mM	74.224mM	83.60
FG3	5.254dD	1.928hH	0.038hH	7.20	7.336fF	0.563gG	0.142hi	74.505lL	82.53
FD1	3.889nN	1.644pP	0.036hi	5.55	7.177gG	0.490kK	0.068mn	77.126gG	84.82
FD2	5.324cC	1.833cC	0.045bA	7.19	5.883lL	0.553hH	0.589cC	73.885nN	80.81
FD3	3.746 pP	1.847kK	0.032iI	5.61	4.44qQ	0.576fF	0.540dD	81.637aA	87.15
FZ1	3.865 oO	1.887jJ	0.089ab	5.82	5.33mM	0.585eE	0.062no	79.047fF	84.97
FZ2	4.374 gG	2.105dD	0.019jJ	6.48	4.999nN	0.652cC	0.104iI	80.430cC	86.14
FZ3	3.861 oO	1.898iI	0.059dD	5.80	6.031kK	0.523iI	0.089lL	77.042iI	83.63
YZ1	4.126 kK	1.983fF	0.073cC	6.17	10.348b	0.448lL	0.288eE	73.322oO	84.32
YZ2	4.167 iI	2.035eE	0.085bB	6.27	8.426dD	0.584eE	0.096kl	76.145kK	85.19
YZ3	6.457 aA	2.209bB	0.035hi	8.68	6.984hH	0.499jJ	0.145hH	66.816qQ	74.41
YD1	4.470 eE	0.797qQ	0.01kK	5.27	16.026a	0.488kK	0.208gG	69.173pP	85.78
YD2	4.338 hH	1.742oO	0.051fF	6.12	7.391eE	0.529jJ	0.752bB	76.551jJ	85.16
YD3	3.957mM	1.843kK	0.077cC	5.86	4.795pP	0.732aA	0.878aA	79.609eE	85.99
YG1	4.11lL	1.950gG	0.086bB	6.14	4.937oO	0.523iI	0.274fF	79.681dD	85.32
YG2	3.869oO	1.801mM	0.053ef	5.71	4.257rR	0.631dD	0.101jk	81.588bB	86.48
YG3	5.816bB	2.772aA	0.058de	8.63	6.633jJ	0.42mM	0.136iH	63.754rR	70.88
A	0.265	0.913	0.527		0.100	0.161	0.024	0.055	
B	0.558	0.001	0.033		0.543	0.117	<0.001	0.818	
C	0.063	0.02	0.280		0.074	0.122	0.050	0.254	

注：A 代表施肥类型，B 代表施肥量，C 代表种植密度。大写字母不同表示差异极显著，小写字母不同表示差异显著。

1）不同栽培因子对油酸的影响

由表6-3可知，不同处理间油酸含量存在显著性差异。从大到小多重比较FD3、YG2、FZ2、YG1、YD3、FZ1、FD1、FG1、FZ3、YD2、YZ2、FG3、FG2、FD2、YZ1、YD1、YZ3、YG3 数值间均差异显著。处理 FD3 油酸含量最高，高达 81.63%；其次是 YG2（81.588%）和 FZ2（80.43%）；处理 YG3 油酸含量最低，只有 63.754%，处理 YZ3 也只有 66.816%，极低于该高油酸油菜品种理论油酸含量。

当施肥量和种植密度相同时，施复合肥处理组获得的油菜籽油酸含量的平均值和施有机肥处理组获得的油菜籽油酸含量的平均值差异不显著。YG1 显著高于FG1，YG2 显著高于 FG2，FG3 显著高于 YG3，FD1 显著高于 YD1，YD2 显著高于 FD2，FD3 显著高于 YD3，FZ1 显著高于 YZ1，FZ2 显著高于 YZ2，FZ3 显著高于 YZ3。

当施肥类型和种植密度一定时，3 个不同施肥量水平的平均值差异显著，低施肥量>中施肥量>高施肥量。FZ1 显著高于 FD1，FD1 显著高于 FG1；FZ2 显著高于 FG2，FG2 显著高于 FD2；FD3 显著高于 FZ3，FZ3 显著高于 FG3；YG1 显著高于 YZ1，YZ1 显著高于 YD1；YG2 显著高于 YD2，YD2 显著高于 YZ2；YD3 显著高于 YZ3，YZ3 显著高于 YG3。

当施肥类型和施肥量一定时，3 种不同种植密度处理获得的油菜籽油酸含量的平均值差异不显著，30 万株/hm^2>15 万株/hm^2>45 万株/hm^2。FG1 显著高于 FG3，FG3 显著高于 FG2；FD3 显著高于 FD1，FD1 显著高于 FD2；FZ2 显著高于 FZ1，FZ1 显著高于 FZ3；YZ2 显著高于 YZ1，YZ1 显著高于 YZ3；YD3 显著高于 YD2，YD2 显著高于 YD1；YG2 显著高于 YG1，YG1 显著高于 YG3。

2）不同栽培因子对芥酸的影响

由表6-3可知，不同处理间芥酸含量差异达到极显著水平，FG1 显著高于 YG1、YZ2；YG1、YZ2 显著高于 YZ1、FG2、FZ3；YZ1、FG2、FZ3 显著高于 YG3、YG2、YD2；YG3、YG2、YD2 显著高于 FD2；FD2 显著高于 FG3、FD1、YZ3、FD3；FG3、FD1、YZ3、FD3 显著高于 FZ2；FZ2 显著高于 YD1。芥酸含量最高 0.094%（FG1），最低 0.01%（YD1），每一处理组获得的芥酸含量都远远低于国家规定的双低油菜的标准 3%。

控制施肥量和种植密度时，不同施肥类型芥酸含量的平均值差异不显著，有机肥>复合肥。FG1 显著高于 YG1；FG2 显著高于 YG2；YG3 显著高于 FG3；FD1 显著高于 YD1；YD2 显著高于 FD2；YD3 显著高于 FD3；FZ1 显著高于 YZ1；YZ2 显著高于 FZ2；FZ3 显著高于 YZ3。

当施肥类型和种植密度相同时，不同施肥量芥酸平均含量差异显著，高施肥量显著高于低施肥量。FG1、FZ1 差异不显著，显著高于 FD1；FG2 显著高于 FD2，FD2 显著高于 FZ2；FZ3 显著高于 FG3，FG3 显著高于 FD3；YG1 显著高于 YZ1，YZ1 显著高于 YD1；YZ2 显著高于 YG2、YD2，YG2、YD2 差异不显著；YD3 显著高于 YG3，YG3 显著高于 YZ3。

当施肥类型和施肥量一定时，不同种植密度芥酸平均含量差异不显著，处理1>处理 2>处理 3。FG1 显著高于 FG2，FG2 显著高于 FG3；FD2 显著高于 FD1、FD3，FD1、FD3 差异不显著；FZ1 显著高于 FZ3，FZ3 显著高于 FZ2；YZ2 显著高于 YZ1，YZ1 显著高于 YZ3；YD3 显著高于 YD2，YD2 显著高于 YD1；YG1 显著高于 YG3、YG2，YG3、YG2 差异不显著。

3. 讨论

本试验结果表明，油菜的油酸含量随着施肥量和种植密度的增加呈现出先增加后减少的趋势。考虑到实际生产过程中的"双低一高"[14]品质需求，选择施用复合肥、肥料用量 160kg/hm²、密度 45 万株/hm² 为适宜。油酸是不饱和脂肪酸的一种，一旦缺少会引起机体机能失衡[14-16]，增加油酸含量可以对优质油菜的培育有重要影响。

增加油脂中不饱和脂肪酸的含量是近年来油菜品质培养的一个热点[15]。在本试验中，种植密度对饱和脂肪酸和芥酸影响显著；种植密度对油酸和亚油酸含量影响显著，高施肥量时 45 万株/hm² 处理的亚油酸含量最高，中施肥量时亚油酸含量随密度增加呈现递减趋势。在种植密度相同的情况下，复合肥处理获得的油菜籽油酸含量普遍高于有机肥处理获得的油菜籽的油酸含量，但差异不显著。种植密度对油酸含量影响显著，高施肥量时 45 万株/hm² 处理的油酸含量最高，中施肥量时油酸含量随密度增加呈现递减趋势。芥酸含量随施肥量的增加呈现上升趋势，可以通过一定范围内减少施肥量来减少芥酸含量。

4. 结论

综合肥料种类、施肥量和种植密度等栽培因子，以 75kg/hm² 有机肥、45 万株/hm² 条件下品质为宜，可作为高油酸油菜种植的参考条件。

二、不同油酸含量油菜农艺性状差异

高油酸油菜的分子机制仍未明晰，需进行蛋白质组学[18-21]和基因组学[22-25]等方面的深入研究，因而需要稳定的近等基因系作为研究材料。宫梅和李栒[26]采用了 3 个高油酸品系与 3 个低油酸品系研究发现，两者在植株生长势、农艺性状、种子产量、菌核病危害程度方面均差异不显著，仅高油酸品系单株角果数稍少，病毒病危害程度稍高，其差异是显著的，油菜高油酸品系叶片中的油酸含量提高，且油酸去饱和率（ODR）较低。

周银珠[27]以 208 个油酸含量>65%的甘蓝型中高油酸六世代单株材料为样本进行研究发现：株高、有效分析数、分枝起点、每果平均粒数直接或间接地对高油酸性状有轻微的负向作用，千粒重、含油量对高油酸性状有较小的正向作用，但这六个因素的作用都很小，即高油酸性状对油菜主要农艺产量性状没有明显的不利影响，亚油酸是影响高油酸性状最重要的因素，通径系数为–0.8444，亚麻酸是影响高油酸性状的另一重要因素，通径系数为–0.4483[27]。彭弛[17]研究表明，油菜产量与油菜各农艺性状的关联度依次为单株角数>株高>千粒重>茎粗>角果数>实际密度>每角粒数>分枝高。上述材料的油酸含量高于普通双低油菜，但与近年来公认的油酸含量 75%仍有较大差距，因而难以反映高油酸油菜近等基因系材料间的异同。在本研究中，以油酸含量 81%、56%的近等基因系为材料，对上述相关性状进行对比研究，以明晰其性状特点，为后续育种、分子生物学研究提供参考。

（一）试验设计

2012 年 9 月 29 日~2013 年 5 月 1 日在湖南农业大学耘园油菜基地进行，甘蓝型高油酸油菜近等基因系（高油酸品系 11549-18，低油酸油菜品系 11550-8）为材料。

（二）结果与分析

1. 甘蓝型高-低油酸油菜品系生物学性状的相关分析

1）越冬期性状分析

2013 年 1 月 7 日，利用游标卡尺和卷尺对试验材料的株高、根茎粗、主茎绿叶数、主茎总叶数、最大叶叶长及叶宽等性状进行调查与记录，观测结果见图 6-1。从图 6-1 可知，11549-18 和 11550-8 越冬期间各性状的差异极小。

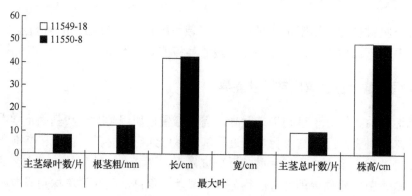

图 6-1　不同材料越冬期长势（图中数据为 40 株平均值）

对 11549-18 和 11550-8 越冬期的原始数据进行方差分析，结果见表 6-4。由表 6-4 可知，甘蓝型油菜的株高、根茎粗、主茎绿叶数、主茎总叶数、最大叶叶长及叶宽在 11549-18 和 11550-8 之间差异不显著。

表 6-4　不同材料越冬期长势的方差分析

变异来源	株高/cm	根茎粗/mm	主茎绿叶数/片	主茎总叶数/片	最大叶叶长/cm	最大叶叶宽/cm
11549-18	48.62	12.55	8.275	9.725	41.745	14.552
11550-8	48.047	12.425	8.375	9.75	42.64	14.925
品系间	6.555	0.312	0.200	0.012	16.020	2.775
误差	74.820	15.072	2.760	3.967	34.866	7.731
F 值	0.087^{ns}	0.020^{ns}	0.072^{ns}	0.003^{ns}	0.499^{ns}	0.358^{ns}

注：*表示 $P<0.05$，**表示 $0.01<P<0.05$，ns 表示 $P>0.05$。

进一步对 6 个性状的平均值、标准差、变异系数进行分析，结果见表 6-5。由表 6-5 可知，11549-18 各性状间均存在一定的差异，差异最大的是根茎粗，其次是最大叶叶宽，排名第三的是主茎总叶数，这 6 个性状差异大小排名顺序是：根茎粗>最大叶叶宽>主茎总叶数>主茎绿叶数>株高>最大叶叶长。甘蓝型油菜低油酸品系 11550-8 各性状间也存在一定的差异，差异最大的是根茎粗和最大叶叶宽，其次是主茎总叶数，这 6 个性状差异大小排名顺序是：根茎粗、最大叶叶宽>主茎总叶数>主茎绿叶数>株高>最大叶叶长。

表 6-5 不同材料越冬期长势的标准差和变异系数

性状		株高/cm	根茎/mm	主茎绿叶数/片	主茎总叶数/片	最大叶叶长/cm	最大叶叶宽/cm
极差	11549-18	35.8	20	5	7	20.2	11.7
	11550-8	28.8	14	7	9	23.8	9.4
标准差	11549-18	9.51	4.14	1.55	1.92	5.41	2.985
	11550-8	7.693	3.601	1.734	2.059	6.36	2.558
变异系数	11549-18	0.1915	0.3302	0.19153	0.19757	0.1296	0.20518
	11550-8	0.16012	0.28983	0.20714	0.21128	0.14917	0.28983

11549-18 的株高、根茎粗均比低油酸品系 11550-8 略高，差异不显著，但高油酸品系 11549-18 的主茎总叶数、主茎绿叶数、最大叶叶长及叶宽略低。

2）花期性状观察及分析

2013 年 2 月 24 日~4 月 5 日对 11549-18 和 11550-8 进行了花期调查，根据每 5 天测定的各小区内油菜开花的植株数作开花曲线图，结果见图 6-2。

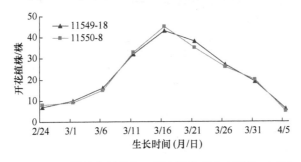

图 6-2 不同材料花期长势（图中测定样本容量为 50 株）

由图 6-2 可知，高-低油酸油菜品系的开花趋势基本相同，从 3 月 6 日起开花植株数显著增加，到 3 月 16 日达高峰，此后逐渐减少。高油酸品系 11548-18 在 3 月 5 日左右达始花期，3 月 13 日左右达盛花期，4 月 6 日进入终花期，而低油酸品系 11550-8 在 3 月 6 日达始花期，3 月 12 日左右达盛花期，4 月 6 日进入终花期。

2. 甘蓝型高-低油酸油菜品系经济性状的相关分析

1）经济性状的测定

2013年5月6日，按以下各项指标对经济性状进行测定，如株高、有效分枝高度、主花序有效长度、一次有效分枝数、主花序有效角果数、角果长度、角果粒数、单株产量和千粒重。观测结果见图6-3，由图可知，11549-18和11550-8各经济性状间的差异极小。

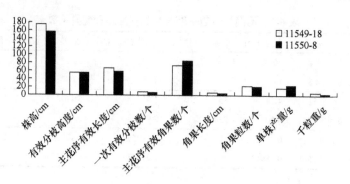

图6-3　不同材料收获期农艺性状

2）经济性状的方差分析

对11549-18和11550-8的经济性状的原始数据进行方差分析，结果见表6-6。由表6-6可知，甘蓝型油菜的株高、有效分枝高度、主花序有效长度、一次有效分枝数、主花序有效角果数、角果长度、角果粒数、单株产量和千粒重在11549-18和11550-8之间差异不显著。

表6-6　不同材料收获期经济性状方差分析

变异来源	株高/cm	有效分枝高度/cm	主花序有效长度/cm	分枝起点/个	主花序有效角果数/个	角果长度/cm	角果粒数/个	单株产量/g	千粒重/g
11549-18	174.64	55	66.52	8.6	73.8	5.858	22.64	18.616	3.533
11550-8	156.78	54.32	58.0	7	84.4	5.744	20.9	24.675	3.838
品系间	797.449	1.156	181.476	6.400	280.900	0.032	7.569	91.7835	5.0748
误差	179.805	538.806	115.084	2.650	151.000	0.132	6.449	29.3429	1.1264
F值	4.435^{ns}	0.002^{ns}	1.577^{ns}	2.415^{ns}	1.860^{ns}	0.245^{ns}	1.173^{ns}	3.1279^{ns}	4.5052^{ns}

注：*表示$P<0.05$，**表示$0.01<P<0.05$，ns表示$P>0.05$。

3）经济性状的变异系数

进一步对9个性状的平均值、标准差、变异系数进行分析，结果见表6-7。由表6-7可知，11549-18各性状间均存在一定的差异，差异最大的是有效分枝高度，其次是一次有效分枝数，排名第三的是主花序有效长度。这9个性状差异大小排名顺序是：有效分枝高度>一次有效分枝数>主花序有效长度>主花序有效角果数>每角果粒数>株高>角果长度。

表 6-7　不同材料收获期长势的标准差和变异系数

	性状	株高/cm	有效分枝高度/cm	主花序有效长度/cm	分枝起点/个	主花序有效角果数/个	角果长度/cm	角果粒数/个	单株产量/g	千粒重/g
极差	11549-18	39.7	50.8	27.6	5	21	0.88	7.4	11.0057	3.655
	11550-8	22.1	57.2	25.5	4	35	0.76	5.4	14.290	1.170
标准差	11549-18	16.217	20.376	11.107	1.816	9.093	0.365	2.78	5.3134	1.3301
	11550-8	9.828	25.737	10.334	1.414	14.808	0.363	2.272	5.5184	0.482
变异系数	11549-18	0.09286	0.37047	0.16697	0.21123	0.12322	0.06236	0.1228	0.002854	0.002193
	11550-8	0.0626	0.47381	0.17817	0.20203	0.17545	0.06321	0.10874	0.00223	0.00125

11550-8 各性状间也存在一定的差异，差异最大的是有效分枝高度，其次是角果粒数，排名第三的是一次有效分枝数，这 9 个性状差异大小排名顺序是：有效分枝高度>一次有效分枝数>主花序有效长度>主花序有效角果数>每角果粒数>角果长度>株高。11549-18 的株高、一次有效分枝数、每角果粒数均比 11550-8 略高，差异不显著，但 11549-18 的主花序有效角果数略低。

3. 甘蓝型高-低油酸油菜品系品质性状的相关分析

2013 年 5 月 11 日，利用气相色谱仪分别对 11549-18 和 11550-8 的脂肪酸成分进行测定，结果见表 6-8。由表 6-8 可知，11549-18 和 11550-8 脂肪酸组分中各组分含量：油酸>亚油酸>亚麻酸>棕榈酸>硬脂酸>花生烯酸>芥酸；11549-18 的油酸含量稳定在 81.4%左右，11550-8 的油酸含量稳定在 56.2%左右。11549-18、11550-8 各脂肪酸组分的变异系数都<1%，差异极小、较稳定。

表 6-8　不同材料品质性状的平均值、标准差和变异系数

脂肪组分	样品（材料）	棕榈酸	硬脂酸	油酸	亚油酸	亚麻酸	花生烯酸	芥酸
平均值	11549-18	3.376	1.694	81.406	7.550	5.093	0.466	0.413
	11550-8	4.388	1.109	56.232	26.708	9.765	0.744	1.052
极差	11549-18	0.599	1.182	6.228	3.820	1.600	0.198	0.504
	11550-8	0.350	0.661	8.138	5.751	1.213	0.246	0.717
标准差	11549-18	0.223	0.474	2.4918	1.482	0.62	0.082	0.200
	11550-8	0.140	0.261	2.975	2.127	0.466	0.103	0.285
变异系数	11549-18	0.00066	0.00279	0.00030	0.00196	0.00123	0.00177	0.00485
	11550-8	0.00031	0.00235	0.00052	0.00079	0.00040	0.00138	0.00270

（三）讨论

与低油酸品系相比，高油酸品系在农艺性状等方面无明显差异，这与官梅和

李栒[26]、周银珠[27]的研究结果一致。但在本研究中,高油酸品系的油酸含量(81%)大大高于前人研究(分别为 71% 及 65% 以上)。本研究表明,油菜农艺性状并不会随着油酸含量的提高而变差。该近等基因系性状稳定,可用于后续的蛋白质组学及基因组学研究,对于发掘影响油酸合成的新基因、蛋白质都具有十分重要的意义,有助于高油酸油菜分子机制的研究。

(四)结论

本研究结果表明,甘蓝型高-低油酸油菜品系在生物学性状、农艺性状等方面差异较小,未达到显著水平。研究中发现高油酸材料的主茎总叶数、主茎绿叶数、最大叶叶长及叶宽、主花序有效角果数较低油酸材料略低。高油酸和低油酸材料的油酸含量较稳定,含量相差 25.174%,是一组性状优良的近等基因系。

三、不同油酸含量材料间品质和农艺性状差异

高油酸植物油能预防人体心血管疾病,较耐储藏,货架期较长。近年来高油酸油菜育种受到人们广泛重视。据报道,一些国家已经育成油酸含量 70% 以上,甚至 80% 以上的高油酸油菜品种[28]。但有学者[29]认为,油菜种子的油酸含量与种子含油量呈正相关,而与种子产量呈负相关[30]。但产量的降低是否与高油酸突变多效性有关,或是否与产量降低的基因相连锁等问题均需进一步研究。对这些问题的研究将可指导高油酸油菜的育种,而目前国内外对此研究相对较少,为了进一步弄清高油酸油菜的植株农艺性状和产量性状的特点,进行如下研究。

(一)试验设计

供试品系来自湖南农业大学油料作物研究所,脂肪酸含量见表 6-9。

表 6-9 供试品系种子脂肪酸组成

类别	品系	油酸/%	亚油酸/%	亚麻酸/%	油酸减饱和率
高油酸品系	04-869	77.5	11.8	8.2	0.257
	04-942	76.9	10.8	8.4	0.199
	04-960	78.9	9.3	8.5	0.183
湘油 15	04-1031	63.5	19.3	11.8	0.328
	04-1045	61.6	18.9	9.6	0.315
	04-1056	62.9	20.1	10.4	0.326

田间试验在湖南农业大学教学实验场进行,参试品系随机区组排列,3 次重复,每小区长 5m、宽 2m,小区面积 10m²。2005 年 9 月 30 日播种,行距 0.5m,株距 0.15m,每小区 10 行。土壤肥力中等,折算施 N、P、K 复合肥 50kg/亩,按

一般大田进行田间管理。

叶片脂肪酸测定，先按《植物生理学实验技术》[31]中方法分离及制备，然后再用索氏法提取油脂[32]，最后分析脂肪酸组成。不同品系油酸减饱和率（ODR）的计算公式为：ODR=（C18：2%+C18：3%）/（C18：1% +C18：2%+C18：3%）。

（二）结果与分析

1. 高油酸及普通油酸油菜品系的生长势

高油酸品系和普通油酸品系各选用一个品系进行比较，高油酸品系04-868与普通油酸品系'湘油 15'04-1031 的株高、叶面积系数、一次分枝数和主花序长的日增长情况相似，日增长量的数据相近（表6-10）。

表6-10　高油酸及普通油酸油菜品系的生长势

| 日期 | 高油酸品系 04-868 | | | | '湘油 15' 04-1031 | | | |
	株高/cm	叶面积系数	一次分枝数/个	主花序长/cm	株高/cm	叶面积系数	一次分枝数/个	主花序长/cm
3/23	101.5	2.8	11.3	6.0	103.4	3.0	12.0	7.2
3/28	128.6	3.3	12.5	16.2	130.3	3.4	12.6	20.1
4/2	145.6	3.5	13.0	35.8	150.0	3.6	13.4	40.8
4/7	167.2	4.1	13.6	45.5	169.6	4.4	13.5	50.2
日增长	4.45	0.087	0.15	2.6	4.40	0.090	0.10	2.8

2. 高油酸和普通油酸油菜种子及叶片中脂肪酸组成

高油酸品系叶片中油酸含量较高，为 6.3%~7.4%；而普通油酸品系中油酸含量较低，为 4.8%~7.4%。叶片中亚油酸含量为高油酸品系低于普通油酸品系。二者叶片中亚麻酸含量相近（表6-11）。

表6-11　高油酸及普通油酸品系种子和叶片中脂肪酸组成

| 类别 | 品系 | 种子 | | | | 叶片 | | | |
		油酸/%	亚油酸/%	亚麻酸/%	油酸减饱和率	油酸/%	亚油酸/%	亚麻酸/%	油酸减饱和率
高油酸品系	04-869	75.8	10.9	8.0	0.200	7.4	14.2	50.2	0.896
	04-942	75.1	9.8	8.5	0.195	6.3	14.0	49.8	0.909
	04-960	76.7	9.4	8.8	0.192	6.5	14.8	49.5	0.908
湘油 15	04-1031	61.4	20.5	10.2	0.333	5.2	18.2	50.3	0.902
	04-1045	60.0	20.1	10.3	0.336	5.0	16.8	48.4	0.902
	04-1056	59.8	19.8	9.8	0.331	4.8	17.0	51.5	0.948

3. 高油酸及普通油酸油菜品系的农艺性状和产量

高油酸油菜品系的株高、分枝位、一次分枝数、每果粒数、千粒重及产量均比普通油酸品系略高，差异不显著，但高油酸品系角果数略低（表 6-12）。

表 6-12　高油酸及普通油酸品系的农艺性状和产量

类别	品系	株高/cm	分枝位/cm	一次分枝数/个	单株角果数/个	角果粒数/个	千粒重/g	单产/g
高油酸品系	04-869	165.2a	35.4a	8.1a	533.5a	23.4a	4.18a	120.7a
	04-942	163.0a	40.6a	9.2b	497.2b	23.3a	4.26a	132.3b
	04-960	167.5a	38.0a	8.5a	488.9b	23.8a	4.21a	139.1b
	平均	165.2	38.0	8.6	506.5	23.5	4.21a	130.7
普通油酸品系（湘油 15）	04-1031	166.4a	44.3b	9.2b	544.6a	24.5b	4.23a	117.7a
	04-1045	169.3a	35.6a	8.8a	520.3a	23.1a	4.30a	121.2a
	04-1056	168.5a	36.0a	10.4b	518.5a	23.4a	4.15a	123.4a
	平均	168.1	38.6	9.4	528.0	23.7	4.23a	120.8

注：小写字母不同表示差异达到显著水平

4. 高油酸及普通油酸品系的抗倒性和抗病性

从表 6-13 可以看出，高油酸品系与普通油酸品系抗倒性均较强，倒伏株率仅占 8%~17%，两者平均分别为 13.0%和 12.3%，差异不大。病毒病率高油酸品系略高。菌核病发病率没有差异（表 6-13）。

表 6-13　高油酸及普通油酸品系的抗性

类别	品系	调查株数/株	倒伏株率/%	病毒病病株率/%	菌核病病株率/%
高油酸品系	04-869	100	8	14	2
	04-942	100	17	15	0
	04-960	100	13	16	4
	平均	100	13.0	15	2
普通油酸品系（湘油 15）	04-1031	100	8	5	4
	04-1045	100	15	0	2
	04-1056	100	14	6	3
	平均	100	12.3	3.7	3

（三）讨论

对高油酸油菜品系与普通油酸品系的生长势、经济性状、种子产量和抗性等方面研究结果表明，两者在农艺性状上仅有某些差异，且差异均不显著。高油酸品系单株角果数有所减少，病毒病病株率稍高，这可能与高油酸品系长期隔离繁殖有关。随着油菜种子油酸含量的提高，高油酸品系叶片中油酸含量也相应提高，且叶片中油酸的减饱和能力较低，这一现象是否会影响油菜叶片的某些生理功能？已有的研究表明，脂肪酸在植物体中起着非常重要的作用，它是磷脂和糖脂的组成部分，是生物膜的组成成分；脂肪酸还是生物体内储存的能量；它与植物激素和信号传递有关[32]。在拟南芥叶绿体中，Δ12 减饱和酶基因的突变体 *FAD5* 和 *FAD6* 在低温下叶片变黄，生长迟缓，叶绿体形成发生改变[33,34]。另外，植物感染了真菌或肽激发子可诱导微粒体中 Δ12-脂肪酸减饱和酶及质粒中 ω-3 去饱和酶基因的表达，催化 α-亚麻酸的形成，这些 α-亚麻酸作为细胞信号分子——茉莉酮酸的一个重要前体[35,36]，可以引起茉莉酮酸的累积[37,38]，从而提高植物的抗病性，但如果叶片中油酸减饱和能力降低，α-亚麻酸减少，势必使叶片抗病性降低。

（四）结论

高油酸品系与普通油酸品系的株高、叶面积系数、一次分枝数和主花序长的日增长情况相似，日增长量的数据相近。高油酸品系叶片中油酸含量较高，为 6.3%~7.4%；而普通油酸品系中油酸含量较低，为 4.8%~7.4%。叶片中亚油酸含量为高油酸品系低于普通油酸品系。两者叶片中亚麻酸含量相近。高油酸油菜品系的株高、分枝位、一次分枝数、每果粒数、千粒重及产量均比普通油酸品系略高，差异不显著，但高油酸品系角果数略低。高油酸品系与普通油酸品系抗倒性均较强，倒伏株率仅占 8%~17%，两者平均分别为 13.0% 和 12.3%，差异不大。病毒病率高油酸品系略高，菌核病发病率没有差异。

第二节　高油酸油菜生理生化特性研究

对油菜来说，生理生化指标是衡量生长至关重要的因素，如果油菜在生长过程中遭遇到外界霜冻、水淹、干旱等环境的胁迫，细胞对光能的吸收效率将会下降，体内 CO_2 固定受阻，最终超氧根阴离子增加产生大量的活性氧 ROS[39]。对高油酸油菜的生理生化特性进行研究可以分析高油酸优良性状形成的内在机制。

一、高油酸油菜新品种 '帆鸣 1 号' 生理生化特性研究

（一）试验设计

高油酸杂交油菜新品种 '帆鸣 1 号' 为材料，2018 年 9 月 30 日在湖南农业大学耘园基地进行播种，2019 年 5 月 8 日收获。

分别于油菜幼苗期（10 月中旬）、5~6 叶期（11 月中旬）、蕾薹期（12 月中旬）、花期（3 月上旬）和角果期（4 月上旬）5 个主要的生育期进行取样。幼苗期、5~6 叶期、蕾薹期取从上往下第三片功能叶，花期取盛花期时的花和叶片，角果期取

授粉后 21d 的角果皮和种子。

参照 2006 年萧浪涛和王三根主编《植物生理学实验技术》中方法[31]，测定以上各生育期材料中过氧化物酶（POD）、过氧化氢酶（CAT）、可溶性糖、可溶性蛋白、MDA 含量。超氧化物歧化酶（SOD）测定按 WST-1 试剂盒（南京建成生物工程研究所）操作表进行。通过最小二乘法进行线性回归分析[28]。

（二）结果与分析

1. 可溶性物质含量变化

'帆鸣 1 号'不同生育期叶片可溶性糖含量见图 6-4，变化趋势先升高后降低。蕾薹期时，叶片中的可溶性糖含量达到最大值，进入花期后，可溶性糖含量开始有减少的趋势，角果期时可溶性糖含量达到全生育期最低值，与陈秀斌[40]研究一致。

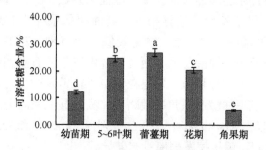

图 6-4 '帆鸣 1 号'全生育期可溶性糖含量变化

小写字母不同表示差异达到显著水平

'帆鸣 1 号'不同生育期叶片可溶性蛋白含量见图 6-5，在蕾薹期之前，可溶性蛋白含量持续增长；在蕾薹期时，叶片中含量达到最大值。花期之后，其含量有下降的趋势；角果期时，种子可溶性蛋白含量降至全生育期最低。可溶性蛋白在植物体内变化趋势大概是先增后减。这与王必庆和王国槐[41]研究的早熟油菜的可溶性蛋白含量的变化趋势基本一致。角果期时可溶性蛋白含量达到全生育期最低，此时油脂代谢也最旺盛。

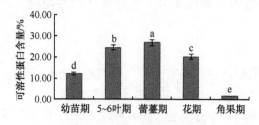

图 6-5 '帆鸣 1 号'全生育期可溶性蛋白含量变化

小写字母不同表示差异达到显著水平

2. 酶活性变化

'帆鸣 1 号'不同生育期期 SOD 活性见图 6-6，SOD 活性在全生育期无很大变化，在营养生长期的叶片中基本不变。花中的 SOD 活力下降，角果期 SOD 活力再次上升，达到全生育期最高。

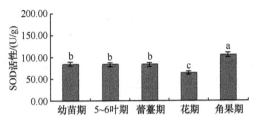

图 6-6　'帆鸣 1 号'全生育期 SOD 活性变化
小写字母不同表示差异达到显著水平

高油酸油菜叶片中 POD 在不同时期活性的变化见图 6-7。蕾薹期越冬时，POD含量达到最高，越冬前和越冬后，各部位 POD 活性基本一致。

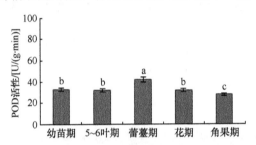

图 6-7　'帆鸣 1 号'全生育期 POD 活性变化
小写字母不同表示差异达到显著水平

高油酸油菜材料不同时期叶片 MDA 含量见图 6-8。MDA 在营养生长期的叶片中含量逐步增加。到花期时的花中含量降至全生育期最低。角果期时，含量达到全生育期最高，超过营养生长期。

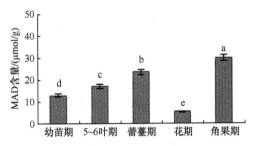

图 6-8　'帆鸣 1 号'全生育期 MAD 含量变化
小写字母不同表示差异达到显著水平

（三）讨论

农作物物质代谢最基础的指标分为两类，即可溶性物质含量和酶活性。这两者之间农作物生长过程中存在着双重关系，既相互促进又相互制约[29]，分别影响农作物的抗逆性、生长程度、物质积累程度及最终产量性状[35]。油菜越冬期的抗寒程度对最终品质有重要影响[33]。此时抗逆性高，则花蕾不易遭受冻害，为之后的生殖生长奠定基础，更容易积累油脂。在'帆鸣1号'油菜生长过程中，随着生育期的推进，可溶性糖、蛋白含量呈现出先增后减的变化趋势，其最高点均出现在蕾薹期。蕾薹期是油菜越冬御寒的关键时期，油菜在该生育期需要消耗更多的能量以抵御寒冷，生长变得迟缓，这一变化趋势和一般植物的生长规律相吻合[34,35]。

MDA 是自由基在生物体内作用于脂质发生过氧化反应的产物，MDA 的含量过高会产生毒性[36]，一方面导致生物体的抗逆性下降，另一方面也导致油脂积累的减少。在'帆鸣1号'的全生育期中，MDA 的含量从幼苗期开始直线上升，到蕾薹期达到最大值，进入花期后 MDA 的含量急剧下降，说明在花中，脂质的过氧化程度下降，其原因可能是花未经过授粉，没有产生很剧烈的生化活动。但在种子中，MDA 含量达到最大值，其原因可能是种子积累了大量油脂，过氧化程度可能因此提升，以便于更多地积累油脂。

（四）结论

'帆鸣1号'全生育期的生理生化指标变化情况如下：可溶性糖在全生育期变化趋势呈先升高后降低。可溶性蛋白在蕾薹期时，叶片中含量达到最大值，花期之后，其含量有下降的趋势，角果期时，种子可溶性蛋白含量降至全生育期最低，角果期时可溶性糖含量达到全生育期最低，此时油脂代谢也最旺盛。SOD 活性在营养生长期的叶片中基本不变，花中的 SOD 活力下降，角果期 SOD 活力再次上升。POD 活性在蕾薹期越冬时最高，越冬前和越冬后各部位 POD 活性基本一致。MDA 在营养生长期的叶片中含量逐步增加。到花期时的花中含量降至全生育期最低，在种子中，含量达到全生育期最高，超过营养生长期。

二、高油酸油菜近等基因系材料生理生化特性差异研究

生理生化活动是植物最基本的活动，可以直观地反映生命活动规律，是衡量植物细胞间能量传播、物质传递、信号转导的重要指标[4-6]。植物通过各种生理生化指标相互作用，构成一个有机整体，进行各项生命活动，进而合成各种代谢物质。对高油酸油菜的生理生化指标进行探究有助于在细胞层面对油酸的合成进行分析。

不同的生理生化指标可以反映植物不同方面的功能[42]。例如，光合作用是衡量植物合成功能的重要生理指标，叶绿素是植物光合作用的基础[43]；可溶性糖和可溶性蛋白含量分别反映作物的氮、碳代谢强度，是分析农产品品质的重要指标[15]。过氧化物酶（POD）与光合作用、呼吸作用等均有密切关系，可以反映某一时期植物体内代谢的变化[44]；超氧化物歧化酶（SOD）是一种常见的抗氧化酶，它与POD等酶协同作用防御活性氧或其他过氧化物自由基对细胞膜系统的伤害等[45]。湖南农业大学油料改良中心以一组高油酸油菜近等基因系为材料，对其不同生育期生理生化特性进行研究，找出其中差异，为高油酸油菜育种提供参考。

（一）试验设计

由湖南农业大学油料改良中心提供的高油酸油菜近等基因系材料，油酸含量分别为81.4%、56.2%。2016年10月9日~2017年5月6日种植于湖南农业大学耘园基地。每个小区6m²，5行，每行12株，田间管理和施肥按大田高产油菜栽培方法进行。

（二）结果与分析

1. 可溶性糖与可溶性蛋白含量

高、低油酸材料不同时期叶片可溶性糖含量如图6-9所示。高油酸材料可溶性糖含量在幼苗期与低油酸材料无显著差异（$P=0.965$）；随着生育进程的推进，在5~6叶期与蕾薹期差异不显著（$P>0.05$）；花期有极显著差异（$P=0.043$）；到角果期时，两材料又无显著差异（$P=0.923$）。两材料叶片中可溶性糖含量都呈现幼苗期低、蕾薹期出现高峰、花期又降低的趋势，与陈秀斌[40]研究一致，表明糖在生殖生长后期参与转化为蛋白质与脂肪等物质。

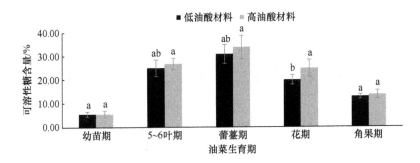

图6-9　不同时期高、低油酸油菜可溶性糖含量差异
小写字母不同表示差异达到显著水平

高、低油酸材料不同时期叶片可溶性蛋白含量如图6-10所示。在蕾薹期两者无显著差异（$P=0.947$），在蕾薹期以前高油酸材料可溶性蛋白含量较低，与低油

酸有显著差异（$P<0.05$），在蕾薹期以后则高于低油酸材料并与之有显著差异（$P<0.05$）。不同材料可溶性蛋白含量变化趋势相同，均先升高后下降，在蕾薹期达到最大值。

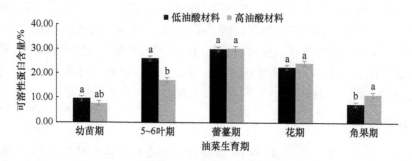

图 6-10　不同时期高、低油酸油菜可溶性蛋白含量差异

小写字母不同表示差异达到显著水平

2. 叶绿素含量及其与可溶性糖、蛋白质间的关系

1）叶绿素含量

高、低油酸材料不同时期叶片叶绿素含量如图 6-11 所示。高油酸油菜在蕾薹期以前，均低于低油酸油菜（$P<0.05$），蕾薹期差异不显著，以后则高于低油酸油菜（$P<0.05$）即在生殖生长后期高油酸油菜仍有较强的光合作用，代谢比低油酸油菜旺盛。此外，两材料的叶绿素含量整体变化趋势与可溶性糖及可溶性蛋白含量变化趋势一致，即随着生育期推进先升高后降低，在蕾薹期达到最高值，后期由于组织细胞的不断衰老，其叶绿素不断被分解，故而叶绿素含量降低。

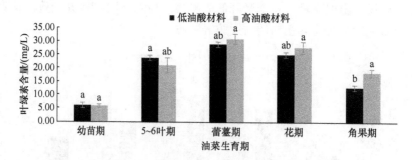

图 6-11　不同时期高低油酸油菜叶绿素含量差异

小写字母不同表示差异达到显著水平

2）叶绿素含量与可溶性糖、蛋白间的关系

本研究由图 6-11 可知，在整个生育期内，叶绿素含量变化趋势与可溶性糖与可溶性蛋白含量是相同的，利用 SPSS22.0 对三者的相关性做线性回归分析，发现三者两两间均有较高拟合度，呈正相关关系（表 6-14）。

表 6-14　叶绿素含量与可溶性糖及可溶性蛋白间的相关性分析

材料	相互关系	线性拟合公式	相关系数
低油酸油菜	叶绿素与可溶性糖含量	$y=1.0114x-0.7746$	$R^2=0.9233$
	叶绿素与可溶性蛋白含量	$y=0.9759x+0.2377$	$R^2=0.8662$
	可溶性糖与可溶性蛋白	$y=0.9277x+1.6876$	$R^2=0.8674$
高油酸油菜	叶绿素与可溶性糖含量	$y=1.0753x-1.5219$	$R^2=0.8627$
	叶绿素与可溶性蛋白含量	$y=0.8841x-0.218$	$R^2=0.8853$
	可溶性糖与可溶性蛋白	$y=0.7537x+2.4703$	$R^2=0.8624$

3. 酶活性

高、低油酸材料中不同时期叶片 POD 活性如图 6-12 所示。高油酸油菜 POD 活性在营养生长期与低油酸材料无显著差异（$P>0.05$），在生殖生长期高于低油酸材料（$P\leqslant0.05$）。两材料在营养生长期，POD 活性均较低，随着生育期推进，在花期急剧增加，在角果期达最高值。

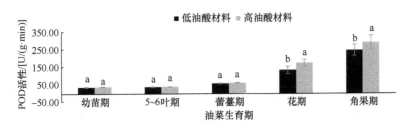

图 6-12　不同时期高低油酸油菜 POD 活性差异

小写字母不同表示差异达到显著水平

高、低油酸材料不同时期叶片 SOD 活力如图 6-13 所示。高油酸油菜 SOD 活性在蕾薹期以前与低油酸油菜无显著差异（$P>0.05$），而在花期与角果期低于低油酸油菜（$P\leqslant0.05$）。此外，两材料在整个生育期的 SOD 活力变化同 POD 相似，在花期和角果期增加明显，可能与此时期病害严重有关。

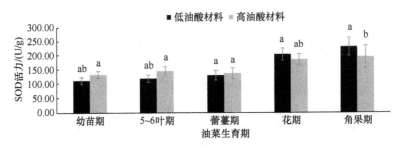

图 6-13　不同时期高低油酸油菜 SOD 活力差异

小写字母不同表示差异达到显著水平

（三）讨论

碳、氮代谢是植物体内最基础、最主要的两大代谢过程。两者之间紧密联系又相互制约，共同影响着植物生长发育，且对作物产量与品质有重要作用[46-48]。POD 活性在植物生长发育过程中变化较大。本研究中，POD 活性在油菜营养生长期活性较低，而在生殖生长期急剧增加，角果期达最大值。造成这种激增的原因可能有多种：首先，谢海平[20]曾证明 POD 活性在植物生长后期会增加，对成熟、衰老过程有重要作用；其次，石如玲和姜玲玲[21]证明过氧化物酶体参与脂的合成，而生殖生长期是油菜脂肪酸积累的关键期，尤其是角果期；此外，在本试验后期，试验田内病害严重，POD 作为保护性物质，可能参与了抵抗病虫害。SOD 一般与POD 等酶协同作用防御活性氧或其他过氧化物自由基对细胞膜系统的伤害，与植物抗逆性有关。本研究中，SOD 活性在整个生育期的变化趋势与 POD 活性变化趋势相同。而官梅和李栒[26]在对三个高油酸品系做农艺性状研究时发现高油酸材料的病害程度较高，本研究中高油酸油菜 SOD 活性在蕾薹期以前均高于低油酸材料，而在花期和角果期比低油酸材料低，推测高油酸油菜可能在生殖生长期的抗性略差，可做进一步研究。

（四）结论

本研究中，高、低油酸油菜可溶性糖与可溶性蛋白含量、叶绿素含量整体变化趋势一致，均先升高后降低，并在蕾薹期达最大值，符合植物生长一般规律，且线性拟合分析发现叶绿素含量与可溶性糖及可溶性蛋白之间呈正相关关系。但高油酸油菜叶绿素含量在蕾薹期以前均低于低油酸油菜，蕾薹期以后则高于低油酸油菜，推测与高油酸油菜生长后期较高的油酸积累有关，亦可能与采集部位、测量误差相关，需要做进一步验证。

第三节　高油酸油菜光谱特性研究

作物光谱对环境等外在因素极为敏感，对采集距离、角度有一定的依赖性，且不同波段光谱所含有效信息也存在差异，因而利用单一的分形维数难以全面刻画其特征。以不同尺度描述对象自相似的多重分形方法能有效解决上述问题。但标准多重分形方法一般基于对象平稳测度特征，而油菜冠层光谱易受到噪声干扰而表现出非平稳特征。多重分形去趋势波动分析（MF-DFA）方法[49]作为一种能有效处理非平稳对象的重要手段已广泛应用于各领域中的一维序列[50,51]和二维表面[52,53]中，受到了研究者们的青睐。本研究借助多重分形理论，以大田试验为手段，以苗期油菜冠层光谱为研究对象，探寻不同油菜冠层波段范围内光谱有效信息的差异。利用 MF-DFA 方法提取油菜冠层光谱不同波段的多重分形参数，建立其与 SPAD 值之间的定量回归模型，寻找影响 SPAD 值最敏感的波段范围；另外，以多重分形参数为特征组合建立定性识别模型，寻找可用于识别不同播种方式油菜样本的最有效光谱波段范围。

一、不同栽培措施对高油酸油菜光谱特性的影响

选取湖南农业大学浏阳试验基地水田种植的 24 个移栽小区和 24 个直播小区的中熟高油酸油菜为研究对象，美国 ASD 公司（Analytical Spectral Device）产 Field SpecoR3 Hi-Res 便携式地物波谱仪（波段范围 350~2500nm。其中，350~1000nm 光谱采样间隔为 1.4nm，光谱分辨率为 3nm；1000~2500nm 光谱采样间隔为 2nm，光谱分辨率为 10nm）。测量时传感器探头向下，距冠层顶垂直高度约 0.7m。

在每个小区随机选取长势平均的 5 个冠层位置采集油菜苗期冠层光谱，移栽第 2 小区及直播第 22 小区光谱如图 6-14 所示，以 5 个点光谱的平均值作为研究样本。利用日本 MINOLI.A 产 SPAD502 叶绿素仪在每个小区选取长势平均的 5 株的第三片展开叶进行测定对应 5 个点的叶片 SPAD 值，每片叶从叶尖到叶枕等分成三段，每段测定位置为 1/2 处，各段重复 5 次，取平均值，最后用 5 个采样点的平均测量值代表本小区的叶片 SPAD 值。

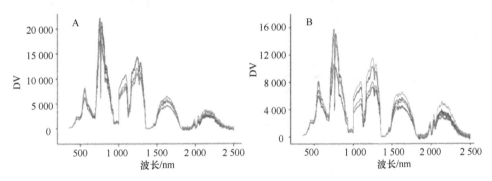

图 6-14　Field SpecoR3 Hi-Res 地物波谱仪采集的油菜苗期冠层光谱（彩图请扫封底二维码）
A. 移栽第 2 区；B. 直播第 22 区

研究发现，不同波段的光谱所包含的有用信息量差别巨大，从对种植方式的识别率来看，最敏感的波段为 350~1850nm，约登指数（Ycuden index）为 0.9025。此外，350~850nm 波段和 350~1850nm 波段的光谱对两种种植方式也有显著影响。

二、不同油酸含量油菜光谱特性差异

通过遥感监测作物生长过程和作物品质，可以减少实验室及田间工作，加快

育种的进程[54,55]。近年来，基于高光谱遥感的叶绿素方面的研究在国内外得到广泛地开展，目前尚无利用高光谱进行油菜品质监控的研究。本研究通过研究不同品系油菜脂肪酸成分与油菜冠层[56]光谱和成熟种子脂肪酸成分间的关系，找出特征波段，为油菜品质育种提供参考。

（一）试验设计

'湘油 15 号'编号 A，低油酸油菜编号 B，高油酸油菜编号 C，脂肪酸成分如表 6-15 所示。试验于 2015 年 9 月进行。

表 6-15　三种品系油菜脂肪酸成分　　　　　　　　（单位：%）

品系	棕榈酸	硬脂酸	油酸	亚油酸	亚麻酸	花生烯酸	芥酸
A	3.37	2.80	66.96	17.70	7.87	0.84	0.53
B	4.38	1.10	56.23	26.70	9.76	0.74	1.05
C	3.37	1.69	81.40	7.55	5.09	0.46	0.41

（二）结果与分析

1. 三种品系油菜冠层高光谱的反射特征

于 2016 年 3 月 25 日对三种品系油菜的冠层进行光谱测定，并利用 View Spec Pro.6.0.11 和 Excel 2010 处理结果，如图 6-15 所示。

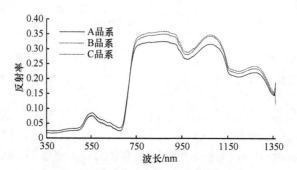

图 6-15　不同品系油菜的光谱特征

由图 6-15 可以看出，这三种油菜的反射光谱特征都具有相同的变化趋势，低油酸与高油酸油菜的冠层反射率都很接近，'湘油 15'的冠层反射率比其他两个要低。400~700nm 的可见光区域是植物叶片的强吸收波段，由于叶绿素 a、b 的强吸收，在可见光波段 450nm 蓝光和 660nm 红光附近形成两个吸收谷、550nm 的绿光处形成一个吸收峰；700~780nm 波段是叶绿素在红波段的强吸收，也是在近红外波段多次散射形成的高反射平台的过渡区域，在 970nm 和 1200nm 附近由于水分的强吸收特征，形成吸收谷，这与张雪红等[57]的研究结果一致。植物冠层的反射光谱随叶片中叶肉细胞、叶绿素含量、水分含量、氮素含量及其他生物化学成分的不同而不同，即在不同的波段会呈现出不同形态和特征的反射光谱曲线[54]。

2. 基于相关性系数较大波段的脂肪酸成分模型

1）棕榈酸与一阶微分光谱的相关性分析

分别利用 Excel 2010 对原始光谱的一阶微分参数与三品系油菜的棕榈酸进行相关性分析，结果见表 6-16。

表 6-16　一阶光谱参数与棕榈酸之间的相关性分析

品系	光谱参数	计算方法	相关系数	显著性
A	R_{845}	R_{845}	0.55	$P<0.05$
	R_{991}	R_{991}	−0.6201	$P<0.01$
	RVI（845，991）	R_{845}/R_{991}	−0.0273	$P>0.05$
	DVI（845，991）	$R_{845}-R_{991}$	0.6643	$P<0.01$
	NDVI（845，991）	（$R_{845}-R_{991}$）/（$R_{845}+R_{991}$）	0.3404	$P>0.05$
B	R_{889}	R_{889}	0.5685	$P<0.01$
	R_{676}	R_{676}	−0.4961	$P<0.05$
	RVI（889，676）	R_{889}/R_{676}	−0.1719	$P>0.05$
	DVI（889，676）	$R_{889}-R_{676}$	0.7171	$P<0.01$
	NDVI（889，676）	（$R_{889}-R_{676}$）/（$R_{889}+R_{676}$）	−0.2713	$P>0.05$
C	R_{587}	R_{587}	0.7017	$P<0.01$
	R_{1005}	R_{1005}	−0.7248	$P<0.01$
	RVI（587，1005）	R_{587}/R_{1005}	−0.5394	$P<0.05$
	DVI（587，1005）	$R_{587}-R_{1005}$	0.7417	$P<0.01$
	NDVI（587，1005）	（$R_{587}-R_{1005}$）/（$R_{587}+R_{1005}$）	0.5937	$P<0.01$

注：$n=20$；$P_{0.05}=0.444$，$P_{0.01}=0.561$。

由表 6-16 可知，在三种品系油菜中，棕榈酸与一阶微分之间的最佳敏感波段都达到了显著水平以上，有些达到了极显著水平。通过上表中基于最佳敏感波段进行的植被指数中，三种油菜的差值植被指数均达到了极显著水平，说明棕榈酸和一阶微分之间的差值植被指数存在很大的关联。

2）硬脂酸与一阶微分光谱的相关性分析

用硬脂酸和原始光谱的一阶微分参数进行相关性分析，结果如表 6-17 所示。

表 6-17　一阶光谱参数与硬脂酸之间的相关性分析

品系	光谱参数	计算方法	相关系数	显著性
A	R_{752}	R_{752}	0.6390	$P<0.01$
	R_{1094}	R_{1094}	−0.7450	$P<0.01$
	RVI（752，1094）	R_{752}/R_{1094}	0.5515	$P<0.05$
	DVI（752，1094）	$R_{752}-R_{1094}$	0.8197	$P<0.01$
	NDVI（752，1094）	$(R_{752}-R_{1094})/(R_{752}+R_{1094})$	−0.1435	$P>0.05$
B	R_{403}	R_{403}	0.7076	$P<0.01$
	R_{1203}	R_{1203}	−0.5531	$P<0.05$
	RVI（403，1203）	R_{403}/R_{1203}	−0.0050	$P>0.05$
	DVI（403，1203）	$R_{403}-R_{1203}$	0.8087	$P<0.01$
	NDVI（403，1203）	$(R_{403}-R_{1203})/(R_{403}+R_{1203})$	−0.1847	$P>0.05$
C	R_{476}	R_{476}	0.6144	$P<0.01$
	R_{1057}	R_{1057}	−0.6954	$P<0.01$
	RVI（476，1057）	R_{476}/R_{1057}	−0.0803	$P>0.05$
	DVI（476，1057）	$R_{476}-R_{1057}$	0.7859	$P<0.01$
	NDVI（476，1057）	$(R_{476}-R_{1057})/(R_{476}+R_{1057})$	0.1587	$P>0.05$

注：$n=20$；$P_{0.05}=0.444$，$P_{0.01}=0.561$。

由表 6-17 可知，在三种品系油菜中，硬脂酸与一阶微分之间的最佳敏感波段都达到了显著水平以上，甚至达到了极显著水平，与棕榈酸一样，三种植被指数只在 DVI 中表现出了极显著关系，其他两种有的只达到显著水平，有的甚至未达到显著水平。

3）油酸与一阶微分光谱的相关性分析

分别对原始光谱的一阶微分参数与三品系油菜的油酸进行相关性分析，结果如表 6-18 所示。

表 6-18　一阶光谱参数与油酸之间的相关性分析

品系	光谱参数	计算方法	相关系数	显著性
A	R_{463}	R_{463}	0.6479	$P<0.01$
	R_{1122}	R_{1122}	−0.7075	$P<0.01$
	RVI（463，1122）	R_{463}/R_{1122}	−0.4312	$P>0.05$
	DVI（463，1122）	$R_{463}-R_{1122}$	0.7422	$P<0.01$
	NDVI（463，1122）	$(R_{463}-R_{1122})/(R_{463}+R_{1122})$	−0.3493	$P>0.05$

品系	光谱参数	计算方法	相关系数	显著性
B	R_{469}	R_{469}	0.6472	$P<0.01$
	R_{858}	R_{858}	−0.7642	$P<0.01$
	RVI（469，858）	R_{469}/R_{858}	0.5433	$P<0.05$
	DVI（469，858）	$R_{469}-R_{858}$	0.8367	$P<0.01$
	NDVI（469，858）	（$R_{469}-R_{858}$）/（$R_{469}+R_{858}$）	0.0226	$P>0.05$
C	R_{431}	R_{431}	0.5972	$P<0.01$
	R_{557}	R_{557}	−0.6819	$P<0.01$
	RVI（431，557）	R_{431}/R_{557}	−0.4793	$P<0.05$
	DVI（431，557）	$R_{431}-R_{557}$	0.7363	$P<0.01$
	NDVI（431，557）	（$R_{431}-R_{557}$）/（$R_{431}+R_{557}$）	−0.3585	$P>0.05$

注：$n=20$；$P_{0.05}=0.444$，$P_{0.01}=0.561$。

油酸与一阶微分之间的最佳敏感波段经过检验都达到了显著水平以上，三种植被指数只在 DVI 中表现出了极显著关系，其他两种有的只达到显著水平，有的未达到显著水平。

4）亚油酸与一阶微分光谱的相关性分析

将三种品系的油菜菜籽中的亚油酸与一阶微分进行相关性分析，结果见表6-19。

表 6-19　一阶光谱参数与亚油酸之间的相关性分析

品系	光谱参数	计算方法	相关系数	显著性
A	R_{1122}	R_{1122}	0.7356	$P<0.01$
	R_{1025}	R_{1025}	−0.6058	$P<0.01$
	RVI（1122，1025）	R_{1122}/R_{1025}	0.1137	$P>0.05$
	DVI（1122，1025）	$R_{1122}-R_{1025}$	0.8059	$P<0.01$
	NDVI（1122，1025）	（$R_{1122}-R_{1025}$）/（$R_{1122}+R_{1025}$）	−0.0189	$P>0.05$
B	R_{858}	R_{858}	0.6562	$P<0.01$
	R_{469}	R_{469}	−0.6217	$P<0.05$
	RVI（858，469）	R_{858}/R_{469}	0.2503	$P>0.05$
	DVI（858，469）	$R_{858}-R_{469}$	0.7449	$P<0.01$
	NDVI（858，469）	（$R_{858}-R_{469}$）/（$R_{858}+R_{469}$）	0.0912	$P>0.05$
C	R_{883}	R_{883}	0.6055	$P<0.01$
	R_{998}	R_{998}	−0.5464	$P<0.05$
	RVI（883，998）	R_{883}/R_{998}	0.3391	$P>0.05$
	DVI（883，998）	$R_{883}-R_{998}$	0.6119	$P<0.01$
	NDVI（883，998）	（$R_{883}-R_{998}$）/（$R_{883}+R_{998}$）	0.3444	$P>0.05$

注：$n=20$；$P_{0.05}=0.444$，$P_{0.01}=0.561$。

亚油酸与一阶微分之间的相关关系与前面的几种脂肪酸成分一致，在 DVI 上表示出极显著的相关性。

5）亚麻酸与一阶微分光谱的相关性分析

将三种品系菜籽中的亚麻酸与一阶微分进行相关性分析，结果如表6-20所示。

表 6-20　一阶光谱参数与亚麻酸之间的相关性分析

品系	光谱参数	计算方法	相关系数	显著性
A	R_{881}	R_{881}	0.5487	$P<0.05$
	R_{1225}	R_{1225}	−0.5897	$P<0.01$
	RVI（881，1225）	R_{881}/R_{1225}	0.2749	$P>0.05$
	DVI（881，1225）	$R_{881}-R_{1225}$	0.7037	$P<0.01$
	NDVI（881，1225）	（$R_{881}-R_{1225}$）/（$R_{881}+R_{1225}$）	0.1772	$P>0.05$
B	R_{1010}	R_{1010}	0.6447	$P<0.01$
	R_{469}	R_{469}	−0.6118	$P<0.01$
	RVI（1010，469）	R_{1010}/R_{469}	−0.2142	$P>0.05$
	DVI（1010，469）	$R_{1010}-R_{469}$	0.7050	$P<0.01$
	NDVI（1010，469）	（$R_{1010}-R_{469}$）/（$R_{1010}+R_{469}$）	0.5632	$P<0.01$
C	R_{1040}	R_{1040}	0.5726	$P<0.01$
	R_{1256}	R_{1256}	−0.6384	$P<0.01$
	RVI（1040，1256）	R_{1040}/R_{1256}	0.1842	$P>0.05$
	DVI（1040，1256）	$R_{1040}-R_{1256}$	0.7104	$P<0.01$
	NDVI（1040，1256）	（$R_{1040}-R_{1256}$）/（$R_{1040}+R_{1256}$）	0.6577	$P<0.01$

注：n=20；$P_{0.05}$=0.444，$P_{0.01}$=0.561。

通过分析发现，亚麻酸与一阶微分之间的相关关系与前面的几种脂肪酸关系一样，两敏感波段均达到显著水平以上，而植被指数在 DVI 上表示出极显著的相关性。

6）三种油菜总体的脂肪酸成分与一阶微分光谱的相关性分析

利用 Excel 2010 将三种油菜总体的脂肪酸与一阶光谱参数进行相关性分析（n=60），结果如表 6-21 所示。

表 6-21　各脂肪酸成分与一阶微分的相关性分析

脂肪酸成分	光谱参数	计算方法	相关系数	显著性
棕榈酸	R_{1101}	R_{1101}	0.4833	$P<0.01$
	R_{750}	R_{750}	−0.5381	$P<0.01$
	RVI（1101，750）	R_{1101}/R_{750}	0.1698	$P>0.05$
	DVI（1101，750）	$R_{1101}-R_{750}$	0.5842	$P<0.01$
	NDVI（1101，750）	（$R_{1101}-R_{750}$）/（$R_{1101}+R_{750}$）	0.2591	$P<0.05$

续表

脂肪酸成分	光谱参数	计算方法	相关系数	显著性
硬脂酸	R_{1109}	R_{1109}	0.4231	$P<0.01$
	R_{792}	R_{792}	−0.4611	$P<0.01$
	RVI（1109，792）	R_{1109}/R_{792}	−0.044	$P>0.05$
	DVI（1109，792）	$R_{1109}-R_{792}$	0.4718	$P<0.01$
	NDVI（1109，792）	$(R_{1109}-R_{792})/(R_{1109}+R_{792})$	0.0303	$P>0.05$
油酸	R_{792}	R_{792}	0.4349	$P<0.01$
	R_{492}	R_{492}	−0.4624	$P<0.01$
	RVI（792，492）	R_{792}/R_{492}	0.5548	$P<0.01$
	DVI（792，492）	$R_{792}-R_{492}$	0.5680	$P<0.01$
	NDVI（792，492）	$(R_{792}-R_{492})/(R_{792}+R_{492})$	0.5845	$P<0.01$
亚油酸	R_{802}	R_{802}	0.3305	$P<0.01$
	R_{469}	R_{469}	−0.4684	$P<0.01$
	RVI（802，469）	R_{802}/R_{469}	0.0321	$P>0.05$
	DVI（802，469）	$R_{802}-R_{469}$	0.4955	$P<0.01$
	NDVI（802，469）	$(R_{802}-R_{469})/(R_{802}+R_{469})$	0.1643	$P>0.05$
亚麻酸	R_{1119}	R_{1119}	0.5110	$P<0.01$
	R_{792}	R_{792}	−0.5974	$P<0.01$
	RVI（1119，792）	R_{1119}/R_{792}	0.0359	$P>0.05$
	DVI（1119，792）	$R_{1119}-R_{792}$	0.5539	$P<0.01$
	NDVI（1119，792）	$(R_{1119}-R_{792})/(R_{1119}+R_{792})$	−0.0706	$P>0.05$

注：$n=60$；$P_{0.05}=0.250$，$P_{0.01}=0.325$。

总体的脂肪酸成分与前面单独分析的脂肪酸成分结果一致，两最佳敏感波段通过检验，均到达显著水平以上，具有一定的精确性，而且，基于两敏感波段的三种植被指数经过检验，只有差值植被指数（DVI）达到显著水平以上。利用 SPSS 22.0 和 Excel 2010 对两敏感波段和差值植被指数进行函数模拟检验，结果如表 6-22 所示。

表 6-22　各脂肪酸成分与优选光谱参数的定量关系

脂肪酸成分	光谱参数	拟合公式	R^2	显著性
棕榈酸	R（1101，750）	$y=328.195x_1-543.652x_2+5.15$	0.3250	$P<0.01$
		$y=423.92x+5.0673$	0.3413	$P<0.01$
	DVI（1101，750）	$y=5.1163e^{97.905x}$	0.3426	$P<0.01$
		$y=-112361x^2+16.557x+4.7251$	0.3515	$P<0.01$
硬脂酸	R（1109，792）	$y=127.896x_1-560.872x_2+1.946$	0.2260	$P>0.05$
		$y=210.87x+1.8994$	0.2226	$P>0.05$
	DVI（1109，792）	$y=1.9065e^{127.98x}$	0.2287	$P>0.05$
		$y=-14\,099x^2+176.23x+1.8809$	0.2228	$P>0.05$

续表

脂肪酸成分	光谱参数	拟合公式	R^2	显著性
油酸	R（792，492）	$y=4569.4x_1-2026.018x_2+67.253$	0.3080	$P<0.05$
	DVI（792，492）	$y=66.615e^{81.465x}$	0.3259	$P<0.01$
		$y=5465.7x+66.63$	0.3226	$P<0.05$
亚油酸	R（802，469）	$y=3059.141x_1-6526.455x_2+16.965$	0.2390	$P>0.05$
	DVI（802，469）	$y=4589.9x+16.666$	0.2455	$P>0.05$
		$y=16.611e^{270.81x}$	0.2493	$P>0.05$
亚麻酸	R（1119，792）	$y=358.902x_1-3825.786x_2+10.698$	0.3830	$P<0.01$
		$y=695.27x+10.195$	0.3067	$P<0.05$
	DVI（1119，792）	$y=10.196e^{76.334x}$	0.2931	$P<0.05$
		$y=372\ 245x^2+2089.7x+11.274$	0.3562	$P<0.01$

注：$n=60$；$P_{0.05}=0.250$，$P_{0.01}=0.325$。

由表 6-22 可以知道，基于优选光谱参数的棕榈酸监测模型拟合决定系数经过检验，DVI（1101，750）的线性、指数、多项式和一阶微分的 R（1101，750）两自变量函数均达到极显著水平。油酸 DVI（792，492）的指数函数模型达到极显著水平，线性函数达到显著水平，基于 R（792，492）波段的两自变量函数模型达到显著水平。亚麻酸 DVI（1119，792）的多项式函数模型拟合决定系数为0.3562，达到极显著水平；线性和指数函数达到显著水平并且基于 R（1119，792）的两自变量函数模型达到极显著水平，R^2 为 0.3562。在所测的脂肪酸成分中，硬脂酸和亚油酸的监测模型拟合决定系数都未达到显著水平。

（三）讨论

本研究发现 3 种油菜的冠层反射率都具有相同的变化趋势。发现植物的冠层反射光谱随叶片中叶绿素含量及其他生物化学成分的不同而不同，因此在不同的波段呈现出不同形态和特征的反射光谱曲线，这种变化趋势与张雪红等[57]的研究结果一致。一阶微分光谱与菜籽脂肪酸成分之间的敏感波段达到了显著水平，差值植被指数达到显著水平，利用高光谱遥感技术获得油菜冠层的精细光谱信息，建立了有一定预测精度的监测模型，为遥感技术获得油菜脂肪酸的成分提供理论基础，可以用于监控油菜籽品质，具有一定的实际应用价值。

（四）结论

由上述实验得到如下结果：3 种品系油菜的冠层光谱反射率都具有相同的变化趋势，低油酸与高油酸油菜的冠层反射率都很接近，且都高于'湘油 15'。将 3 种品系油菜的脂肪酸成分分别与一阶光谱参数做相关性分析发现（$n=20$），在这 5

种脂肪酸成分当中，它们的特征敏感波段均到达显著水平以上，在所分析的 3 种植被指数当中，仅有差值植被指数（DVI）达到显著水平，且都达到极显著水平。将 3 种油菜结合到一起分析发现（n=60），它们的特征光谱参数和差值植被指数（DVI）仍然具有很高的相关性，达到显著水平以上。在通过利用特征波段拟合的两自变量模型和差值植被指数建立的数学模型中，除了硬脂酸和亚油酸没有达到显著水平以外，其他均有较高的相关性。

参 考 文 献

[1] Hanan J. Virtual plants-integrating architectural and physiological models. Environmental Modelling & Software, 1997, 12(1): 35-42.

[2] Ravikanth L, Jayas DS, White NDG, et al. Extraction of spectral information from hyperspectral data and application of hyperspectral imaging for food and agricultural products. Food and Bioprocess Technology, 2017, 10(1): 1-33.

[3] 杨进成, 李祥, 胡新洲, 等. 不同种植密度对免耕山地油菜农艺性状和产量的影响. 中国农学通报, 2019, 35(14): 25-31.

[4] 王晓丹, 张振乾, 彭多姿, 等. 高油酸油菜生理生化特性研究. 分子植物育种, 2018, 16(19): 6488-6493.

[5] Chang T, Xuan Z, Qiang L, et al. Effects of a controlled-release fertilizer on yield, nutrient uptake, and fertilizer usage efficiency in early ripening rapeseed (Brassica napus L.). Journal of Zhejiang University-Science B(Biomedicine & Biotechnology), 2016, 17(10): 775-786.

[6] Khan MN, Zhang J, Luo T, et al. Morpho-physiological and biochemical responses of tolerant and sensitive rapeseed cultivars to drought stress during early seedling growth stage. Acta Physiologiae Plantarum, 2019, 41(2).

[7] 常连生, 韩志卿. 锌钼微肥对鲜食油菜生长及品质的影响. 河北科技师范学院学报, 2005, (3): 20-24.

[8] 王小玲, 刘腾云, 高柱, 等. 稀土元素对作物生长及作物品质影响的研究进展. 核农学报, 2016, 30(6): 1240-1247.

[9] 屠定玉, 陈洁, 谢先华, 等. 播种方式对油菜农艺性状及效益的影响. 农机科技推广, 2015, (8): 28-29, 32.

[10] 吴永成, 牛应泽, 胡宗达, 等. 不同耕作措施下稻茬直播冬油菜田土壤呼吸研究. 浙江农业学报, 2017, 29(9): 1430-1436.

[11] 陈阳琴, 蒋富友, 罗红剑, 等. 密度对直播油菜产量与经济性状的影响. 耕作与栽培, 2013, (2): 27-28.

[12] 于会丽, 林治安, 李燕婷. 喷施小分子有机物对小油菜生长发育和养分吸收的影响. 植物营养与肥料学报, 2014, 20(6): 1560-1568.

[13] 余艳锋, 付江凡, 刘士佩. 制约江西油菜产业发展的因素与对策分析. 作物研究, 2017, 31(3): 317-320.

[14] 浦惠明, 龙卫华, 高建芹. 油菜全程机械化生产配套农艺技术研究 I 不同播期和密度对直播油菜产量和经济性状的影响. 江苏农业科学, 2009, (3): 48-51.

[15] Grundy SM. Composition of monounsaturated fatty acids and car-bohydrates for lowering plasma cholesterol. N Eng J Med, 1986, 314(12): 745-748.

[16] 崔嘉成. 杂交油菜优异亲本重要农艺性状的遗传分析. 北京: 中国农业科学院硕士学位论文, 2013.

[17] 彭弛. 油菜农艺性状对其产量的影响. 广东农业科学, 2012, 39(23): 11-13.

[18] 曲成闯, 陈效民, 张志龙, 等. 生物有机肥提高设施土壤生产力减缓黄瓜连作障碍的机制. 植物营养与肥料学报, 2019, 25(5): 814-823.

[19] 刘自刚, 孙万仓, 方彦, 等. 夜间低温对白菜型冬油菜光合机构的影响. 中国农业科学, 2015, 48(4): 672-682.

[20] 谢海平. 竹类植物叶片衰老机理研究. 南京: 南京林业大学硕士学位论文, 2004.

[21] 石如玲, 姜玲玲. 过氧化物酶体脂肪酸 β 氧化. 中国生物化学与分子生物学报, 2009, 25(1): 12-16.

[22] 于一帆. 甘蓝型油菜异三聚体 G 蛋白功能研究. 扬州: 扬州大学硕士学位论文, 2015.

[23] Ackman RG. Canola fatty acids - an ideal mixture for health, nutrition and food use. Canola and Rapeseed. 1990. 81-98.

[24] Chauhan JS, Kumar S. Oil and seed meal quality indices of indian rapeseed-mustard varieties. Journal of Plant Biochemistry and Biotechnology, 2010, 19(1): 83-86.

[25] 高红治. 现代生物技术在农作物育种中的应用研究. 农业科技与装备, 2017, (3): 12-13.

[26] 官梅, 李栒. 油菜(*Brassica napus*)油酸性状的遗传规律研究. 生命科学研究, 2009, 13(2): 152-157.

[27] 周银珠. 甘蓝型油菜油酸和亚麻酸的遗传分析及油酸与部分农艺和品质性状的通径分析. 重庆: 西南大学硕士学位论文, 2011.

[28] Weijiang L, Jian G, Wei D, et al. Method for estimation of flow length distributions based on least square method. Journal of Southeast University(Natural Science Edition), 2006, 36(3): 467-471.

[29] Haibo W, Ming G, Hu X, et al. Effects of chilling stress on the accumulation of soluble sugars and their key enzymes in Jatropha curcas seedlings. Physiology and Molecular Biology of Plants, 2018. 24(5): 857-865.

[30] Kalinowski A, Bocian A, Kosmala A, et al. Two-dimensional patterns of soluble proteins including three hydrolytic enzymes of mature pollen of tristylous *Lythrum salicaria*. Sexual Plant Reproduction, 2007, 20(2): 51-62.

[31] 萧浪涛, 王三根. 植物生理学实验技术. 北京: 中国农业出版社, 2005.

[32] García-Ayuso LE, Velasco J, Dobarganes MC, et al. Determination of the oil content of seeds by focused microwave-assisted soxhlet extraction. Chromatographia, 2000, 52(1-2): 103-108.

[33] Kott LS, Erickson LR, Beversdorf WD. The Role of Biotechnology in Canola/rapeseed Research. Canola and Rapeseed. Springer US, 1990. 47-48.

[34] 王寅, 汪洋, 鲁剑巍, 等. 直播和移栽冬油菜生长和产量形成对氮磷钾肥的响应差异. 植物营养与肥料学报, 2016, 22(1): 132-142.

[35] 白鹏, 冉春艳, 谢小玉. 干旱胁迫对油菜蕾薹期生理特性及农艺性状的影响. 中国农业科学, 2014, 47(18): 3566-3576.

[36] 宋以玲, 于建, 陈士更, 等. 化肥减量配施生物有机肥对油菜生长及土壤微生物和酶活性影响. 水土保持学报, 2018, 32(1): 352-360.

[37] 汪懋华. "精细农业"发展与工程技术创新. 农业工程学报, 1999, (1): 7-14.

[38] 胡著智, 王慧麟, 陈钦峦. 遥感技术与地学应用. 南京: 南京大学出版社, 1999: 1-5.

[39] 代辉, 胡春胜, 程一松, 等. 小同氮水平下冬小麦农学参数与光谱植被指数的相关性. 干

旱地区农业研究, 2005, 23(4): 16-21.

[40] 陈秀斌. 不同熟期油菜品种在早晚播下生长发育及产量比较研究. 武汉: 华中农业大学硕士学位论文, 2013.

[41] 王必庆, 王国槐. 早熟油菜生理生化特性研究进展. 作物研究, 2011, 25(3): 269-271.

[42] 郁万文, 曹福亮, 吴广亮. 镁、锌、钼配施对银杏苗叶生物量和药用品质的影响. 植物营养与肥料学报, 2012, 18(4): 981-989.

[43] 昝亚玲, 王朝辉, Graham Lyons. 硒、锌对甘蓝型油菜产量和营养品质的影响. 中国油料作物学报, 2010, 32(3): 413-417.

[44] 曾琦, 耿明建, 张志江, 等. 锰毒害对油菜苗期 Mn、Ca、Fe 含量及 POD、CAT 活性的影响. 华中农业大学学报, 2004, (3): 300-303.

[45] Sakhno LO, Slyvets MS . Superoxide dismutase activity in transgenic canola. Cytology and Genetics, 2014, 48(3): 145-149.

[46] 许文博, 邵新庆, 王宇通, 等. 锰对植物的生理作用及锰中毒的研究进展. 草原与草坪, 2011, 31(3): 5-14.

[47] 王文明, 张振华, 宋海星, 等. 大气 CO_2 浓度和供氮水平对油菜中微量元素吸收及转运的影响. 应用生态学报, 2015, 26(7): 2057-2062.

[48] 王利红, 徐芳森, 王运华. 硼钼锌配合对甘蓝型油菜产量和品质的影响. 植物营养与肥料学报, 2007, (2): 318-323.

[49] Jia W, Liu W, Mi S, et al. Comparison of six methylation methods for fatty acid determination in yak bone using gas chromatography. Food Analytical Methods, 2017, 10(11): 3496-3507.

[50] Armenta RE, Scott SD, Burja AM, et al. Optimization of fatty acid determination in selected fish and microalgal oils. Chromatographia, 2009, 70(3-4): 629-636.

[51] Armstrong JM, Metherel AH, Stark KD. Direct microwave transesterification of fingertip prick blood samples for fatty acid determinations. Lipids, 2008, 43(2): 187-196.

[52] Ireland CR, Baker SPLR. The relationship between carbon dioxide fixation and chlorophyll a fluorescence during induction of photosynthesis in maize leaves at different temperatures and carbon dioxide concentrations. Planta, 1984, 160(6): 550-558.

[53] 刘克, 赵文吉, 郭逍宇, 等. 野鸭湖典型湿地植物光谱特征. 生态学报, 2010, 30(21): 5853-5861.

[54] Anand MH, Byju G. Chlorophyll meter and leaf colour chart to estimate chlorophyll content, leaf colour, and yield of cassava. Photosynthetica, 2008, 46(4): 511-516.

[55] Sid'ko AF, Botvich IY, Pis'man TI, et al. Estimation of the chlorophyll content and yield of grain crops via their chlorophyll potential. Biophysics, 2017, 62(3): 456-459.

[56] 程潜, 李斌, 张振乾, 等. 不同硼用量下油菜冠层反射光谱与叶绿素含量间定量关系. 西南农业学报, 2018, 31(10): 2127-2134.

[57] 张雪红, 刘绍民, 何蓓蓓. 不同氮素水平下油菜高光谱特征分析. 北京师范大学学报(自然科学版), 2007, (3): 245-249.